impress
top gear

AI技術史

Michael Wooldridge＝著
神林 靖＝訳

インプレス

はじめに

本書を半ばまで執筆した頃、同僚と昼食を共にする機会があった。

「今何に取り組んでいるの」と、彼女は訊いた。

このような質問は、大学では珍しくない。われわれは、お互いに始終尋ね合っている。私も、気の利いた受け答えができるよう立派な答えを用意しておくべきであったかもしれない。

「ちょっと変わったことをしているんだ。人工知能について、一般向けの本を書いているのさ。」

彼女はフンと鼻で笑った。「AI 入門って本ならいっぱいあるじゃない。わざわざあなたが、もう 1 冊付け加える必要あるの。主題は何。どんな新しい視点を用意したの。」

私は意気消沈してしまった。何か気の利いた返事をしなければならない。ジョークを飛ばすことにした。

「失敗したアイデアを通して AI を物語ろうとしているんだ。」

彼女は、私を凝視した。その表情から笑いは消えていた。「それは、ひどく長い物語になりそうね。」

人工知能（Artificial Intelligence, AI）は、わが人生だ。著者は、1980 年代の学生時代に AI と恋に落ちた。今日でも情熱は失われていない。AI を愛しているといってもよい。それは決して金持ちになれるからではない（そうなれればよいのだけれども）。AI で世界を変えられると信じているわけでもない（これから見ていくように、いずれ様々な分野でそうなると思っているけれども）。著者が AI を好きなのは、それがいつまでも魅力を保ち続ける分野だからだ。AI は、驚くほど多くの関連分野から影響を受けているだけではない。哲学、心理学、認知科学、神経科学、論理学、統計学、経済学、そしてロボット工学といった驚くほど広範な分野に貢献している。そしてもちろん究極には、われわれホモ・サピエンスにかかわる根本的な問題、つまり人間とは何か、そして人間とはユニークな存在なのかという疑問にも関係する。

AI とは何であって、何でないのか

　本書の最初の目標は、AI とは何か、そしてより重要なことに、AI とは何でないかを語ることである。読者は、少し驚いたかもしれない。なぜなら AI とは何かは、明白に思えるからだ。確かに AI の長きにわたる夢は、人間がもつ知的な振る舞いを完全に遂行するマシンを構築することである。つまりわれわれと同じように自己認識し、意識をもち、自律的に振る舞うマシンである。読者は、この手の AI に、SF 映画やテレビドラマやサイエンスフィクションの中で出会っているはずだ。

　このような AI は、直観的で明解だ。しかし AI とは何かを真に理解しようとすると、多くの困難に突き当たる。ほんとうのところ、どのようなものを作り出したいのかわからないのだ。そもそも人間が知能を生みだす機構について、まったく何もわかっていない。さらにどのような意味でも、何が AI の目的なのか合意がない。じつのところ激しい議論が続いている。自己認識するような AI が望ましいかどうかは言うまでもなく、実現可能かどうかについてさえ意見が分かれている。

　これらの理由により、この種類の AI、つまりグランドドリーム（大いなる夢）には、接近することすらむずかしい。大河小説や映画やビデオゲームにはなっているものの、グランドドリームは AI 研究の主流ではない。もちろん大いなる夢は深甚な哲学的問題を提起していて、それらの多くについて本書でも議論することになる。しかしこの種の AI について哲学的な議論を除けば、憶測以外の何物でもない。正気とは思えないものもある。AI は、気のふれた輩や山師、そして詐欺師といった人々をも虜にしてきたのだ。

　それにもかかわらず AI についての公開討論会やマスコミによる煽情的な記事は、グランドドリームに固執している。そして、AI について書かれるときは、人騒がせなディストピア物語（AI がすべての仕事を奪う、AI はわれわれよりも賢くなって制御不能に陥る、超知的な AI が正道を踏み外し人類を無きものにしようとする等）としてマンネリ化している。マスコミが取り上げる AI の情報は、間違っていて的外れだ。エンターテイメントにはなっても技術的には無価値なのだ。

本書では物語を変えたいと思う。ほんとうのところ AI とは何なのか、AI の研究者はどのような研究をしていて、どこまで達成できているのかについて語りたいのだ。予見可能な未来において AI の真実は、グランドドリームとは隔絶している。それは一気に注目を集めるようなものではない。けれども本書で示すように、それ自身として興味深いものだ。今日の AI 研究の主流は、人間の頭脳（とおそらくは人間の身体）でなければできないような作業を遂行するマシンや、従来の計算手法では解決できない問題を解くことに焦点を絞っている。今世紀は、この分野で大きな進歩を達成した。それが、今日 AI がこれほどまでにもてはやされる理由になっている。20 年前には確実にサイエンスフィクションであった自動翻訳ツールは、実用性を備えるようになった。サイエンスフィクションとしての AI 技術が、この 10 年でありふれた現実となったのだ。このようなツールは、制限はあるものの、毎日世界中で何百万もの人々に使用されている。10 年以内に高品質のリアルタイム通訳機や、われわれが生活する世界の知覚や理解の方法を変える拡張現実ツールといったものを目の当たりにするであろう。無人運転車は現実となりつつあるし、AI は、健康管理の分野で、世の中を変えるようなアプリケーションに取り組んでいる。これは、すべての人々の利益になる。AI システムは、レントゲンや超音波スキャンの画像中に腫瘍の影といった異常を見つけるのに人間の医者よりもすぐれている。AI 搭載のウェアラブル技術は、われわれの健康を 24 時間見守って、心臓病やストレス、あるいは認知障害さえも早期に発見し警告してくれるようになるだろう。こういった種類の事柄が、AI 研究者が現在取り組んでいることである。著者にはとても興味深い AI だと思えるし、AI 物語とは、そうであるべきだと考える。

　今日の AI がどのようなものか、そしてなぜほとんどの AI 研究者がグランドドリームに関わらないかを理解するためには、なぜ AI を生成するのが困難なのかを理解する必要がある。過去 60 年以上にわたって AI 研究にはたいへんな労力（そして研究資金）が投入されてきた。それにもかかわらず、ロボット執事などは、どう考えても近い将来には実現しそうもない。なぜ AI は、こうも実装が困難なのであろうか。この疑問への答えを考えるためには、コンピュータとは何か、そしてコンピュータには何ができるのかについて、最も

基礎的なレベルから理解する必要がある。こうしてわれわれは、数学上の最も基礎的な問題領域へと、そして20世紀最高の精神の持ち主の一人であるアラン・チューリングの業績へと誘われることになる。

AI の歴史

　本書の2番目の目的は、AIの物語をその発端から語ることである。すべての物語にはプロットがある。そしてすべての物語には、7つしかプロットがないと言われている。そうだとするならば、AIの物語に最もふさわしいプロットはどれであろうか。著者の同僚の多くは、一攫千金の成功物語にしたいと考えている。そして賢い（または幸運な）少数は、一攫千金を実現している。いくつかの理由により、AIの歴史をドラゴンを討ち果たす物語として見ることもできる。その理由は後ほど明らかになる。この場合のドラゴンは、計算の複雑さと呼ばれる抽象的な数学理論であり、それこそが多くのAIの問題を解くことを恐ろしく困難にしていることがわかる。真理探究の物語とすることもできる。なぜならAIの物語は、聖杯を求めて旅をする中世の騎士物語に似ているからだ。そこには熱狂的な宗教心、救いようのない楽観、誤った導き、袋小路、そして苦い失望が溢れている。しかし実のところAIに最もふさわしいプロットは、帝国の興亡であろう。わずか20年前にAIは、アカデミックな評判という点では若干疑問符のつく領域であった。しかしその後、現代科学の中で最も祝福された分野へと勃興した。より厳密にいえば、AI物語のプロットは「興亡と復活の繰返しの物語」となろう。AIは半世紀以上にわたる連続した研究分野であるが、その間AI研究者は、何度も知的マシンの夢を叶えるブレークスルーを成し遂げたと宣言してきた。そしてその度に、その主張が救いようのない楽観以外の何ものでもないことを曝露してしまった。その結果としてAIは、ブームとバブル崩壊の繰返しとなってしまっている。過去40年間にAIブームは、少なくとも3回は繰り返されている。過去60年の間には、バブル崩壊があまりにも厳しかったので、AIは2度と復活しないと思われたこともあった。しかしその度にAIは、不死鳥のようによみがえった。科学とは、無知から啓蒙へと順を追って発展していく

ものだと思っていた読者にとっては、ちょっとショックだったかもしれない。

　現在は、再び AI ブームの熱狂の渦中にある。期待の高まる中にあっても、著者には、AI のトラブル続きの物語が続いているとしか思えてしょうがない。AI の研究者は、1 度ならず栄光へと導く AI の魔法の処方箋を手に入れたと考えているようだ。現在の AI についての驚くような議論は、まったく昔と変わらない。グーグルの CEO のサンダー・ピカイは、「AI は、人類が携わる最も偉大なものである。おそらく電気や火よりも深い意味がある」と語ったと伝えられている[1]。これは、アンドリュー・ンによる、AI は「新しい電気」だとの主張に続くものである[2]。しかし、このような思い上がった言い方は、かつても聞いたことがある。もちろん実際に進展はある。それが興奮を呼び起こしているには違いない。しかし、進展はあくまで前進に過ぎない。最終目標である意識をもつマシンへと辿り着けるわけではない。30 年にわたる AI 研究者としての経験から、自分が携わる分野で聞かされる主張には、神経質なほど用心深くなってしまった。ブレークスルーを成し遂げたという主張には、懐疑的になる習慣が身についている。今日 AI 研究が必要としているのは、何よりも謙譲の美徳ではないだろうか。古代ローマのアウリーガの逸話を思い出さないわけにはいかない。アウリーガとは、戦いに勝利した将軍がローマ市内で凱旋行進を挙行する際に、将軍の耳元でラテン語の諺「memento homo」と囁く係の奴隷である。すなわち一介の人間であることを忘れるなということである[3]。

　したがって本書の第 2 部では、AI の物語を瑕疵も含めて年代を追って記述しようと思う。AI 物語は、第 2 次世界大戦後に最初のコンピュータが誕生した直後から始まる。ブーム毎に順を追って語っていこう。最初は、AI の黄金時代だ。それは手放しの楽観主義の時代で、急速な進歩が広範な領域で成し遂げられた。次に来るのは「知識の時代」だ。基盤となるアイデアは、われわれが世界に対してもつすべての知識をマシンに与えようというものであっ

---

[1] http://tinyurl.com/y7zc94od

[2] http://tinyurl.com/yxk3xurl

[3] 訳注：凱旋将軍は顔に紅い顔料を塗ることで神に擬制された。

た。その次が近年の行動主義の時代で、ロボットが AI の中心にあるべきだという考え方だ。このブームは、今日まで続いている。それぞれについて、アイデアとその時代を画した人々について出会うことになろう。

AI の未来

　AI についての今日の活況も、失敗したアイデアの歴史という文脈の中で理解しなければならない。しかしながら、AI に対して楽観的になる十分な根拠もまた存在する。「ビッグデータ」が利用可能になったことと、きわめて安価なコンピュータの普及が相まって、過去 10 年の間に AI システムに、AI の基礎を築いた人々には奇跡の到来と思えるような真のブレークスルーが成し遂げられたのだ。したがって本書の 3 番目の目標は、AI システムの現状がどうなっているのか、そして近い将来どこまで到達するのかを、限界を交えつつ語ることである。

　将来について考えるとき、AI に対する恐れといったことも議論しなければならない。先に述べたように、AI についての床屋談義的な議論では、AI が世界を支配するというようなディストピアシナリオが支配的である。AI における近年の進歩は、AI 時代の雇用の変化や AI 技術が人権にどのような影響を与えるかといった、われわれすべてが関心を寄せなければならない問題を提起する。しかしロボットが世界を乗っ取るかどうかという議論や、何であれ新聞の一面を飾るような話題は、真に重要な現実的問題から人々の関心をそらせることになりかねない。したがって、ここでも物語を変えたいと思う。すなわちほんとうに問題となる領域に目を向けてもらいたいのだ。そして何を恐れるべきで、何を恐れるべきでないかを明瞭にしたいと思う。

　最後となったが、とにかく楽しい読み物にしたい。したがって最終章では、AI のグランドドリーム、大いなる夢に戻ろうと思う。つまり意識をもち自己認識する自律的なマシンである。グランドドリームを詳細に検討して、夢を実現することはどのような意味をもつのか、そのようなマシンはどのようなものか、それらは人間のようになるのだろうかと問いかけたい。

本書の読み方

　本書は、次のような目標に沿って構成されている。すなわち AI とは何か、なぜ実現がむずかしいのかを伝えること、AI を物語ること、つまり各ブーム期のアイデアと、それぞれの AI を推し進めた人々について語ること、そして最後に現在 AI に何ができて何ができないのかを示した上で、長期的に見た AI の展望、つまり意識をもつマシンへの道程についても語ろうと思う。

　この本を著していて楽しかったのは、重要だけれども退屈な学術論文からの解放であった。そのようなわけで、最も重要な箇所には引用を示したが、参考文献は最小限に留めた。

　広範な参考文献を避けただけでなく、技術的な詳細も避けることにした。つまり数学を省略した。本書を読み終わった後には、歴史を通して AI の主なアイデアと、AI を推し進めた概念について理解を得られると思う。これらのアイデアや概念は高度に数学的である。しかしスティーブン・ホーキングの箴言に忠実でありたいとも思う。彼は、数式が 1 つ出現する度に読者の数が半減すると言っていた。より深く知りたいと思う読者のために、技術的アイデアを詳しく論じた付録と深く学ぶための読書案内を含めることにした。

　本書は、高度に選択的である。これはどうしようもない。AI は膨大な分野なのだ。過去 60 年にわたって AI に影響を与えたアイデアや考え方それぞれを、すべて紹介して議論するわけにはいかない。異なるすべての学派や伝統を網羅するかわりに、AI 物語の複雑なタペストリを構成する主な織糸を取り出すように努めた。

　最後に本書は、教科書ではないことをことわっておきたい。この本を読んだからといって新しい AI 企業を始めるのには役立たないし、グーグルやフェースブックのスタッフに採用されるとも思えない。本書を読んで得られるものは、AI とは何で、何処に向かおうとしているのかの理解だけである。本書を読むことによって読者は、AI の実像を正しく知ることができるであろう。そして、AI の物語を変える役割を担ってくれることを希望する。

献辞

オックスフォード大学ハートフォードカレッジのプリンシパル、フェロー、スカラーに捧げる。

謝辞

　このプロジェクトを一貫して支援し助言を与えてくれたエージェントの Felicity Bryan と編集者の Laura Stickney に限りない感謝を捧げる。著者の遅筆をやさしく許してくれた忍耐力にも感謝しなければならない。

　次の人々は特別な貢献をしてくれた。とりわけ感謝する。Ian J. Goodfellow, Jonathon Shlens, Christian Szegedy は、図 5.5（P. 155）のパンダとギボンの画像の使用を許可してくれた。これは、彼らの論文 "Explaining and Harnessing Adversarial Examples" からの引用である。Peter Millican は、著者との共著論文の内容の使用を許可してくれた。Subbarao Kambhampati は、とりわけ有益なフィードバックを与えてくれただけでなく、『Pascal's Wager』[4] について教えてくれた。Nigel Shadbolt とは、実りの多い議論ができた。とりわけ AI の歴史における多くの逸話を提供してくれた。Reid G. Smith は、MYCIN システムに関する講義資料の使用を許してくれた。

　本書の草稿を読んで、短期間にすぐれたフィードバックを与えてくれた同僚と学生、そして迷惑をかけた知人は次のとおり。深く感謝する。Ani Calinescu, Tim Clement-Jones, Carl Benedikt Frey, Paul Harrenstein, Andrew Hodges, Matthias Holweg, Will Hutton, Graham May, Aida Mehonic, Peter Millican, Steve New, André Nilsen, James Paulin, Emma Smith, Thomas Steeples, André Stern, John Thornhill, Kiri Walden。もちろん

---

[4] 訳注：原語では Pari de Pascal。「パスカルの賭け」とは、ブレーズ・パスカルによる『パンセ』の一節。合理的に神の実在を証明できないとしても、賭けなければならないのであれば、神が実在することに賭けるべきだという。勝てば利益が大きいのに対して負けても何も失わないからだという。断片 397 にある。

誤りが残っていれば、そして残っていると思うのだが、全責任は著者にある。

著者の研究グループは、光栄にも 2012 年から 2018 年にかけて欧州研究評議会から先進研究助成 291528 を受けることができた。Julian Gutierrez と Paul Harrenstein に率いられた研究グループによる絶え間のない支援により、著者の研究は生産的になっただけでなく楽しいものになった。これからも協力関係を続けていけることを強く願う。

訳者まえがき

　本書は、Michael Wooldridge による The Road to Conscious Machines: The Story of AI の全訳です。著者のウルドリッジ教授は、マルチエージェント研究あるいは広く人工知能（AI）の世界的権威です。

　近年 AI に対する一般の関心が急激に高まりました。著者も本書の中で述べているように、それにともなって誤解も多く生まれているように思います。AI がどのように開発されてきたのか、現在どのような状況にあるのか、近い将来遠い将来どのような発展が期待されているのか、心配しなければならないことはないのか等について誰もが基礎的知識をもち議論に参加できるようになることは重要です。AI に関する書籍は多数出版されている中にもう一冊上梓しようと考えたのは、そのような目的に最適な書籍が出版されたと考えたからです。

　本書は 3 部構成になっていて、第 1 部（第 1 章）で AI の簡潔な紹介をした後に、第 2 部で AI の歴史を語ります。著者も言っているように AI の歴史とは成功と挫折の連続です。AI は機械学習でもなければデータサイエンスでもありません。それらを含む広範な概念です。第 2 部は AI にとどまらずコンピュータ科学一般の歴史にもなっています。

　翻って第 3 部では現在と未来を語ります。AI の実用化が近づくにつれて懸念も表明され始めている中、とても重要なことが語られています。コンピュータ科学を修められた方は第 3 部からお読み頂いてもよいと思います。最終章では「意識をもつマシン」は可能かについて議論しています。そもそも「意

識」とは何なのでしょうか。多くの哲学者の思想を紹介しつつ動物行動学や進化心理学の知見も援用してきわめて興味深い議論を展開しています。ウルドリッジ教授は本気で意識をもつロボットを製作しようとしているようです。期待に胸が膨らみます。有意義な書籍を訳出する機会を与えてくれたインプレス編集部に深く感謝します。

　訳出にあたっては、できる限り原文に忠実な日本語となるように務めました。格調高いイギリス英語なのですが、日本語として自然になるように努めました。ウルドリッジ教授は気さくな人柄で、メールを出すとすぐに返信をくれ、翻訳にとても協力してくれました。いかにも英国紳士らしい含羞を含んだ抑制のきいた筆致ですが、皮肉（マスコミ批判）も散見されて訳出が楽しい作業となりました。訳者も ICOT でマスコミ対応をしてうんざりしたことを思い出しました。もちろん日本語版については全面的に訳者が責任を負うものですし、読者のみなさまのご叱正を頂ければと思います。最後に惜しみない助力を与えてくれている最愛の妻ゆかりと子どもたちに感謝します。

2021 年 12 月横浜の自宅にて

神林 靖

■著者紹介

Michael J. Wooldridge（マイケル・ウルドリッジ）
西ヨークシャー・ウェイクフィールド生まれ。オックスフォード大学教授。
リバプール大学を経て 2012 年より現職。マルチエージェントシステム、計
算論理、ゲーム理論に興味をもつ。マンチェスター大学でコンピュータ科学
の博士号を取得。ACM と AAAI のフェローであり、人工知能に関して 400
編を越える論文を発表している。本書は初めての一般書であり、本書を底本
とした絵本もある。

■訳者紹介

神林 靖（かんばやし やすし）
東京都千代田区生まれ。日本工業大学情報メディア工学科准教授。慶應義塾
大学、早稲田大学、法政大学講師。計算理論と分散システム、そして政治科
学に興味をもつ。三菱総合研究所を経て 2001 年より現職。慶應義塾大学よ
り政治学の学士号を、ワシントン大学よりコンピュータ科学の修士号を、そ
してトレド大学より博士号を取得。

目　次

付録 280

Part I

AIとは何か

Chapter 1
チューリングの電子頭脳

次の問題を提案する。「マシンは考えることができるか」と。

アラン・チューリング/1950 年

　どのような物語にも、始まりは必要だ。AI の物語に関していえば、多くの可能性がある。なぜなら AI の夢は、はるか昔からあるものだからである。

　古代ギリシャのヘファイストスの物語から始めることもできよう。ヘファイストスは鍛冶屋の神様で、金属の人形に命を吹き込むことができたと伝えられている。

　1600 年代のプラハから始めてもよい。伝説によるとラビ[1] の頭領は、粘土で造ったゴーレムによって、反ユダヤの攻撃からプラハに住むユダヤ人を守ったという。

　18 世紀スコットランドのジェームズ・ワットから始めてもよい。ワットは、製作した蒸気機関を自動制御するための「ガバナー（統治者）」を設計した。これは、現代の制御理論の始まりと言われている。

　19 世紀初頭のスイスの別荘から始めてもよい。悪天候で別荘に閉じ込められた若いメアリー・シェリーは、夫で詩人のパーシー・ビッシュ・シェリー

---

[1]訳注：ユダヤ教における指導者。ユダヤ教の律法と口伝律法の教育と解釈を行う宗教的指導者であり政治的影響力をもつわけではない。しかしユダヤ人コミュニティーが危機を迎えるとき（ヨーロッパでは頻繁にあった）には、このように政治的指導力を発揮することもあった。

と、友人である有名なバイロン卿を楽しませるために物語を創作した。フランケンシュタインの物語である。

1830年代のロンドンのエイダ・ラブレスから始めてもよい。エイダはバイロン卿の娘である。もっとも両親が離婚したのちは母アナベラに引き取られたので、父のバイロン卿とは疎遠であった。若く才気溢れるエイダは、計算機械の発明者である不愛想なチャールズ・バベージとの友情を築いた。彼女は、機械がいずれ創造的になる可能性について予想している。

生きているような動きを見せる18世紀の魅惑的な自動人形から始めてもよいかもしれない。

AIの物語をどこからの始めるかについては多くの可能性がある。しかし著者は、AI物語の始まりを計算すること自体の物語から始めたいと思っている。そのように考えると、物語の始まりは明確だ。1935年のケンブリッジ大学キングスカレッジに在籍していた、優秀だが一風変わった青年のアラン・チューリングである。

1.1 1935年ケンブリッジ

今ではアラン・チューリングは、あらゆる数学者の中で最も有名なひとりになってしまったので、1980年代に至るまで、その名が数学やコンピュータ科学の分野の外ではほとんど知られていなかったとは信じがたい。数学や計算科学の学生にとっては、専門分野を学ぶ中でチューリングの名前に出会うことはあった。しかし彼の真の業績や悲劇的な早逝については、ほとんど知られることはなかった。その理由のひとつは、チューリングの業績の中で最も重要な部分が第2次世界大戦の英国政府の機密事項に関する故であった。そのために彼の素晴らしい業績も、1970年代に至るまで機密指定されていたのだ[2]。偏見も一役買っていたことは間違いない。なぜならチューリングはゲ

---

[2] A. Hodges. Alan Turing: The Enigma. Burnett Books Ltd, 1983. 邦訳：土屋剛俊、土屋希和子、『エニグマ　アラン・チューリング伝　上、下』勁草書房、2015.

イであり、当時の英国においては、同性愛は刑事訴追の対象となる罪であったのだ。1952年に起訴され、「ひどい猥褻さ」と呼ばれるもので有罪判決を受けた。彼への罰則は粗雑なホルモン剤の投与であり、それは性的欲求を低下させる「化学的な去勢」を施すものであった。2年後、41歳という若さで自殺してしまった[3]。

今日われわれは、チューリングの物語をそれなりに知っている。彼の物語の最もよく知られたくだりは、第2次世界大戦中のブレッチリー・パークにおける暗号解読に関する仕事であり、2014年のハリウッド映画『イミテーションゲーム』により広く（しかし恐ろしく不正確に）知られるようになった。暗号解読について彼の業績は群を抜くものであり、連合軍の勝利に大いに貢献した。しかしAI研究者やコンピュータ科学者は、異なる理由により彼を崇拝している。アラン・チューリングは、実用的な意味でもコンピュータの発明者であり、その後すぐにAIの分野においてもその大部分を発明したのである。

チューリングは多くの分野で超絶的な業績を残しているのだが、最も注目すべきは、偶然からコンピュータを発明したことである。1930年代半ばにケンブリッジ大学の数学専攻の学生であったチューリングは、当時数学上の大問題のひとつとされていた課題に挑戦した。それは決定問題（Entscheidungsproblem）というものすごい名前で呼ばれていた。この問題は、1928年に数学者ダビッド・ヒルベルトによって提起された。決定問題とは、単純にレシピに従うだけでは解決することのできない数学上の問題が存在するかどうか尋ねるものである。もちろんヒルベルトの関心は、「神は存在するか」や「人生の意味とは何か」といった類の問題ではない。彼の関心は、数学者が**決定問題**（decision problem）と呼ぶ類の問題である（Entscheidungsproblemとはドイツ語で「決定問題（decision problem）」の意味）。決定問題は、Yes／Noで解答できる数学上の問題である。決定問題の例は、次のとおり。

---

[3] 彼の驚異的な科学的遺産とは別にチューリングは、英国に深甚な社会的財産を残している。長く辛抱強い社会運動によって英国政府は、彼の死後2014年に恩赦を与えた。その後時を置かずに、同じ法律で起訴されたすべての男性に恩赦が与えられた。

- ◆ 2 + 2 = 4 か
- ◆ 4 × 4 = 16 か
- ◆ 7919 は素数か

　これらの決定問題への答えは、すべてイエスである。最初の 2 つは明らかであろう。しかし読者が素数マニアでもないかぎり、3 番目の問題に答えるためには、多少時間をかけて考えなければならなかったと思う。したがってこの 3 番目の問題について考えることにしよう。

　素数とは、それ自身と 1 だけで割切ることのできる整数である。そう考えれば、少なくとも原理的には、この問題に容易に解答できるはずだ。7919 という比較的大きな数では面倒ではあるが、解答を導く単純な方法がある。7919 を割り切ることができるかどうか、これ以下の数で試してみればよいのだ。その方法を注意深く試していけば、どの数も割り切ることがないとわかる。つまり 7919 は素数である[4]。

　ここで重要なのは、この種の問題には、厳密で曖昧さのない解答方法があるということだ。このような質問に答えるための正確な、そして明確な方法があるということである。そのような方法は、暗記すればよいだけのレシピに過ぎない。適用するのに知能は必要ないのだ。解を見つけるためには、レシピに忠実に従えばよい。

　（十分な時間をかければ）問題の解答は必ず導けるので、「n は素数か」のような問題は決定可能であるという。ここで強調しておきたいのは、「n は素数か」のような問題に直面したときは、十分な時間さえあれば必ず解答できるということである。適切なレシピに従いさえすれば、最終的に正しい解答に辿り着ける。

　ところで決定問題は、上記のような数学的な問題がすべて決定可能かどうか問うている。別の言い方をすれば、どれだけ時間をかけたとしても解を導くレシピがないような問題が存在するかどうかを尋ねているのだ。

　これは根源的な問題である。つまり数学は、単にレシピへと還元できるか

---

[4] この方法は、素数判定の最も単純な方法であるが、エレガントでも効率的でもない。エラトステネスの篩と呼ばれるすぐれた手法が古代から知られている。

と問うているのだ。この根源的な問題への解を見つけることが、1935年に
チューリングが勇敢にも挑戦したことであった。しかもあっという間に解い
てしまった。

　重要な数学上の問題について考えるとき、どのような解答も複雑な数式や
長大な証明を伴うものであろうと考えやすい。場合によっては、それはまっ
たく正しい。英国の数学者アンドリュー・ワイルスが、1990年代前半にフェ
ルマーの最終定理を証明したときは、多くの数学者が、数百ページにわたる証
明を理解して正しいことを納得するのに数年を要したことは有名である。こ
の規準によれば、チューリングの決定問題への解は、よい意味で風変わりだ。

　チューリングの証明は、短く比較的わかりやすい（基本的な枠組みさえ理
解してしまえば、証明そのものは数行に過ぎない）。しかし何よりも重要なの
は、決定問題を解くには忠実にレシピに従うというアイデアを具現化すれば
よい、とチューリングが気づいたことだ。そうするために、数学の問題を解
くマシンを発明した。今日これは、彼の功績を讃えてチューリングマシンと
呼ばれている。チューリングマシンは、素数を判定するようなレシピの数学
的記述である。チューリングマシンが実行することは、与えられたレシピに
従うだけなのだ。ここで強調したいことは、チューリングはそれを「マシン」
と呼んだけれども、その時点では抽象的な数学上のアイデアに過ぎなかった
ということである。マシンを発明することで、重要な数学上の問題を解くと
いうアイデアは、控えめにいっても普通ではない。当時多くの数学者を困惑
させたことと思う。

　チューリングマシンは強力であった。考えられるかぎりすべての数学的な
レシピは、チューリングマシンへと具現化できる。そしてすべての数学上の
決定問題がレシピに従うことで解けるのであれば、すべての決定問題につい
て、それらを解くチューリングマシンを設計できる。ヒルベルトの問題に決
着を付けるためには、チューリングマシンで解答することのできない決定問
題があることを示すだけでよい。そしてそれこそ、チューリングが行ったこ
となのだ。

　チューリングが次に行ったのは、彼のマシンを汎用問題解決マシンへと拡
張したことであった。与えられたどのようなレシピにも従うチューリングマ

シンを設計したのだ。今日われわれは、この汎用のチューリングマシンをユニバーサルチューリングマシンと呼ぶ[5]。そもそも現代のコンピュータも、余分なものを徹底的に取り去って本質だけ残せば、ユニバーサルチューリングマシンになってしまう。コンピュータが実行するプログラムは、さきほどの素数判定のような単なるレシピに過ぎないのだ。われわれの物語の中心的話題からはそれるものの、チューリングがどのように決定問題に決着を付けたかに触れておくことは有意義だろう。天才的な業績というだけでなく、AI が最終的に可能かどうかという問題にもかかわることなのだ。

　彼のアイデアは、チューリングマシンに関する問題を解くようにチューリングマシンをプログラムできるというものである。彼は、次のような決定問題を考案した。チューリングマシンとそれへの入力を与えたとき、チューリングマシンが停止して解答することを保証できるか、それともチューリングマシンは永久に動き続けてしまうのかというものである。これは、複雑ではあるけれど今まで議論してきたのと同様の決定問題である。この問題を解くマシンが存在すると仮定したとして、そのときチューリングは、この問題に解答するチューリングマシンの存在は矛盾を生じることに気がついたのだ。チューリングマシンが停止するかどうかを判定するレシピは存在しない。つまり「チューリングマシンは停止するか」という問題は、**決定不能問題**なのだ。こうして彼は、レシピに従うだけでは解くことのできない決定問題があることを確定させてしまった。こうしてチューリングは、ヒルベルトの決定問題に決着を付けてしまった。つまり数学は、レシピを追求するものへとは還元できないのだ[6]。

　チューリングの成果は、20 世紀数学の最も偉大な業績の 1 つであり、この

---

[5] これ以降ユニバーサルチューリングマシンとチューリングマシンを区別するのをやめて、単に「チューリングマシン」と呼ぶことにする。

[6] チューリングは決定問題の栄光を、プリンストン大学の数学者アロンゾ・チャーチと分け合っている。チャーチは、チューリング以前に異なる証明方法で同様の結果を独立して手に入れていた。しかしチューリングの証明が決定的な手法と見なされている。なぜならチューリングの手法は、直接的かつ完全でわかりやすいからだ。しかもユニバーサルチューリングマシンを通して社会に与えた影響は文字どおり世界を一変させた。

ことだけでも、最もすぐれた数学者として名前を留めるのに十分である。しかし彼の証明の副産物として、汎用問題解決マシンであるユニバーサルチューリングマシンの発明があった。チューリングは、実際に構築するつもりでマシンを発明したわけではなかったが、マシン構築のアイデアはすぐに思いついたし、他の多くの人々も同じ考えを抱いた。第 2 次大戦中のミュンヘンにおいて、コンラッド・ズースは、Z3 と呼ばれるコンピュータをドイツ航空省のために設計した。 現代のコンピュータとは異なるところも多いけれども、多くの重要なアイデアに溢れていたことは間違いない。大西洋を渡ってペンシルベニアでは、ジョン・モークリーと J．プレスパー・エッカートに率いられたチームが、砲撃用の射表を計算するための ENIAC と呼ばれるマシンを開発した。 天才的なハンガリーの数学者ジョン・フォン・ノイマンによって、ENIAC はいくつかの偶然も重なって現代コンピュータの基本的アーキテクチャとして定着してしまった（従来型のコンピュータのアーキテクチャは、彼の功績を讃えてフォン・ノイマンアーキテクチャと呼ばれている）。戦後の英国においてフレッド・ウィリアムズとトム・キルバーンは、マンチェスターベイビーと呼ばれるコンピュータを構築した。 これは世界初の商用コンピュータであるフェランティ・マーク I へと発展した。チューリング自身は、1948 年にマンチェスター大学のスタッフに加わり、マンチェスターベイビーのための最初のプログラムを書き残している。

　1950 年代までに、現在のコンピュータの重要な機構はすべて開発された。チューリングの数学的な理念を実現したマシンは、現実のものとなった。お金さえあれば、十分に大きいコンピュータを構築できたのだ（フェランティ・マーク I を収めるには、長さ 16 フィート、高さ 8 フィート、幅 4 フィートの筐体が 2 つ必要であり、マシンは 27kW の電力 — 現代の家 3 軒を賄うのに十分な電力 — を消費した）。もちろんこれ以降コンピュータは、延々と小型化の道を歩むことになる。

1.2 実際に電子頭脳は何を成し遂げたか

　魅力的な見出し以上に新聞編集者を喜ばせるものはない。第2次世界大戦
後に最初のコンピュータが構築されると、世界中の新聞はこの奇跡的な新発
明－電子頭脳（electronic brain）－を触れ回った。これらの恐ろしく複雑な
マシンは、数学の世界にすばらしい福音をもたらした。たとえば大量の畳み
込み計算[7] 問題の演算処理を、かつて誰もが夢見たよりもはるかに高速かつ
正確に実行できた。コンピュータが実際どういうものかよく知らない人々に
とって、このような作業を遂行できるマシンは、途轍もない知能を備えてい
るように思えたとしても不思議ではない。したがって電子頭脳という名前も
自然に定着した（著者がはじめてコンピュータに興味をもった 1980 年代初
期にも、この言葉は使われていた）。これらの電子の脳が行えることは信じら
れないほど有用であり、かつ人間には途轍もなく困難であったけれども、の
ちにじつは知能を必要とするものではないことがわかった。コンピュータが
何をするために設計されているか、つまり何ができて何ができないかを理解
することは、AI の理解と AI の実現がなぜかくもむずかしいかを納得するこ
との要諦である。

　チューリングマシンとその物理的な実装であるコンピュータは、命令を忠
実に実行するマシン以外の何ものでもない。つまり命令に従うことが唯一の
目的であり、そのために設計されていて、それしかできない。チューリング
マシンに与える命令とは、今日ではアルゴリズムとかプログラムと呼ばれて
いる[8]。ほとんどのプログラマは、チューリングマシンと向き合っていると
いう意識はまったくないであろうし、それは当然だ。チューリングマシンを

---

[7] 訳注：関数 g を平行移動しながら関数 f に重ね足し合わせる二項演算。数学的にはもとの関
数と畳み込む関数との積の積分で表されるが、デジタル信号においては、掛け算と足し算のみで容
易に表現することができる。ディープラーニングによる画像処理ソフトウェアで使用されたことに
よって有名になった。

[8] 厳密に言えばアルゴリズムはレシピであり、プログラムは、Python や Java といった実際の
プログラミング言語でコード化されたアルゴリズムである。つまりアルゴリズムは、プログラミン
グ言語から独立している。

直接プログラムすることは、信じられないくらい煩雑で気が滅入る作業である。このことは、歴代のコンピュータ科学の学生が証言してくれよう。チューリングマシンを直接プログラムするかわりに、われわれはコンピュータの上に高級言語 ── プログラムをより単純にしてくれるもの ── を構築した。つまり Python や Java、C といったプログラミング言語である。これらの言語が行っていることのすべては、プログラマがマシンを扱いやすくするために、その詳細を隠蔽することである。それでもプログラミングが細かい作業で煩わしいことであるには間違いない。それこそがプログラミングが困難で、コンピュータプログラムが終始クラッシュする理由であり、かつすぐれたプログラマが高給を食むことができる理由である。

　ここでプログラミングについて語るつもりはない。しかしコンピュータがどのような命令に従うのかを感得しておくことは有益であろう。おおよそすべてのコンピュータは、次のような命令を実行する[9]。

- ◆ *A* を *B* に加えよ
- ◆ 結果が *C* より大きいならば、*D* を実行せよ、そうでなければ *E* を実行せよ
- ◆ *F* になるまで *G* を繰り返せ

　すべてのコンピュータプログラムは、突き詰めればこのような命令へと落とし込むことができる。マイクロソフト Word も PowerPoint も、これらのような命令へと帰着できる。 コールオブデューティーやマインクラフトも、これらの命令へと帰着できる。 Facebook やグーグル、eBay も、これらの命令へと帰着できる。 スマートフォンのアプリもウェブブラウザから Tinder に至るまで、すべてのコンピュータプログラムは、これらの命令へと帰着できるのだ。そして知的マシンを構築するのであれば、人間の知能も、最終的にはこれらの単純で明解な命令へと落とし込まなければならない。これこそ

---

[9] チューリングマシンは、これよりもはるかに原始的なかたちでプログラミングしなければならない。ここで列挙した命令は、比較的低レベルのプログラミング言語の典型ではあるが、チューリングマシンのプログラムに較べればはるかに抽象的である（そして理解が容易だ）。

が AI への根本的な問題であり、克服しなければならない課題である。AI が実現可能かどうかの問題は、最終的にはこれらの命令の並びに従う知的な振舞いを生み出すことと等価なのだ。

　この章の後半では、このことを掘り下げて、それが AI に対してどのような影響を及ぼしているかを明らかにしたい。そうする前に、もしコンピュータが実際に役に立たないものであるとの印象を与えてしまっているとしたら、この段階でコンピュータが、見かけよりもずっと有用であることを指摘しておかなければならない。

　第 1 にコンピュータは高速である。とてもとても、途轍もなく速いのだ。もちろんコンピュータが高速なのは誰でも知っていることだ。しかし日常生活の感覚では、コンピュータが実際にどれだけ高速なのかを理解することはできない。そこで、どれだけ高速なのかを数字をあげて紹介しておきたい。本書執筆の時点で、ごく普通のデスクトップコンピュータは、さきほど挙げたような命令を 1 秒間に最高 1000 億個実行できる。1000 億とは、おおよそ銀河系の星の個数なのだが、これだけでは実感できないかもしれない。それで、このように考えてみたい。コンピュータを真似ることにする。つまりコンピュータの命令を手作業で実行するのだ。10 秒ごとに 1 つの命令を完全に休みなしで実行できるとしよう。つまり 24 時間、週 7 日、365 日働くわけだ。そのときコンピュータが 1 秒間に実行できることをするのに、およそ 3700 年かかる。

　もちろん人間の仕事が遅いというだけではない。レシピに従うマシンとして人間は、コンピュータとは、もう 1 つ重要な点で異なる。そのような命令に従う仕事を長時間行うとして、人間は必ず過ちを犯してしまうのだ。それとは対照的にコンピュータは、絶対とは言えないまでも誤りを犯さない。プログラムは頻繁にクラッシュするけれども、そのクラッシュの原因は、コンピュータの障害というよりもプログラムを記述した人間の間違いによるものが圧倒的に多い。現代のコンピュータのプロセッサは、信頼性が驚異的に高い。平均して 50000 時間に 1 回誤りを生じるかどうかであり、その間ずっと毎秒何百億個の命令を実行しているのだ。

　最後にもう 1 つ。コンピュータは確かに命令を実行するだけなのだが、それ

は意思決定ができないという意味ではない。コンピュータと雖も意思決定は
できる。単にどのように意思決定をするか詳細な命令を与えておかなければ
ならないだけだ。さらにどのようにするかを伝えてさえおけば、コンピュータ
は状態に合わせて命令を自分で変更することもできる。こうしてコンピュー
タは、時間とともにその振舞いを変えていくこともできる。つまり学習でき
るのだ。このことは、これから見ていくことになる。

1.3 AI はなぜ困難なのか

　コンピュータは、単純な命令を、きわめて高速で確実に実行できる。そし
て決定の過程が正確に指定されている限り、意思決定を下すこともできる。
われわれがコンピュータに行わせようとしていることの中には、このような
コード化が容易なものがある。しかしそうではないものもある。なぜ AI の
実現が困難なのか、そしてなぜ長年にわたって AI が実現できそうでできな
いのかを理解するためには、このように容易にコード化できる問題とそうで
ない問題を見て、その理由を考えるのがよい。図 1.1 に、コンピュータに実
行してもらいたい課題と、それを達成するのがどれほどコンピュータにとっ
てむずかしいかを示す。

　一番上にあるのは算術演算である。コンピュータにとって算術演算はきわ
めて容易だ。なぜなら基本算術演算（加算、減算、乗算、除算）は、単純作
業だからである。読者は覚えていないかもしれないが、小学校で習ったはず
だ。算術演算のレシピは、直接コンピュータプログラムに翻訳できるので、
算術演算を含むアプリケーションは、最も初期の電子計算機でも解決できた。
（チューリングが 1948 年にマンチェスター大学のスタッフに加わって最初に
書いたのは、マンチェスターベイビーコンピュータのために長除算[10] を実
行するプログラムであった。20 世紀の最も重要な数学上の問題を解決した後
に、小学校レベルの算数に戻ったのは、チューリングにとって奇妙な経験で

---

[10] 訳注：筆算で行うように商と余りを求めながら割り算を行う演算方法。

算術演算（1945）
リストの整列（1959）　｝容易

単純なボードゲームのプレー（1959）
チェスのプレーをすること（1997）
画像中の顔認識（2008）
実用的な自動翻訳（2010）　　多大な努力の末に解決済
囲碁のプレー（2016）
実用的なリアルタイム通訳（2016）

無人運転車
写真への自動キャプションの付加　｝真の進歩

物語を理解したうえでの
それについての質疑応答
人間レベルの自動翻訳
画像中の出来事の解釈　　解決への糸口なし
興味深い物語の記述
芸術作品の解釈
人間レベルの汎用知能

図 1.1　コンピュータに実行してほしい課題。最も容易なものから順に困難な
　　　　ものへと並べた。カッコ内は、その課題が達成できたおおよそのの年
　　　　号。現在のところ、一番下の課題をどのようにコンピュータに実行さ
　　　　せられるかわかっていない

あったに違いない)。
　算術演算の次は整列である。整列とは、たとえば数のリストを昇番順に並べ
替えたり、名前のリストをアルファベット順に並べ替えたりすることである。
これは、AI には見えない。実際並べ替えには、単純なレシピがある。しかし
最も単純なレシピはとても時間がかかるので、ほとんど使われない。1959 年
に、真に効率的な整列を実行するクイックソートと呼ばれる技法が発明され
た（発明から 50 年以上経過した今日でも、クイックソートよりも効率のよ

い方法は見つかっていない[11])。

　次にもうすこし頭を使う問題に目を向けよう。ボードゲームは、コンピュータにとって挑戦的な課題であり、それゆえ AI 物語の基盤ともなっている。じつは、ボードゲームを上手にプレーする単純でエレガント方法があることがわかっていて、それは**探索**と呼ばれる技法である。探索については、次章で詳しく見る。しかし探索によるボードゲーム実行のプログラムは容易であるものの、最も単純なゲームにしか適用できない。なぜなら単純な方法は、時間とコンピュータメモリーを使い過ぎるのだ。宇宙のすべての原子を使ってコンピュータを製作したとしても、チェスや碁といったゲームを単純な探索を使って実行するには力不足だ。探索を実行可能にするためには、プラスアルファが必要であり、それこそが、次章で見るような AI の登場場面である。

　問題を解く方法が原理的にはわかっているものの、不可能なほど多大な計算資源が必要なので実際には使えないというのが AI の技法で共通に見られる問題であり、この問題を解くために多くの AI 研究者が取り組んでいる。

　リスト上の次の問題群は、それまでのものとはだいぶ異なっている。画像中の顔認識や自動翻訳や話し言葉の同時通訳といった課題は、それまでとはまったく違った問題である。なぜならボードゲームと異なり、従来の計算技法では、どのように取り組んでよいかがわからないのだ。問題解決のレシピの書きようがない。まったく新しいアプローチが必要である。しかしこれらの問題は、機械学習と呼ばれる技法で解けることがわかっている。機械学習についても本書の後半で議論する。

　次は自動運転で、これは魅力的な問題だ。なぜなら人間にとってはわかりきった行動だからである。通常われわれは、車を運転することと知能を関連付けては考えない。しかしコンピュータに車を運転させることは、ひどくむずかしい問題であることがわかっている。何がむずかしいかといえば、車は今どこにいて、周りで何が起こっているかを理解しなければならないのだ。自動運転車がニューヨークの交通量の多い交差点に差し掛かったときのこと

---

[11]T. H. Cormen, C. E. Leiserson and R. L. Rivest. Introduction to Algorithms (1st edn). MIT Press and McGraw-Hill, 1990.

を想像してほしい。多くの車が絶え間なくやって来るであろうし、歩行者や自転車も通りかかれば、道路工事をしているかもしれない。交通信号もあれば道路標識も認識しなければならない。さらに事態を複雑にすることは、雨や雪が降っているかもしれないし霧が出ているかもしれない（そしてニューヨークでは、これら3つが同時に起こりえる）。このような状況での主な問題は、何をするか（減速、増速、左折、右折など）を決定することではない。主な課題は、周囲で何が起きているかを理解することである。自分がどこにいて、どのような車がどこにいて、何をしようとしているのか、そして歩行者はどこにいるかといった事柄を理解しなければならない。これらの情報をすべて得た後であれば、何をしなければならないかの決定はかなり容易になる（自動運転については、本書の後半で詳しく議論する）。

　それでは、どのように取り組めばよいか解決法がわかっていない問題に進むことにしよう。どのようにすればコンピュータは、複雑な物語を理解して、それについての質問に答えられるようになるだろうか。どのようにすればコンピュータは、小説のような豊かで微妙な陰影に富んだテキストを翻訳することができるだろうか。どのようにすればコンピュータは、画像の中の人々を識別するだけでなく、実際にそこで何が行われているかを解釈できるだろうか。どのようにすればコンピュータは、物語を紡いだり油絵のような芸術作品を解釈したりできるだろうか。そして最後に、コンピュータのグランドドリームがある。

　コンピュータのグランドドリームとは、人間レベルの汎用知能、すなわち意識をもつコンピュータの実現である。人間レベルの汎用知能は、すべての中で最も大きい挑戦だ。

　AIの進歩とは、図1.1の課題を1つずつ克服する道程である。図1.1中で困難だというのは、今までのところ次の2つの理由による。第1の理由は、問題解決のレシピは原理的には存在するが、現実的には利用できないというもの、つまりその方法では、ありえないほど多くの計算時間とメモリー領域を必要とする場合である。チェスや碁のようなボードゲームが、この類型に入る。第2の理由は、問題解決へのレシピをどのように作成すればよいか見当もつかないというものである（たとえば顔認識）。この場合、まったく新し

い方法論（たとえば機械学習）が必要である。現代のAIのほとんどは、これらの2つの類型のいずれかに当てはまる。

　それでは、図1.1中の最も困難な問題に向き合うことにしよう。人間レベルの汎用知能の実現というグランドドリームである。この挑戦が多くの人々を惹き付けてきたのは、驚くにあたらない。この課題に取り組んだ最初の、そして最も影響力のある思想家は、われらのアラン・チューリングだ。

1.4 チューリングテスト

　1940年代後半から1950年代にかけて最初期のコンピュータが開発されると、この現代科学の粋を集めた夢の機械について大きな議論が沸き起こった。その中で議論に最も貢献したのは、ノーバート・ウィーナーというマサチューセッツ工科大学の数学教授が著した書籍で、その名を『サイバネティクス』という。　その中でウィーナーは、マシンと動物の脳や神経系との類似点を並び立ててAI関連の多くのアイデアに触れている。ウィーナーのサイバネティクスは、数学に熟達した読者以外には理解不能であったはずなのだが、社会から注目を集めた。マシンは「考える」ことができるかといった問題提起が、出版物やラジオショーで真剣に議論されるようになった（1951年には、チューリングその人がこの主題についてBBCのラジオショーに参加している）。AIという名前はまだ付けられていなかったが、AIのアイデアは育っていた。

　世論に答えるかたちでチューリングは、人工知能の可能性について真剣に考えるようになった。チューリングは、世の中に流布する「マシンは決してXをすることができない（Xには、たとえば考える、推論する、創造するなどの言葉が入る）」といった巷の議論を不快に思っていた。彼は、「マシンは考えることができない」と主張する輩を黙らせたかった。こうして彼は、のちに**チューリングテスト**と呼ばれるテストを提案するにいたった。　チューリングテストは、1950年に登場して以降、この分野に大きな影響力をもち続けていて、今日でも研究対象になっている。もっとも残念なことに、これから見ていく理由から、チューリングテストは、反AIの人々を沈黙させること

はできなかった。

　チューリングの発想は、イミテーションゲームと呼ばれるヴィクトリア時代の社交界におけるゲームによるものであった。イミテーションゲームの基本アイデアは、質問への答えだけから、回答者が男性か女性かを判定するものである。チューリングは、AIにも似たようなテストが使用できると提案した。チューリングテストは、次のように記述できる。

> 人間の質問者は、コンピュータキーボードとスクリーンを使って対話するのだが、対話の相手が人間なのかコンピュータプログラムなのかを事前に知ることはできない。質問とそれへの回答は、テキストベースで行われる。つまり質問者は質問をタイプして、回答はスクリーンに表示される。質問者への課題は、対話の相手が人間かコンピュータプログラムかを判定することである。

　対話の相手がコンピュータプログラムであるとしよう。十分な時間質疑応答を繰返した後に質問者が、対話の相手がプログラムか人間かを確信をもって応えられなかったとする。そのときプログラムは、人間レベルの知能を有していると認めなければならないと、チューリングは主張した。

　チューリングのアイデアがすぐれているのは、プログラムが「真に」知的かどうか（あるいは意識があるかどうか）についての議論を巧妙に避けているところにある。プログラムが「真に」考えているか（または意識があるか、自己認識しているか）は、重要ではないというのだ。なぜなら「本物の知能」と見分けがつかないのだから。ここでのキーワードは、見分けがつかないである。

　チューリングテストは、科学における標準的な技法の好例である。2つのものが同じか異なるかを判別したいとき、両者を見分ける合理的なテストがあるかどうか尋ねればよい。一方を合格にして他方を却下する合理的なテストが存在すれば、両者が異なると判定できる。そのようなテストで両者を区別することができなければ、それらが異なると主張することはできない。チューリングテストは、マシンインテリジェンス（マシン知能）とヒューマンインテリジェンス（人間知能）を見分けられるかどうかにかかわるものであり、テ

ストは、人間が両者の振舞いを見分けられるかどうかを問うものであった。

　しかしここですこし慎重になる必要がある。長年にわたる AI の多くのアプローチでむずかしいのは、AI で使用される技法や方法論を定義することである。たとえば AI 技法として、「時相回帰型最適化学習」（流行の AI バズワードを適当に選んだ）を好む人にとっては、時相回帰型最適化学習を使ってチューリングテストに合格することが AI と定義したくなるであろう。そうすることで他のアプローチを排除してしまう。したがって使用する技法や方法論から「独立した」知的振舞いをテストしたい。チューリングテストは、質問者と応答者を厳密に隔離することでこれを達成している。質問者が判断するのに使用できるのは、入力と出力、つまり質問者から発せられる質問と質問者が受け取る応答だけなのだ。チューリングテストに関するかぎり、もう一方の側は、その内部構造を調べることができないという意味で「ブラックボックス」である。すべては、入力と出力だけで進めなければならないのだ。

　チューリングテストについて述べているチューリングの論文「計算機械と知能」は、1950 年に権威ある国際学術雑誌 Mind に発表された[12]。この論文以前にも AI に似たアイデアに触れた論文は発表されていたものの、チューリングのこの分野に対するアプローチは、現代のデジタルコンピュータの視点からのものとしては初めてである。そのようなわけでチューリングのこの論文は、最初の AI 論文と考えられている。

1.5 チューリングテストナンセンス

　チューリングテストは単純でエレガントであり、容易に理解できる。しかしチューリングテストこそが AI の聖杯だという残念な副作用も生んでしまった。この不幸は、今日まで続いている。

　問題は、チューリングテストに合格するプログラムの作成のほとんどの試

---

[12] A. M. Turing. 'Computing Machinery and Intelligence'. Mind, 49, 1950, pp. 433–60.

みが、知的な振舞いという問題に真剣に取り組むことよりも、対話者に人間だと勘違いさせる安直なトリックを使うことに堕してしまったところにある。安易なトリックとして最も有名な例は、ドイツ生まれのアメリカ人で MIT のコンピュータ科学者ジョセフ・ワイゼンバウムが、1960 年代半ばに作成したELIZA（イライザ）と呼ばれるプログラムである。ワイゼンバウムは、ELIZAをチューリングテストに合格するプログラムとして意図していない。それ独自に意味のあるまじめな科学実験であったのだが、残念なことに AI 一般、とりわけチューリングテストに対する表面的なアプローチの代名詞となってしまった。

　ELIZA は、精神科医が患者と話す役割を担うものであり、オープンエンドな質問をすることで患者に内省を促すことを意図している。ELIZA は、「家族」「友人」「孤独」「悲しい」などのキーワードに関連する単語を結び付けて定型の質問文を作成する。そしてそれを使って会話を続けるのだ。表面的な文面の向こうを見通すための高度な認知力はない。システムの改訂版の対話を、次に示す（ELIZA の応答はイタリック）[13]。

I am lonely.（私は孤独だ。）
Are you lonely often?（いつも孤独なのですか。）

Yes. Almost every day.（イエス。ほとんど毎日。）
Why do you say almost every day?（なぜほとんど毎日と言うのですか。）

I think it is my family.（家族が問題だと思う。）
Tell me something about your family.（あなたの家族について話してください。）

---

[13] この対話はアップルのマッキントッシュコンピュータに標準的に付属している ELIZA プログラムによって生成された。読者がマックユーザーであれば試してみてほしい（訳注：これは Emacs から利用できるもの。「esc キー」（キーボードの左上）を押してから「X」を押下する。それから「doctor」とタイプしてリターンキーを押す）。楽しいはずだ。ただし本物の AI ではないことは忘れないでほしい。

They hate me.（彼らは私を憎んでいる。）
What makes you believe they hate you?（なぜ彼らがあなたを憎むと思うのですか。）

They are mean to me.（彼らは私に対して意地悪だから。）
Earlier you said you felt lonely?（以前にあなたは自分が孤独だと言いましたね。）

What is the meaning of life?（人生の意味は何だろう。）
Maybe your life has something to do with this.（多分あなたの人生はこれに関係があるでしょう。）

What is the purpose of existence?（生きる目的は何だろうか。）
Is it because of your plans that you say what is the purpose of existence?
（生きる目的は何かと言うのはあなたの計画ゆえですか。）

　はじめのうちは知能があるように見える。しかしやり取りを繰返すうちに、対話が表面的であることが痛いほどわかってしまう。ELIZA は、明らかに対話の内容を理解していない（そしてもちろんワイゼンバウムは、そのようなことを主張していない。実験のポイントは、対話の理解ではないのだ）。

　ワイゼンバウムは、ELIZA が学界や一般社会に影響を与えるなど予期していなかったので、ユーザーが彼の単純な実験を真剣に受け取っていることを発見して驚愕した。ELIZA は、瞬く間に AI の伝説となってしまったのだ。著者は、1980 年代に博士課程の学生だったのだが、生身の人間と関係を築けない孤独で社会不適応な大学院生が、その代替として一晩中 ELIZA と対話しているという話を聞いた。根拠のないブラックジョークだとよいのだが、ELIZA が鬱病の学生を自殺へと誘導してしまったという噂話まであったのを覚えている。ワイゼンバウムが彼の秘書にプログラムを試してみるよう頼

むのは自然なことではあったが、驚いたことに、その対話がフェイクである
と何度も念を押したにもかかわらず秘書は、ELIZA と対話する間、彼に部屋
から出ているように頼んだのだ。

　ELIZA の遺産は、毎年ローブナーコンクールというかたちで今日まで続い
ている。チューリングが、誰かが彼のテストを実際に試してみることを予想
していたかどうかは定かではないが、アメリカの億万長者で発明家のヒュー・
ローブナーは、1990 年にそうすることにした。毎年ローブナー財団は、チュー
リングテストに挑戦するコンピュータプログラムを募集して、判定する委員に
それが人間であると信じ込まそうとしている。受賞賞金は 10 万ドルである。

　ローブナーコンクールは、始まるとすぐに賛否両論を引き起こした。高名
な AI 研究者であるマーヴィン・ミンスキーは、このコンクールを「意味の
ない人気取りのスタンドプレーだ」と切り捨てた。ローブナーコンクールは、
毎年少なくとも 1 つの誤解を招くビッグニュースを生み出している。問題は、
ローブナーコンクールの参加者のほとんどが、ELIZA 類似だということで
ある。人間レベルの理解や常識といったものを示すような意味のある会話を
質問者と交わすのでなく、あたかもそうであるかのように誤解させるトリッ
クを使うシステムだらけなのだ。次に示すのは、2009 年の優勝プログラム
Do-Much-More との対話の一部である。このプログラムは、有名な AI 解
説者でコンピュータチェスの専門家であるデイヴィッド・レヴィが作成した
（Do-Much-More の応答はイタリック体で示す）。

　Hi, how is it going?（ハイ、調子はどう。）
　Hello. How are you doing?（ハロー。調子はどう。）

　Good, who are you?（調子いいよ、あなたは誰ですか？）
　*Well, I am studying engineering. That ought to give you an idea about
who I am.*（私はエンジニアリングを勉強しています。それで私が誰であ
るかわかると思います。）

　No, not really?（いや、わからないな。）

I have a terrific yearning to know something more about experiments?
（私は実験についてもっと知りたいと思っているだろうか。）

Where are you from?（どちらのご出身ですか。）
I don't know, but don't forget I can't be in three place at once
（それがわからないのですね。しかし私が同時に3箇所にはいられない
ことを忘れないでください。）

What city do you live in?（どの都市に住んでいますか。）
*What city – that's rather a tricky question. The trouble is, one city seems
to be much like another.*（どの都市かですか。それはトリッキーな質問
ですね。問題は、ある都市が他の都市とよく似ているということでしょ
う。）

Not really. Where do you live?（そうは思わないな。で、どこに住んで
いるのですか。）
In the old dairy next to the river, I believe.（川の畔の古い牧場だと思う
けど。）

Interesting, so you are a farmer then?
（面白いな。つまり農業をやっているということですか。）
*Well, if you ask a physiologist what I am, he won't say I'm a farmer.
He'll say I consist mostly of water – enough to fill a large beer barrel –
plus some iron, phosphorus and lots of other prosaic ingredients.*
（う〜ん、あなたが生理学者に私が何ものか尋ねるなら、彼は私が農民
だとは言わないでしょう。彼は私が主に水からできている、大きなビー
ル樽を満たすくらいの水と、加えて若干の鉄分、リンとたくさんのあり
きたりな成分から構成されていると言うでしょう。）

Weird answer to a simple question, wouldn't you say?

（単純な質問にずいぶん奇妙な答えかたをするのだね。そうは思わないかい。）

I certainly would. Just watch me!（まさにそのとおり。ただ私を見ていてちょうだい。）

まちがいなく ELIZA よりは洗練されているものの、本物の人間の会話からはほど遠い。

話を振られる度に AI 研究者を不快にするインターネットチャットボットは、ELIZA 直系の子孫である。これらは、ツイッターのようなソーシャルメディアを介してユーザーと対話を試みるインターネットベースのプログラムである。意味のある会話をするプログラムの開発はまじめな研究対象であるが、インターネットチャットボットの圧倒的多数は、ELIZA が行っていたのと同じキーワードベースの定型文を作成するスクリプトからすこしも進歩していない。それらが作成するのは、表面的でおもしろみのない会話である。この種のチャットボットは AI ではない。

1.6 さまざまな人工知能

チューリングテストが多くのナンセンスを生み出したとはいうものの、AI 物語で重要な役割を担っていることには間違いない。チューリングテストは、はじめて研究者に取り組むべき明確な目標を与えたのであった。誰かに目標は何かと尋ねられたとき AI 研究者は、「目標はチューリングテストに有意味に合格するマシンを作ることだ」と答えられるようになった。今日では、このように答える AI 研究者はいないと思う。しかし歴史的に決定的な役割を果たしたことは確かであり、今日でもその重要性は失われていない。

チューリングテストが魅力的なのは、その単純さにある。それでも AI について明らかに多くの問題提起をしている。

読者がチューリングテストの質問者になったと想像してみてほしい。テストで受け取った応答から、相手がチャットボットではないとの確信を得た。

相手はこちらの質問を理解しているし、人間がそうするような種類の応答を返してくる。最終的に相手が実際にはコンピュータプログラムであることがわかる。そうすれば、チューリングテストに関する限り問題は解決する。プログラムは、人間の振舞いと区別できない動作をしたのだ。しかしそれでも、少なくとも2つの論理的に異なった可能性がある。

1. プログラムは、人間と同じように実際に対話を理解している。
2. プログラムは理解していないが、理解している振りをシミュレートできる。

　これら2つの主張は、まったく異なるものである。第1の主張はプログラムが真に理解しているというものであり、第2のものよりも強力な主張である。第2の主張は、単に理解しているように見せかけるプログラムを開発したに過ぎないというものだ。

　ほとんどのAI研究者、そしておそらくほとんどの読者も、第2の型のプログラムが実現可能だと認めるのに異存はないだろう。少なくとも原理的には問題ないと思う。しかし第1の型のプログラムを受け入れるには、もっと多くの確証を得る必要があると考えるはずだ。それどころか、どのようにすれば、プログラムが第1の型であると主張できるのかさえ明らかではない。これは、チューリングテストの主張ではない（チューリングは、そのような差別化をすることに困惑すると思う。チューリングがテストを発明したそもそもの目的は、そのような差別化の議論に終止符を打つことなのだったのだ）。したがって第1の型のプログラムを構築することは、第2の型のプログラム構築よりもはるかに挑戦的であり、賛否両論入り乱れる目標である。

　人間同様に真に理解力のある（意識のある）プログラムの構築の目標は、強いAI（strong AI）と呼ばれる。そのような属性をもつと主張することなく、限定的な知的能力を示すプログラムを構築するという、それよりも弱い目標は弱いAI（weak AI）と呼ばれる。

1.7 チューリングテストを越えて

　チューリングの区別不能テストには、多くのバリエーションがある。たとえばより強力なテストとして、日常生活で人間として振る舞うロボットを考えることができる。ここで「区別不能」とは、きわめて高度な要求だ。つまりマシンは、人間と区別できないように振る舞わなければならない（解剖は許されていないと仮定しよう。したがってテストは、ブラックボックスで行なわなければならない）。予見できる未来において、このような事態は揺るぎなきフィクションの領域である。ロボットと人間とが見分けがつかないというのは、まさしくリドリー・スコットが 1982 年に製作した古典的名画『ブレードランナー』での設定なのだ。そこでは若いハリソン・フォードが、美しい若い女性が実際にはロボットであるかどうか決定するために時間をかけて複雑なテストを施している。同じようなテーマは、『エクス・マキナ』（2014）のような映画でも扱われている。

　さすがにブレードランナーのようなシナリオは、実現性を論じることもできないが、研究者は、真に知能があるかどうかを有意味にテストできるだけでなく、チャットボットのようなトリックには引っかからない新しい型のチューリングテストを探し始めている。単純なアイデアとしては、理解をテストしようとするものであり、そのアイデアを具現化したものが、*ウィノグラードスキーム*と呼ばれている。ウィノグラードスキームとは、次のような短い質問で表現できる[14]。

> 文 1a：The city councillors refused the demonstrators a permit because they <u>feared</u> violence. （暴力を<u>恐れた</u>ので、市会議員はデモを許可しなかった。）
> 文 1b：The city councillors refused the demonstrators a permit because they <u>advocated</u> violence. （暴力を<u>唱えていた</u>ので、市会議員はデモを許可しなかった。）

---

[14] http://tinyurl.com/y7nbo58p

質問：Who [feared/advocated] violence?（誰が暴力を［恐れて/唱えて］いたか。）

2つの文は、たった1つの単語（下線部分）が異なっているだけであるが、その小さな違いによって、意味はまったく異なっている。テストの要点は、それぞれ they が誰を指しているかということである。文 1a では、they は明らかに市会議員であり（彼らはデモ参加者の暴力を恐れている）、文 1b では、they はデモ参加者である（市会議員はデモ参加者が暴力を肯定しているという事実を危惧している）。

もう1つの例は、次のとおり。

文 2a：The trophy doesn't fit into the brown suitcase because it is too small.（小さすぎるので、トロフィーは茶色のスーツケースに収まらない。）

文 2b：The trophy doesn't fit into the brown suitcase because it is too large.（大きすぎるので、トロフィーは茶色のスーツケースに収まらない。）

質問：What is too [small/large]?（何が［小さい/大きい］のか。）

明らかに文 2a では、スーツケースが小さすぎるのであり、文 2b ではトロフィーが大きすぎる。

ここで通常の成人であれば、これらの例文の意味を正確にくみ取ることができる。しかしチャットボットやローブナーコンクールの出展作品は、これらの文を正確に理解することができない。正解に辿り着くためには、テキストを真に「理解」して、質問されている状況についての背景「知識」も必要で、そういったものを避けて通ることはできないのだ。たとえば文 1a と文 1b の相違を理解するためには、デモについての知識（デモが暴動に発展することがある）と、市会議員についての知識（デモの実施を許可するか拒否するかの権力をもち、暴動へと発展する状況を避けようとする）をもつ必要がある。

AI における挑戦は、人間世界に関する理解である。そういったものは明文

化されていないことも多い。心理学者にして言語学者のスティーブン・ピンカーによる、次の短い会話を考えてみよう。

> ボブ：「別れよう。」（I'm leaving you.）
> アリス：「相手は誰よ。」（Who is she?）

　読者は、この対話を説明できるであろうか。もちろんできるはずだ。テレビのソープオペラ[15]の定番である。アリスとボブは親しい関係にあり、ボブに新しい彼女ができたので、別れ話をもち出したのだとアリスをして信じさせるに足る宣言をしたのだと推し測るわけだ。加えてアリスは、すっごく怒っているとも推論できる。

　この短い対話から、以上のことを理解するコンピュータを、どのようにプログラムすればよいだろうか。そのような能力は物語を理解する急所であり、物語を紡ぐ要諦である。コンピュータプログラムが「イーストエンダーズ」[16]のストーリーを追うためには、常識、つまり人間の信念や欲望、そして親密な関係についての日常的理解がどうしても必要だ。人間は、誰しもこのような能力をもっており、強い AI と弱い AI のどちらにとっても重要な要求項目である。どのようにすればこのような能力を育むことができるか、われわれは漠然とした理解しかもっていない。成功したという研究例も聞いたことがない。先に紹介したような質問を理解して応答するマシンへの道は、果てしなく遠いのだ。

1.8 汎用 AI

　これまで見てきたように、AI のグランドドリームは直感的には明白なのだが、それが何を意味するかを定義することは途轍もなくむずかしい。それだ

---

[15]訳注：アメリカにおける昼のメロドラマ。日本のそれよりも定型的で低俗なことが多い。かつて石鹸メーカーがスポンサーであったので、この名前がある。
[16]訳注：英国 BBC で放送されている連続テレビドラマ。長寿番組として有名。

けでなく、どうすればグランドドリームを見つけたといえるかすら定義できていない。それゆえ AI 物語において強い AI は、重要かつ魅力的であるにもかかわらず、今日の AI 研究には関連性が薄い。今日 AI の国際会議に行ってみるがよい。強い AI についての発表はまったく聞けないはずである。もっとも深夜のバーでなら聞けるかもしれない。

　より卑近な目標として、人間レベルの汎用知能をもつマシンの構築というものがある。今日、**人工汎用知能**（Artificial General Intelligence：AGI）あるいは単に**汎用 AI** と呼ばれるものである。AGI とは、人間の知的能力と同等なコンピュータと言い換えてもよい。その中には自然言語での対話（つまりチューリングテスト）、問題解決、推論、環境の理解といった能力を、典型的な人間と同等かそれ以上のレベルでもつことが含まれる。すぐれた AGI システムは、図 1.1 に示したすべての作業を実行できなければならない。AGI に関する論文は、意識や自己認識といった問題には言及しないのが慣例である。したがって AGI とは、弱い AI のさらに弱いバージョンと考えることもできる[17]。

　この卑近な目標と雖も、現在の AI では最前線以上のものである。AI 研究者が注力しているのは、今日頭脳が必要とされるような作業を実行できるコンピュータプログラムの構築なのだ。つまり図 1.1 で見た問題のリストを徐々に解決していくというものである。AI へのこのアプローチは、特定の作業に携わるコンピュータを構築することであり、「**狭い AI**（narrow AI）」と呼ばれることもある。　もっとも AI の研究者の間では、この用語は使われない。実際この表現を AI の主要な国際会議で使ったならば、部外者だと見破られてしまうであろう。AI 研究者は、それぞれが遂行している研究を狭い AI だとは考えていない。なぜなら狭い AI こそが AI だからである。このことは、

---

[17]残念なことに文献中で使用される用語は、不正確で一貫性に欠けている。多くの人々は、「人工汎用知能」という言葉を、その知能が自意識をもつかどうかといった哲学的な疑問を抱かずに、マシン中に人間のレベルの汎用的な知能を生成する目的を指すのに使用する。その意味では、人工汎用知能はサールの弱い AI とほぼ同じになってしまう。しかしこの用語は、サールの強い AI のようなもっと強力なものを指すのにも使用されるので混乱が広がる。本書では単に「汎用 AI」と呼び、弱い AI を指すのに使用する。

ロボット執事を求めている人を失望させるかもしれないが、ロボットによる反乱を心配している人々には朗報であろう。

　以上のようなわけで読者には、AI とは何で、なぜその達成がむずかしいかについて理解してもらえたと思う。その困難な仕事に、AI 研究者はどのように取り組んでいるか見ることにしよう。

1.9　頭脳か精神か

　どのようにすれば、コンピュータに人間レベルの知的振舞いをさせることができるであろうか。歴史的に見て、この問題には大きく 2 つのアプローチが採られてきた。大雑把にいって第 1 のものは、精神のモデル化を試みるものである。つまりわれわれが日常生活を営む上で利用している意識的な推論や問題解決のプロセスの構築である。このアプローチは、「シンボリック AI（記号処理 AI）」と呼ばれる。 なぜならシステムが推論する対象を表すのに、シンボル（記号）を使用するからである。たとえばロボットの制御システム中で記号「room451（451 号室）」とは、ロボットがユーザーの寝室を表す名前として使用し、記号「cleanRoom」は部屋を掃除する作業の名前として使用する。ロボットが何をするか決めるとき、記号を使って作業を組み立てる。たとえばロボットが、「cleanRoom（room451）」という動作の実行を決定したならば、そのロボットがユーザーの寝室を掃除することに決めたことを意味する。ロボットが使用する記号は、ロボットの環境中で何かを意味しているのだ。

　1950 年代半ばから 1980 年代の終わりまで、約 30 年間にわたってシンボリック AI は、AI システムを構築するための最も頻繁に利用されるアプローチであった。このアプローチには多くの利点があるが、その中でも最も重要なのは透明性であろう。ロボットが「cleanRoom（room451）」を実行すると決めたとき、ユーザーはロボットが何をすることに決めたかすぐにわかるのだ。さらにそれは、われわれが意識的に考えるプロセスを反映していたということもある。われわれは記号（シンボル）、つまり言葉を使って考えるの

だ。そして何かを実行しようとする際には、動作の 1 つ 1 つについて、その長所と短所を自問自答しながら進めていくわけである。シンボリック AI は、これらすべてを捉えているのだ。第 2 章で見るように、シンボリック AI は、1980 年代初期にその絶頂期を迎えた。

　精神のモデル化に対しては、「脳のモデル化」がある。極端な可能性を追求するならば、コンピュータで人間の脳（そしておそらく人間の神経システム）を完全にシミュレートするのだ。結局のところ人間の脳こそが、人間のレベルの知的振舞いを可能にしている唯一の部分だからだ。このアプローチの問題は、脳が想像を絶するほどの複雑な器官だということである。人間の脳は、およそ 1000 億の相互に接続されたコンポーネントを含んでいて、複製しようにもそれがどのように構成されていて、どのように動作しているのか、まったくと言ってよいほどわかっていない。予見できる将来において、現実的な可能性があるとは思えない。かなり遠い将来もまったく不可能だというのが著者の意見である（そう言ったところで一部の研究者による挑戦を止められないのは残念だ）[18]。

　完全な脳の複製はできないとしても、脳の構造のうちわかっている範囲で知的システムのコンポーネントとしてモデル化することは可能である。この研究分野は**ニューラルネットワーク**または**ニューラルネット**と呼ばれている。この名前は、脳の極小構造中に見いだすことのできるニューロンと呼ばれる情報処理ユニット細胞に由来する。ニューラルネットの研究は、AI の登場以前に遡り、AI 研究の主流と並行して進展してきた。ニューラルネットは、今世紀に入って画期的な前進を見せ、それが今日の AI ブームをもたらしたと言っても過言ではない。

　シンボリック AI とニューラルネットは、大きく隔たったアプローチであり、その方法論は完全に異なる。過去 60 年にわたって交互に注目を集めてきた。これから見るように、2 つの学派の間に軋轢もあった。しかし 1950 年代に新しい科学として AI が登場したときに支配的であった AI は、シンボリック AI である。

---

[18] http://tinyurl.com/y76xdfd9

Part II

これまでの道のり

Chapter *2*

黄金時代

　チューリングテストを紹介したアラン・チューリングの論文「計算機械と知能」は、今日 AI という学問領域への最初の貢献として認識されている。しかし、どちらかといえば孤立した貢献であった。なぜなら当時 AI という学問は、存在していなかったからである。この研究分野には名前がなかったし、それに取り組んでいる研究者もほとんどいなかった。当時存在していたのは、チューリングテストのような概念だけであった。AI システムというものは、影もかたちもなかった。それから 10 年ほどのち、1950 年代の終わりにすべてが変化した。新しい学問領域として AI が確立したのだ。AI は名前をもち、研究者たちは、知的な振舞いを示す部分的な実演ができるシステムを誇らしげにアナウンスできるようになった。

　それからの 20 年間は、第 1 次 AI ブームといってよい。この時代は楽観的な見解が支配的で、発展も華々しく **AI の黄金時代**（Golden Age of AI）と呼ばれる。それが 1956 年から 1974 年まで続いた。まだ失望を味わったことのない研究者には、何でもできるように思えた。この時代に構築された AI システムは、AI における伝説となっている。それらのシステムは、SHRDLU（シュルドゥルー）、STRIPS（ストリップス）、SHAKEY（シェーキー）といった奇妙で一風変わった名前をもつ。短くかつすべてが大文字なのは、当時のコンピュータのファイル名の制約による（AI システムのこのような命名法は、その必要がとうの昔になくなっているにもかかわらず今日まで続いている）。これらのシステムの構築に使用されたコンピュータは、今日の基準か

ら見ると制限があり過ぎて実行速度も遅く、ものすごく使いづらかった。今日ソフトウェア開発で当たり前のように使っているツールも存在しなかったし、そもそも当時のコンピュータで実行できるはずもなかった。コンピュータプログラミングの「ハッカー」文化の多くが、そうした時代の申し子として生まれた。AI 研究者は、深夜に働くことが多かった。なぜなら昼間の時間帯にコンピュータは、もっと重要な仕事に使われていたので、AI 研究のためには深夜帯しかアクセスできなかったのだ。そして AI 研究者は、大規模で複雑なプログラムを非力なコンピュータでコンパイルして実行させるために、ありとあらゆる種類のプログラミングトリックを駆使した。そうしたトリックの多くはのちに標準的な技法となったのだが、1960 年代や 1970 年代の AI ラボにその起源があることは、ほとんど忘れ去られてしまっている[1]。

　ところが 1970 年代の半ばに、AI の発展は滞ることになる。初期の単純な実験を越えるような前進に失敗が続いたのだ。生まれたばかりの研究分野である AI は、その成功を信じつつあった研究助成団体や科学界から消されそうになってしまった。約束された AI の実現が、どれも達成できそうにないことがわかってしまったのだ。

　この章では、AI の最初の 20 年を見ることにする。この時期に構築された主要なシステムを紹介してから、当時の AI 研究の中で開発された最も重要な技法のいくつかについて議論する。この技法は「探索」と呼ばれるもので、今日でも多くの AI システムで中心となる構成要素である。さらに 1960 年代後半から 1970 年代初期にかけて発展した、計算の複雑さと呼ばれる抽象数学理論も紹介する。計算の複雑さによって、なぜ AI の多くの問題が困難であるのかを説明できる。計算の複雑さの理論こそが、AI に暗い影を投げかけ

---

[1] ジョン・マッカーシーの数ある業績の中で最も後世に影響を与えたものにタイムシェアリング（時分割）と呼ばれるアイデアがある。彼は、コンピュータを使っているとき、コンピュータにとってそのほとんどの時間が、ユーザーがタイプしたりプログラムを実行する準備をしたりするのを待つアイドル時間であることに気がついた。彼は、この「アイドル時間」を他のユーザーと共有できることを、そしてそうすることで多くの人々が同時に 1 台のコンピュータを使用できることに気がついたのだ。タイムシェアリングによって、当時きわめて高価であったコンピュータを効率的に使用できるようになった。

たのだ。

　それでは黄金時代を開いたと言われている 1956 年の夏から物語を始めることにしよう。この夏に AI は、ジョン・マッカーシーという名の若いアメリカ人によって命名された。

2.1 AI の最初の夏

　マッカーシーは、現代の技術大国 USA を創り上げた世代に属している。優秀さを鼻にかけないカジュアルな態度の研究者である。1950 年代から 1960 年代にかけて、今日計算科学分野の常識となっている概念の多くを発明した。彼が開発した中で最も有名なものに、LISP と呼ばれるプログラミング言語がある。LISP は、AI 研究者が選択するプログラミング言語として何十年間にもわたって広く使われてきた。コンピュータプログラムが読みづらく、そしてコンピュータ科学という業界の風変わりな標準に照らしても、LISP は奇妙な言語であった。なぜなら LISP では、

　(すべての (プログラムは (このような外見 (だった))))

のだ。LISP とは、「Lots of Irrelevant Silly Parentheses（多くの無意味で馬鹿げた括弧）」の頭文字から命名されたというジョークが語り継がれているくらいである[2]。

　マッカーシーは、LISP を 1950 年代半ばに開発した。驚くことに 70 年後の今日でも、世界中で愛用されている（著者は毎日使用している）。マッカーシーが LISP を発明したときのアメリカ大統領はドワイト・アイゼンハワーであり、ニキータ・フルシチョフがソヴィエト連邦の書記長で、中国では毛沢東主席が最初の 5 ヶ年計画を指導していた。 当時世界には、ほんの数台の

---

[2] ほんとうは、「リストプロセッサ（List Processor）」を表している。LISP は、記号処理のためのプログラミング言語であり、記号（シンボル）のリストこそが、記号処理で最も重要なのであった。

コンピュータしかなかった。その頃マッカーシーが創造したプログラミング言語が、今日でも使われているのだ。

　移民の子としてボストンで生まれたマッカーシーは、幼少期から数学に特異な才能を発揮していた。カリフォルニア工科大学の数学科を卒業したのちに、ニューハンプシャーのダートマス大学で助教授に就任したとき彼は、まだ20代であった。ダートマスに来る以前から、マッカーシーは計算科学に興味を持っていた。1955年にダートマスで計算科学のサマースクールを開催しようとして、ロックフェラー財団に助成金の申請を行った。科学界に詳しくない読者は、大人の「サマースクール」と聞いて奇妙に思うかもしれない。しかし研究者の間では、夏のひと時を合宿形式で集まって議論するのは伝統的に好まれている。もちろん今日でも実施されている。基本的なアイデアは、世界中から共通の関心をもつ研究者を一堂に集めて、一定期間議論と協働を促すというものである。なぜサマースクールといって夏に行われるかというと、一年間の授業という苦役から解放されて長い休暇を取れるからである[3]。自然とサマースクールは魅力的な場所で開催され、豊かなソーシャルイベントプログラムも不可欠である。

　もう1つ記念すべきサマースクールに必須なのは、有名人を集めることである。今振り返って考えるとダートマスサマースクールは、その後の10年間にAI分野を定義するようになる中心人物のほとんどを集めていたことに驚かされる。招待リスト中の1人は、とりわけその名前が強烈だ。プリンストン大学の数学者ジョン・フォーブス・ナッシュ2世は6年前に「非協力ゲーム（non-cooperative game）」と呼ばれる概念を確立して数学の博士号を取得した（博士論文はわずか28ページ）。ナッシュが提起したアイデアは、その後数十年にわたって経済理論の基礎となり、最終的には1994年のノーベル賞をもたらした。しかしナッシュは、彼の研究が集めた功績を享受できなかった。博士号取得後すぐにナッシュは、パラノイアと妄想に苦しめられる

---

[3]訳注：米国や欧州の大学は新学期が秋なので、夏休みは学年と学年の間の長期休暇となる。学生は翌年度の学費を稼ぎ、教授は研究に集中したり、無給期間なので場合によってはアルバイトに励んだりする。

ようになり、その後何十年も学界から遠ざからなければならなかった。幸いなことに 1994 年には、ノーベル賞の受賞式に出席できるまで回復した。彼の生涯は、受賞歴のある書籍と映画『ビューティフルマインド』に描かれている[4]。

　ダートマス会議の招待者リストには、もう 1 つ興味深い点がある。学界だけでなく産業界や官界、そして軍からも研究者を招いていたのだ（1960 年代に、どのようにすれば核戦争に「勝利」できるかを冷静に分析して有名（悪名？）になったカリフォルニア州を本拠地とするシンクタンク RAND コーポレーションからの参加者もいた）。ほんの 10 年前には、マンハッタンプロジェクトが米国の学界、産業界、官界と軍の能力を糾合して最初の原子爆弾を開発して、米国の科学技術力の比類なき力を誇示したばかりであった。この産官学軍の組合せは、第二次世界大戦後の米国におけるコンピュータ開発を特徴付けるものであり、次の 60 年にわたる米国の AI における国際的リーダーシップを確立する際の中心に位置するものであった。

　1955 年にマッカーシーがロックフェラー財団に助成金の申請書を書き上げたとき、このイベントに「人工知能（artificial intelligence）」という名前を与えることにした。これが、のちに AI の困った伝統になってしまった。つまりマッカーシーは、このイベントに非現実的な期待をもたせてしまったのだ。彼は記した。「厳選された研究者のグループが一箇所に集まりひと夏を過ごすことで、この研究分野に著しい進展をもたらすことができると考える」[5]。

　サマースクールが終わるとき、特筆するほどの成果は得られなかった。しかしマッカーシーが選んだ名前だけは残った。こうしてこの新しい研究分野は人工知能（AI）として確立されたのであった。

　残念なことに、マッカーシーが選んだ人工知能という名前を、その後多くの人が遺憾だと思っている。1 つには人工というのが「偽物（フェイク）」や粗

---

[4] S. Nasar. A Beautiful Mind. Simon & Schuster, 1998. 邦訳：塩川優『ビューティフル・マインド: 天才数学者の絶望と奇跡』新潮文庫、2013.

[5] J. McCarthy et al. 'A Proposal for the Dartmouth Summer Research Project on Artificial Intelligence, 1955'. (Reprinted in AI Magazine, 24(4), 2006, pp. 1-14.)

悪な代用品とも読めるということだ。誰も偽の知能（フェイクインテリジェンス）など欲しくない。さらに「知能（インテリジェンス）」という言葉は、知性を要する知的な作業を示唆する。実際のところ 1956 年以降に AI の研究者が取り組んだことの多くは、人間が行うのであればそれほどの知性を必要としない。対照的に、前章で見たように過去 60 年間 AI が挑戦し続けている最も重要で困難な問題の多くは、まったく知的でもなんでもない。この事実は、AI に疎い人々に驚きと困惑をもたらし続けている。

　いずれにしてもマッカーシーが選んだのは人工知能という名前であり、この名前が今日まで使われ続けている。マッカーシーのサマースクールから、研究の途切れることのない糸が、サマースクールの参加者とその後輩たちによって今日に至るまで紡ぎ出されている。今日認識されている AI が 1956 年夏に始まったことは確かであり、AI の初期には夢の分野として大いに期待された。

　ダートマスサマースクールに続く期間は、AI の急成長の時代である。そして少なくともしばらくは、著しい進展が見られた。サマースクール参加者のうち 4 人が、その後数十年にわたって AI 研究の支配者となった。マッカーシー自身は、スタンフォード大学に AI 研究所を創設した。スタンフォード大学は、今日シリコンバレーとして知られるようになった地域の心臓部である。マーヴィン・ミンスキーは、マサチューセッツ州ケンブリッジの MIT に AI 研究所を開設した。アラン・ニューウェルと彼の博士課程での指導教授であるハーブ・サイモンは、カーネギー・メロン大学へと行った。これら 4 名と、彼らの教え子たちが構築した AI システムは、現世代の AI 研究者にとってほとんど信仰の対象となっている。

　しかしすぐに黄金時代の単純さは禍根を残すことになる。研究者は AI の発展速度についてあまりにも慎重さを欠く楽観的な見通しを立ててしまったのだ。そしてその影響はその後も続くことになる。1970 年代半ばに黄金時代は終り、揺り戻しが始まった。その後も周期的な AI ブームの成長と破綻は何度も繰り返されることになる。しかしこの時代の判断は、歴史に任せることにしよう。著者には、この時代の特徴と彼らの業績を愛情抜きに客観的に語るのはむずかしい。

2.2 分割して征服せよ

　これまで見たように汎用 AI は、目標としては大きすぎて、かつ漠然としている。直接アプローチするのは困難だ。代替策として黄金時代に採用された戦略は、分割統治法である。すなわち完全な汎用知的システムの構築を試みるのではなく、汎用 AI に必要だと思われる個別の機能を 1 つずつ見つけて、その機能に特化したシステムを構築するというアプローチが採用された。個々の機能を実現するシステムの構築に成功するならば、それらを組み合わせて全体システムを構築できるだろうと思われたのだ。汎用 AI に向かうこの仮定は、AI の知的な振舞いの構成要素として、機能に焦点を合わせたものであった。これが、AI 研究の標準的な方法論となった。このようなコンポーネント機能を発揮するマシンの構築ラッシュが始まったのだ。

　それでは、どのような機能に研究者は注目したのであろうか。第 1 に、のちに最も困難な機能であることがわかったのであるが、われわれが当然のこととして扱っている認識である。マシンが特定の環境で知的に振る舞おうとするのであれば、周囲の情報を得なければならない。人間は、さまざまな機構を通してこの世界を認識する。いわゆる五感、視覚、聴覚、触覚、嗅覚、味覚である。したがって研究の流れの 1 つは、これらに対応するセンサーの製作である。今日のロボットは、環境についての情報を得るために幅広い種類のセンサーを装備している。すなわちレーダー、赤外線レンジファインダー、超音波レンジファインダー、レーザーレーダー等である。センサーを製作することは、もちろん容易ではないのだが、それでも問題の一部に過ぎない。デジタルカメラが光学的にいかにすぐれていても、そしてカメラのイメージセンサー上に何メガというピクセルが装着されようとも、デジタルカメラができることは、視野に入ったイメージをグリッドに分割して、グリッド中の各セルに色彩と明度を示す数字を割り当てることだけである。したがって最良のデジタルカメラを備えたロボットと雖も、数字の並びを受け取るに過ぎない。それゆえに認識に対する挑戦の次のステップは、それらの数値を解釈して、何を見たかを理解することである。そしてこの挑戦は、センサーを製作することよりもはるかに困難な問題なのであった。

　汎用知能システムにとってもう1つ重要な機能は、経験から学ぶ能力であり、これが**機械学習**と呼ばれるAI研究分野の1つの流れとなった。「人工知能」という名称と同じように、「機械学習（マシンラーニング）」という名前も用語としては不幸な選択であったかもしれない。学習という名称は、ゼロから始めて経験を積みながら自分自身ですこしずつ賢くなっていくという印象を与える。実際のところ機械学習は、人間の学習とは異なるものだ。機械学習は、データについて予想から学ぶ仕組みである。たとえばここ10年で機械学習が大きな成功を収めた分野は、画像中の人物の顔を認識するプログラムである。その方法では、通常プログラムに学習させたいものを例示する必要がある。したがってプログラムに顔を認識させるには、人々の名前でラベル付けした多くの画像を与えてマシンを訓練する。目標は、学習を終えたプログラムに1つの画像を見せるだけで、それが誰であるかを正確に答えられるようにすることである。

　問題解決と**計画立案**も、知的な振舞いに関連した機能といえる。問題解決と計画立案では、どちらもいろいろな動作を組み合わせて目標を達成する必要がある。問題は、動作の正しい順序を発見することである。チェスや碁のようなボードゲームは、問題解決と計画立案の好例である。目標はゲームに勝つことであり、動作は可能な手、そして問題は、どの駒をどのように動かすかを見つけることである。これから見るように、問題解決と計画立案における根本的な問題は、原理的には単純に見える。つまりすべての選択肢を考慮すればよいのだが、このアプローチでは現実的にうまくいかない。なぜなら選択肢が多すぎて実現不可能なのだ。

　知能に関連する機能のうちで、推論は最も高度なものであろう。推論とは、既存の事実から飛躍することなく新しい知識を導き出すことである。有名な例としては、「すべての男は（いずれ）死ぬ」ということを知っていて、かつ「マイケルは男である」ということも知っていれば、「マイケルは（いずれ）死ぬ」と結論を導くことができるというものがある。真に知的なシステムであれば、この結論を導き出し、かつ新しく導出された知識を使って別の結論を導くこともできる。たとえば「マイケルは（いずれ）死ぬ」ことを知っていれば、「未来のいずれかの時点でマイケルは死ぬ」そして「その後もマイケル

はずっと死んだままだ」と結論付けることができる。自動推論システムとは、このような機能をコンピュータに与えるものであり、つまり論理推論の能力を与える。第 3 章で議論するが、多くの研究者は、長年にわたってこの種の論理推論能力こそが AI の主目的であると信じていた。そして今日では論理推論は AI の主流ではなくなったものの、自動推論は AI における重要な研究領域であることに間違いない。

　最後に**自然言語理解**がくる。これは、コンピュータに英語や中国語のような人間の言葉を解釈させる機能である。現在のところ、プログラマがコンピュータにアルゴリズムやプログラムを与えて何かをやらせたいと思うとき、プログラマは厳密に定義された曖昧さのない特殊な人工言語を使用しなければならない。そのような規則にしたがって構成された人工言語には、Python、Java、C といったよく知られた言語がある。それらは、英語や中国語といった自然言語に較べるとはるかに単純である。長年にわたって自然言語を理解するアプローチの主流は、コンピュータ言語を定義する厳密な規則と同じように、これらの言語を定義する厳密な規則を発見しようとするものであった。しかしその方法では不可能なことがわかった。自然言語は、厳密に定義するにはあまりに柔軟すぎて、曖昧で流動的なのだ。そして自然言語が日常生活で使用される方法は、厳密な定義を許さないのであった。

2.3　SHRDLU とブロックの世界

　SHRDLU システムは、黄金時代における最も高く評価された成功例の 1 つである（SHRDLU という名前は、当時のプリンターでの文字配列の順序に由来する。コンピュータプログラマは、このようなわかりにくいジョークが好きなのだ）。SHRDLU は、1971 年にスタンフォード大学の大学院生であったテリー・ウィノグラードによって開発された[6]。SHRDLU の目的は、AI のための 2 つの重要な機能を実証することであった。2 つの機能とは、問

---

[6] T. Winograd. Understanding Natural Language. Academic Press, 1972.

題解決と自然言語理解である。

　SHRDLU の問題解決のコンポーネントは、AI において最も有名な実験シ
ナリオとなった**ブロックの世界**に基づいている。ブロックの世界とは、多く
の彩色されたオブジェクト（ブロック、箱、三角錐）を含むシミュレートさ
れた環境である。現実のロボットでなくシミュレートされた環境を使用する
理由は、問題の複雑さを軽減するためであった。SHRDLU のブロックの世
界における問題解決は、ユーザーからの命令に従い、シミュレートされたロ
ボットアームを使ってオブジェクトを並べ替えることである。図 2.1 に、そ
の様子を示す。上の図が初期状態で、下の図が目標状態である。問題は、ど
のようにして初期状態から目標状態に変換するかということである。

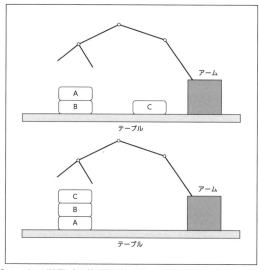

図 2.1　ブロックの世界:上が初期状態、下が目標状態である。どのようにす
　　　　れば、上の状態から下の状態を作ることができるであろうか。

　この変換を達成するために使用できるのは、次のような動作だけである。

オブジェクト _x_ をテーブルからもち上げる

ロボットアームは、オブジェクト _x_（ブロックか三角錐）をテーブルからもち上げる。オブジェクト _x_ がテーブルの上にあり、オブジェクト _x_ の上に何も載っていなくて、かつロボットアームが空いているときに限り、ロボットアームはこの動作を実行できる。

オブジェクト _x_ をテーブルに置く

ロボットアームは、オブジェクト _x_ をもち上げているときに限り、この動作を実行できる。

オブジェクト _y_ の上のオブジェクト _x_ をもち上げる

ロボットアームが空いていて、オブジェクト _x_ がオブジェクト _y_ の上にあり、かつオブジェクト _x_ の上に何も載っていないときに限り、ロボットアームはこの動作を実行できる。

オブジェクト _x_ をオブジェクト _y_ の上に置く

ロボットアームが実際にオブジェクト _x_ をもち上げていて、かつオブジェクト _y_ の上に何も載っていないときに限り、ロボットアームはこの動作を実行できる。

ブロックの世界で起きるすべてのことは、これらの動作へと還元できる。そして使えるのも、これらの動作だけである。これらの動作を用いて図 2.1 に描かれている変換を達成する計画は、次のように始めることができよう。

- ◆ オブジェクト _B_ の上にあるオブジェクト _A_ をもち上げる
- ◆ オブジェクト _A_ をテーブルの上に置く
- ◆ テーブルからオブジェクト _B_ をもち上げる

これらの動作を実行したのちにブロックの世界は、どのようになっているであろうか。読者は、この続きを書き出すことができるであろうか（むずかしくはないが、煩わしい）。

ブロックの世界は、AI において最もよく研究されたシナリオである。なぜならブロックの世界の作業は、荷物をもち上げて動かすというロボットが現

実世界で期待される作業に似ているからだ。しかし SHRDLU で使用された
ブロックの世界（そしてそれに続く多くの研究）は、有用な AI 技法の開発に
とっては、きびしく制限されたものであった。

　第 1 に、ブロックの世界は閉じている。これはどういう意味かというと、
ブロックの世界を変化させるのは SHRDLU だけだということである。これ
は、人間がたったひとりで生きているようなものだ。ひとりで暮らしている
のならば、朝目覚めたとき、家の鍵は前夜置いたところにあると仮定してよ
い。ひとり暮らしでないならば、夜の間に誰かが鍵を動かしてしまうかもしれ
ない。ブロックの世界は閉じているので、SHRDLU がブロック x をブロッ
ク y の上に置いたならば、再び動かさない限りブロック x はブロック y の上
にあると仮定してよい。現実世界では、こうはいかない。世界に動作主体が
1 つしかないという仮定に依存する AI システムでは、すぐにエラーが頻発し
てしまう。

　第 2 に、そしてこちらのほうが重要なのだが、ブロックの世界はシミュレー
トされている。SHRDLU は、ロボットアームを使って実際にオブジェクト
をもち上げて移動するわけではない。そうすることを装っているだけなのだ。
世界のモデルを維持することで、世界における動作の効果をモデル化するこ
ともできる。SHRDLU は、実際の世界を見てモデルを構築しているわけで
はないし、モデルが正しいことを検査するわけでもない。これは、大胆に単
純化した仮定である。したがってロボットが現実世界で直面する真に困難な
問題を無視しているというのが、のちの研究者の意見である。

　この点を理解するために、「オブジェクト y の上にあるオブジェクト x を
もち上げる」という動作を考えよう。SHRDLU の視点から見れば、これは
1 つの動作である。ロボットは、この動作を 1 つのステップで実行できると
仮定していて、この動作に実際に何が含まれているかを心配する必要はない。
したがってロボットアームを「制御」するプログラムがしなければならない
のは、要求された作業を実行するための部分動作の正しい順序を見つけるこ
とである。実世界でオブジェクトを動かすときの物理的な問題を気にする必
要はないのだ。しかしたとえば現実世界のロボットが、倉庫の中でこの動作
の実行を試みるときのことを考えるとどうであろうか。そのときロボットは、

指定された 2 つのオブジェクトを識別しなければならない。その上でロボットアームを正しい位置にもっていく複雑な運動問題解決の計算を実行して、対象オブジェクトを掴まなければならない。この「動作」の最終部分である対象オブジェクトを掴むことだけでも、実現は容易でない。現実の世界では、ロボットに単純なオブジェクトを掴んだり動かしたりさせるだけでも途方もなく困難なのだ。これは、今日に至るまで難問であり続けている。この問題について著者は、1994 年にシアトルで開催された AI 国際会議において、若き日の個人的な思い出がある。「オフィスを掃除する」コンクールに参加したロボットがいかに無能力であるかを目撃して、ものすごく驚いたのだ。名前が示すように課題は、オフィスを模倣した環境を安全に移動し、さまざまなオブジェクトを識別して回収するロボットの構築であった。つまり SHRDLU の 20 年後に、ブロックの世界を物理的に構築したのであった。コンクールに参加した最良のロボットと雖も、おかしなほどのろまで、掃除という作業はほとんど達成できないようであった。もちろん問題は、ロボットに関するものではない。問題は、掃除という課題がいかに困難であるかについて、著者の理解が足りなかったことにある。掃除のような作業は人間が容易に遂行できるので、マシンにも容易であろうという誤解してしまうことが問題なのである。

　ブロックの世界は、直観的で説明しやすく、かつロボットが現実世界で働く様子に似ていたので、人々の感情に訴えるものがあった。しかし深く調べれば、仕事を成し遂げるための動作の順序を発見する問題に焦点をあてているに過ぎない。そしてそれは、確かに克服すべき課題ではあるのだが、ロボットが現実のブロックの世界で成し遂げなければならない数多くの問題の 1 つに過ぎない。しかも最もむずかしいことの 1 つですらない。

　SHRDLU で最も賞賛された機能は、ユーザーが通常の英語に近い表現でシステムに命令を与えて、システムから応答を得ることができた点である。SHRDLU との対話の一部を紹介しよう（SHRDLU からの応答をカタカナで示す）。

大きい赤いブロックをもち上げなさい。

OK

三角錐を掴みなさい。

ドノ三角錐ノコトヲ言ッテイルノカワカリマセン。

いまもっているものより背の高いブロックを見つけなさい。そしてそれ（**IT**）を箱に入れなさい。

ソレ（IT）トハ、私ガモッテイルモノヨリ背ノ高イぶろっくヲ意味スルト解釈シマシタ。

OK

箱に何が入っているか。

青イ三角錐ト青イぶろっくデス。

三角錐は何によって支えられているか。

箱デス。

箱には、何個のブロックが入っているか。

4 ツデス。

少なくともそれらのうち 1 つは、あなたにもち上げるように言ったものより幅が狭いか。

イエス、赤イ直方体デス。

それは支えられているか。

イエス、テーブルニヨッテ。

テーブルはブロックをもち上げることができるか。

ノー

三角錐をブロックが支えることができるか。

イエス

　この対話は、ELIZA よりもはるかにすぐれている。システムは、より豊かな語彙を使い、より自然で複雑な構文を理解している（「少なくともそれらのうち 1 つは、あなたにもち上げるように言ったものより幅が狭いか」）。そして対話中で前に出現したものを参照するのに、「それ（IT）」のような代名詞

の使用を許している[7]。システムがこの側面、つまりユーザーが一見すると通常の英語に近いかたちでシステムと対話することこそが、1970年代の初期に熱狂的な高評価を SHRDLU が受けた理由であった。しかし後になって、SHRDLU が豊かな対話を生成できるかのように見えたのは、対話の内容がブロックの世界というきわめて限定されたシナリオに沿っていたからだったとわかった。SHRDLU の対話は、ELIZA のそれのように定型的なものではなかったが、それでもきわめて制約されたものであった。システムが初めて公開されたときは、SHRDLU の中に組み込まれた技法が汎用自然言語理解システムへと繋がるものとの希望があった。しかしその希望が実現されることはなかった。

50年後の今日、SHRDLU の限界を見つけることはたやすい。しかし SHRDLU は、大きな影響を後世に与えたのみならず、AI システムの金字塔であり続けている。

2.4 ロボット SHAKEY

ロボットは、常に AI と結びついていた。とりわけメディアにおいて顕著である。フリッツ・ラングの 1927 年の古典的映画「メトロポリス」中のマシンマンは、その後に数限りなく描かれるロボット AI の元祖となった。すなわち 2 本の腕と 2 本の脚と頭、そして残忍な気性をもつロボットだ。今日ですら通俗的な出版物における AI の記事には、メトロポリスのマシンマンのようなロボットがカットとして添えられていることが多い。ロボット一般、とりわけヒューマノイド（人型）ロボットが AI のイメージとなったのは、驚くにあたらない。結局のところ、この世界に共存して協働するロボットとい

---

[7] 言語学において、対話の中で前述の何かを参照するための it, her, she のような単語の使用は前方照応と呼ばれる。自然言語による対話を理解したり構成したりするコンピュータプログラムは、この参照の問題を解決しなければならないのだが、それは今日でも完全には解決されていない。SHRDLU の前方照応に対処する能力は、この分野の（限定された）草分けと見なされている。

うアイデアこそ AI の夢であり、われわれの多くは、なんでも言うことを聞いてくれるロボット執事がほしいと思っているのだ。

　そのように考えると、黄金時代においてロボットが AI 物語の相対的に小さな部分を占めるだけであったとは驚きであろう。それはなぜかというと、じつはつまらない理由だ。ロボットの構築には多額の費用と時間が嵩む。つまり言ってしまえばむずかしいのだ。1960 年代や 1970 年代に博士課程の学生が、ひとりで AI ロボットを作ることは不可能だった。ロボットの開発には、専任のエンジニアやワークショップ設備を含む研究所全体が力を合わせる必要がある。いずれにしても AI プログラムを実行できるくらい強力なコンピュータは、ロボットに搭載するには大きくて重すぎた。研究者にとっては、現実世界で動いているかのように見せかける SHRDLU のようなプログラムを構成するほうが、現実世界で実際に動作する複雑で困難の多いロボットを構築するよりも容易だし費用もかからなかった。

　AI 開発の初期に AI ロボットの研究は珍しいが、その中でも有名な AI ロボットの研究開発はあった。1966 年から 1972 年にかけてスタンフォード研究所 (Stanford Research Institute, SRI) で実施された SHAKEY プロジェクトである。

　SHAKEY は、現実世界で作業のできる移動ロボットを構築する最初の試みである。さらに SHAKEY は、作業について細かい指示を受けるのではなく、どのように作業を達成できるかを自分で考えるように設計されていた。そのために SHAKEY は、環境を認識する。自分がどこにいて、周囲に何があるかを理解し、ユーザーから指示を受けると、その仕事を実行するための適切な計画を立てる。その上で、意図したとおりの結果が得られているかを、1 つ 1 つ確認しながら計画を実行することができた。作業の中には、オフィス環境において箱のようなオブジェクトを移動することも含まれていた。これは、SHRDLU に似ていると思うかもしれない。しかし SHRDLU と異なり SHAKEY は、実際のオブジェクトを扱う現実のロボットであった。このことは、途轍もなく困難な挑戦であった。

　この問題を克服するために SHAKEY は、多数の AI 機能を統合しなければならなかった。第 1 に、基本的な工学的挑戦がある。つまりロボット本体

を製作しなければならなかった。オフィスで使用できるほど小型で、敏捷な動きが必要であり、周囲の状況を理解できる程度に強力で正確なセンサー類も必要であった。こうして SHAKEY は、障害物を発見するためのテレビカメラと、オブジェクトへの距離を計測するレーザーレンジファインダ（レーザー測距儀）、そして「猫のひげ」と呼ばれる接触センサーを備えることとなった。次に SHAKEY は、環境内を目的に沿って移動できなければならなかった。つまり与えられた仕事をどのように実行するかの計画を立てなければならなかった。そのために、STRIPS（Stanford Research Institute Problem Solver）と呼ばれるシステムが設計された [8]。今日 STRIPS は、すべての AI 計画立案技法の元祖であると認められている。そして最後に、これらすべての機能を協調動作させなければならなかった。AI 研究者であれば誰でも、これらのコンポーネントのどの 1 つでも挑戦的課題だと言うはずである。その上これらを協働させることは、何倍もむずかしい挑戦であったのだ。

　達成した成果は立派であったものの、SHAKEY は、当時の AI 技術の限界も明らかにしている。SHAKEY を実装するためには、ロボットが直面する課題を大幅に単純化しなければならなかった。たとえばテレビカメラからの映像データを解釈する SHAKEY の能力は、きわめて限定的であり、障害物を検知する以上のことはできなかった。しかも環境は、特別な色彩で色分けされていて、明るさも注意深く調整されていた。当時のテレビカメラはものすごく電力を消費するので、必要なときにだけスイッチが入るようになっていたのだが、スイッチを入れてから映像が送られてくるまで 10 秒もかかってしまっていた。さらに始終当時の非力なコンピュータの能力の限界に悩まされた。与えられた作業をどのように実行すればよいかを理解するのにたっぷり 15 分もかかったし、その間 SHAKEY はじっと身動きできずに環境から完全に孤立することになった。SHAKEY のソフトウェアを実行するのに十分な計算能力をもつコンピュータは、SHAKEY に搭載するには大き過ぎ

---

[8] R. E. Fikes and N. J. Nilsson. 'STRIPS: A New Approach to the Application of Theorem Proving to Problem Solving'. Artificial Intelligenc, 2(3-4), 1971, pp. 1-208.

てかつ重すぎたので、SHAKEY とそのソフトウェアを実際に実行するコンピュータは無線で通信することになった[9]。全体として SHAKEY は、とても実際の問題解決に利用できるしろものではなかった。

SHAKEY は、現実に動作する最初の移動ロボットであり、SHRDLU 同様に新しい AI 技術を切り開いたものであったことは間違いない。AI の歴史に深く刻み込まれるべき功績である。しかし SHAKEY の限界は、現実の AI が実践的な自動ロボットの夢からほど遠いものであることを、そして AI ロボットへの道が、気が遠くなるほど困難であるかを示してしまった。

2.5 問題解決と探索

問題を解決する機能は、人間を他の動物から峻別する重要な能力である。インターネット上には、リスやカラスが餌を得るためにさまざまな工夫を凝らす映像が溢れている。しかしどのような動物も、人間のもつ抽象的な問題解決（食料と関係ない問題）能力については足元にも及ばない。そしてもちろん問題解決には、知能が必要である。人間にとってむずかしい問題を解決できるプログラムを構築できたならば、AI への道程の重要なステップになることは間違いない。したがって問題解決は、黄金時代を通して集中的に研究された。当時の AI 研究者にとって標準的な課題は、新聞のクイズ欄にあるような問題をコンピュータに解かせることであった。そのようなパズルの古典的な例に、「ハノイの塔」と呼ばれるものがあった。次のとおり。

山深い僧院に 3 本の柱と 64 枚の黄金のリングがある。各リングは異なるサイズで、円柱に通されている。最初すべてのリングは、最左の柱に通されてい通されていて、僧は、リングを 1 つずつ別の柱に動かす。目標は、すべ

---

[9] SHAKEY を制御していたコンピュータは PDP-10 であった。PDP-10 は、1960 年代後半の最新の先進的汎用コンピュータであるが、1 トンを超える重量で大きな部屋がいっぱいになるくらいの容積であった。PDP-10 は、最大 1 メガバイトのメモリーを搭載することができた。今日著者のスマートフォンは、およそ 4000 倍のメモリーをもつだけでなく、比較できないほど高速である。

てのリングを最右の柱に移動することである。そのとき僧は、次の2つの規則に従わなくてはならない。

1. 一度に柱から柱へと動かせるのは、1枚のリングに限る。
2. 大きなリングが小さいリングの上に乗ることがあってはならない。

　したがってこの問題を解決するとは、大きなリングを小さいリングの上にのせてはいけないという規則に従いつつ、すべてのリングを左端の柱から右端の柱へと移動させる正しい順序を見つけることである。

　この種の伝説の1つに、僧がリングを移し終わったとき、世界は終わりを遂げるというものがある。もっともこれから見るように、万一この伝説が正しいとしても心配することはない。僧が64枚のリングを移し終えるずっと前に、宇宙が消滅してしまうからである。したがってパズルは、少ない枚数のリングで構成されるのが普通である。図2.2に、3枚のリングからなるパズルを示す。上段が初期状態（すべてのリングが左端にある）である。その次が目標状態（すべてのリングが右端にある）で、下段はパズルの不正な状態を示している。

　それでは、ハノイの塔のような問題を解くにはどのようにすればよいであろうか。その答えは、**探索**と呼ばれる技法の使用である。ここでAIが、「探索」という用語をどのように使っているかを明らかにしておこう。ここでの探索は、ウェブを探索する（たとえばグーグルや百度）のと同じ意味ではないことを指摘しておきたい。AIにおける探索とは問題解決の基本的技法であり、動作のすべての可能性を体系的に考えることをいう。チェスのようなゲームを実行するプログラムは、すべて探索に基づいている。カーナビも同様である。探索とは、多くの場面で出現するAIの礎石ともいうべき技法の1つなのだ。

　ハノイの塔のような問題は、すべて同じ構造をもっている。ブロックの世界と同じように問題の**初期状態**から**目標状態**に至る一連の動作を見つけたい。AIにおいて**状態**とは、ある時点における問題の状況をいう。

　探索を使うと、ハノイの塔のような問題を次のような手順によって解くことができる。

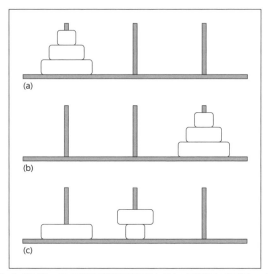

図 2.2　ハノイの塔。AI の黄金時代に研究された古典的なパズル。上段 (a) が
　　　　パズルの初期状態、(b) が目標状態を示す。下段 (c) は、パズルの不正
　　　　な状態を示す（大きなリングが小さなリングの上にある）

◆ 初期状態から出発して、初期状態で可能なすべての動作の効果を考える。
　1 つの動作実行の効果によって問題は、新しい状態へと遷移する。

◆ ある動作が目標状態を生成したならば、問題解決策は成功したことにな
　り、初期状態から目標状態に至る動作の並びがパズルの解である。

◆ 目標状態を生成していなければ、生成した新しい状態各々に対してのこ
　のプロセスを繰り返す。すなわちそれらの状態上で可能なすべての動作
　の効果を考えるわけである。

　このような探索の適用によって、探索木というものが生成される。図 2.3
に、ハノイの塔の探索木の一部を示す。

◆ はじめに最も小さいリングを移動する。選択できる動作は、最小のリン
　グを中央または最右の柱に移すことだけである。したがって最初の動作
　としては、2 つの可能性があり、つまり 2 つの次の状態ができる。

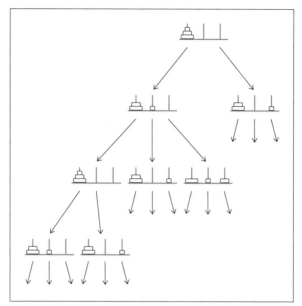

図2.3　ハノイの塔のパズルのための探索木の一部

◆ 小さなリングを中央の柱に移すことを選択したとすると（初期状態から
　左側の矢印）、それに続いて3つの可能な動作がある。最小のリングを
　左端の柱に動かすか、右端の柱に動かすか、あるいは中程の大きさのリ
　ングを右端の柱に動かすかである（中程の大きさのリングを中央の柱に
　移すことはできない。なぜならそうすると小さなリングの上に大きなリ
　ングを置くことになってしまい、パズルの規則に反することになってし
　まう）。
◆ …以下同様。

　探索木をレベルごとに体系的に生成するので、すべての場合について考え
ることになる。そして解が存在するならば、このプロセスを通していずれ必
ず解を発見できるはずである（この「いずれ」というのが重要である。その
理由は、これから明らかになる）。

　それでは、ハノイの塔問題の最適解（つまり初期状態からの最も少ない回数の移動）を得るのに何回の移動が必要か考えよう。3つのリングの場合でいえば、その答えは7である。このパズルを6以下の移動回数で解く方法は発見できない。7より多い回数で解く方法は多数ある（実際無限個の解がある）が、そのいずれも最適ではない。なぜならそれよりも少ない回数で解けるからである。探索のプロセスは、すべての場合を尽くすので、つまり各段階ですべての可能性を体系的に1つずつ考えるので、探索によって単に解を見つけるだけでなく、最短の解を見つけることができる。

　したがってこのシラミつぶしの探索は、解が存在するならばそれを見つけるだけでなく、最短の解を必ず発見する。さらに計算という観点から見れば、シラミつぶしの探索はとても単純である。この方法を実装するプログラムの作成は容易だ。

　しかし図 2.3 の単純な探索木を一目みただけでもわかるように、シラミつぶしの探索は、実際には愚かなプロセスだということができる。たとえば探索木の最左の分岐を調べればわかるように、2回の移動の後に、問題の初期状態へと戻ってしまっている。どう見ても無駄な努力である。ハノイの塔を人間が解くのであれば、この手の誤りを1、2回は犯すかもしれないが、何がいけないのかをすぐに学習して、無駄な努力はしなくなる。しかし単純なシラミつぶしの探索方法を実行するコンピュータは、そのようなことはしない。シラミつぶしの方法では、失敗することがわかっている状態に辿り着いて無駄な努力に終わるにしても体系的にすべての可能性を生成する。

　しかし途轍もなく非効率的であることを除いても、シラミつぶしの探索方法には、より根本的な問題がある。何回か実験してみればわかると思うが、ハノイの塔のパズルでは、ほとんどすべての場面において3つの動作選択肢がある。これをパズルの**分岐因数**が3であるという。探索問題には、それぞれ異なる分岐因数がある。たとえば囲碁では、分岐因数は 250 である。つまり各対戦者は、ゲームの各状態で平均して 250 の移動の手があることになる。木の分岐因数によって、探索木のサイズはどれだけの速さで成長するかを考えてみよう。木の任意のレベルでどれだけの状態数になるだろうか。囲碁で

考えてみよう[10]。

◆ 木の最初のレベルは250の状態を含む。なぜならゲームの初期状態には、250個の移動の手があるからである。

◆ 探索木の第2のレベルは、250 × 250 ＝ 62500個の状態をもつ。なぜなら木の最初のレベルの250の手それぞれに250個の可能な手を考えなければならないからである。

◆ 探索木の第3のレベルは、250 × 62500 ＝ 156万個の状態を含む。

◆ 探索木の第4のレベルは、250 × 156万＝ 3.9億個の状態を含む。

　本書執筆の時点で典型的なデスクトップコンピュータには、第4レベル移動後の囲碁の探索木を格納するだけ十分なメモリーはない。そして典型的な囲碁では、約200回の移動の手によって勝負が付くのだ。200回移動する囲碁の探索木の状態数は、把握できないほど巨大な数となる。全宇宙に存在する原子の数よりも何桁も大きくなることは間違いない。これほど大きな探索木になると、どれほど従来型のコンピュータ技術が進歩したとしても追い付くものではない。

　探索木は急速に成長する。ばかげていると思えるほど想像を絶して急成長する。この問題は、**組合せ爆発**と呼ばれて、AIで実用上最も重要な問題である。なぜなら探索は、AIの問題では必ず登場するからである[11]。探索問題を迅速に解く確固たる方法を読者が発見したとしたら、つまりシラミつぶしの探索と同じ結果を少ない努力で得ることができたならば有名になれる。またAIで現在困難とされている多くの問題が、容易な問題へと転換することにな

---

[10] これは、正確な計算ではない。必要な数についておよそのアイデアを掴んでもらうための概数値である。

[11] 専門的には、探索問題の分岐因数を b、探索木の深さを d とする。そのとき木の葉のレベル（深さ d）は、b^d 個の状態をもつ。ここで b^d とは、d の b 乗である。つまり次のとおり。

$$\underbrace{b^4 = b \times b \times b \times \cdots \times b}_{d\ \text{個}}$$

分岐因数は、技術的には指数的成長を見せるという。幾何級数的成長という用語が使われることもあるが、AI関連の文献では使用されない。

る。しかし残念ながら、そのようなことはあり得ない（と著者は考える）。組合せ爆発を避ける方法はないのだ。何とかそれと折り合いをつけなければならない。

　組合せ爆発はAI研究のはじめから難問として認められていた。それは1956年のAIのサマースクールでマッカーシーによって特定され、詳しく議論された問題でもあった。探索をより効率的にする研究へと関心は移っていった。探索を効率的にするものとしては、いくつかの方法が存在する。

　1つの方法は、探索方法を工夫することであった。木のレベルごとに選択肢を生成するかわりに、1つの選択肢に沿って木を構成していくのだ。このアプローチは、**深さ優先探索**と呼ばれる。深さ優先探索では、解に到達するか、解がないことが判明するまで選択肢を展開させていく。行き止まりにぶつかったら（たとえば**図2.3**の探索木で最左の分岐ですでに見た）、その分岐の選択を中止して次の分岐まで後戻りして探索を続ける。

　深さ優先探索法の主な長所は、探索木全体を格納しなくてもよいところである。今現在作業している枝の情報だけ保存しておけばよい。しかし大きな短所もある。誤った選択肢を選んでしまうと、解を見つけることなく誤った選択肢を展開することになるのだ。したがって深さ優先探索を使用するのであれば、どの選択肢を調べればよいかを知りたい。そしてこれこそが、**ヒューリスティックサーチ**の出番である。

　ヒューリスティックサーチ（発見的探索）のアイデアは、**ヒューリスティクス**と呼ばれる「経験則」を使用して、どの方面を探ればよいかに焦点を合わせる。一般に、最良の方向を必ず導けるヒューリスティックを発見することはできない。しかし直面している特定の問題については、ヒューリスティックを見つけられることも多い。もっともヒューリスティックが効率的でない状況が出現する可能性を忘れてはならない。

　ヒューリスティックサーチは、これまでも繰り返し発明されてきた自然なアイデアなので、誰が発明したかを議論することは意味がない。それでもAIプログラムで最初にヒューリスティックサーチを適用した例は特定することができる。それは、1950年代半ばにアーサー・サミュエルというIBMの技

術者が作成したチェッカーゲームのプログラムである[12]。このプログラムによってサミュエルは、AI に新しい地平を切り拓いた。第 1 に彼のチェッカーを実行するプログラムは、AI 技法の判定器としてボードゲームを使用するという伝統を打ち立てた。これについては批判もあるものの、今日に至るまで使用されている技法である。第 2 にすでに述べたように、そしてこれから詳しく議論するように、彼のプログラムはヒューリスティックサーチに基づいていた。そして第 3 に、これについての議論は先延ばしにするが、初めての機械学習プログラムであったとされている。プログラムは、どのようにチェッカーを実行するかを学習したのだ。

サミュエルのプログラムで最も重要なコンポーネントは、おそらく盤上の配置を評価する方法であろう。すなわち特定の対戦者から見て、駒の配置がどのようにすぐれているかを評価するのだ。直感的には、ある対戦者にとって盤上（ボード）の「よい」配置とは、その対戦者を勝利へと導くような配置であり、「わるい」配置とは、敗北へと導くような駒の配置である。そうするためにサミュエルは、評価値を計算するために盤上の駒の配置から特徴を選び出して使用した。たとえば 1 つの特徴は、盤上における駒の数である。一方の対戦者の駒の数が他方よりも多ければ、その対戦者は優位にあるといえる。異なった特徴を合算することでプログラムは、盤上の配置についての総合的な評価を算出する。そのとき典型的なヒューリスティックは、そのヒューリスティックに基づいて最良の盤上の配置を導く駒の移動を選択するのだ。

実践では、この単純なヒューリスティック以上のことが必要である。なぜならチェッカーには対戦相手がいるので、対戦相手がどのような手を打つかも考慮しなければならないからだ。サミュエルのチェッカーは、対戦者は自分にとって最悪の手を選択すると仮定する。この「最悪の場合を推論する」アプローチ（対戦相手は評価値を最小化するする動作を取るという仮定の下で

---

[12] このゲームは、米国ではチェッカーとして知られているが、英国ではドラフトである。サミュエルは米国人なので、米国の名称を採用するのが適当であろう。そもそも AI 研究者の間でこのプログラムは、「サミュエルのチェッカープレーヤー」と呼ばれている。「サミュエルのドラフトプレーヤー」と呼んだならば、当惑されるだけであろう。

評価値を最大化する）は、**ミニマックスサーチ**（ミニマックス探索）と呼ばれて、ゲームをするプログラムの基本的なアイデアとなっている。

　サミュエルのプログラムは、チェッカーを上手にプレーすることができた。これは、多くの点で立派な業績である。当時の実用的なコンピュータの非力さを考えれば、どれだけすばらしいことかわかる。サミュエルが使用したのは IBM 701 コンピュータであったが、ほんの数ページぶんの文字数にあたる程度の長さのプログラムしか扱えなかったのだ。今日のデスクトップコンピュータは、それよりも数百万倍のメモリーをもち、数百万倍高速である。これらの制約を考えると、単にゲームをプレーできただけでも十分なのに、勝利できるほどに巧みだということは驚く他ない。

　サミュエルのチェッカープレーヤーを含むヒューリスティックサーチについての初期の研究は、アドホックなヒューリスティックアプローチを採用していた。つまりとりあえずある手法を試みてみて、うまくいったら採用するという方式であった。1960 年代後半に SRI のニルス・ニルソンらの研究によってブレイクスルーが訪れた。彼らは、先に議論した SHAKEY プロジェクトの一環として A* と呼ばれる技法を開発したのだ。A* では、ヒューリスティックが「よい」かどうかを判定する単純な規則を特定する。A* 以前のヒューリスティックサーチは、上手くいくかどうかやってみなければわからないものであった。A* 以後のヒューリスティックサーチは、数学的に理解できるプロセスとなった[13]。　今日 A* は、計算科学における基本的なアルゴリズムとして認められていて、実用的に広く使用されている。実際読者も、A* アルゴリズムに出会っているはずである。なぜならカーナビのようなソフトウェアの中核をなすアルゴリズムだからである。それでも A* は、使用する特定のヒューリスティックに依存していた。つまりすぐれたヒューリスティックを使用すればすばやく解に辿り着けるが、貧弱なヒューリスティックであれば、ほとんど効果がない。しかも A* アルゴリズム自体は、特定の

---

[13] P. E. Hart, N. J. Nilsson and B. Raphael. 'A Formal Basis for the Heuristic Determination of Minimum Cost Paths'. IEEE Transactions on Systems Science and Cybernetics 4(2), 1968, pp. 100-107.

問題に対するすぐれたヒューリスティックをどのように見つけるかという問題には、解答を与えるものではなかった。

2.6 AI は複雑さの障壁に衝突する

　コンピュータは、当時の偉大な数学問題の 1 つを解くために、アラン・チューリングが発明したものであると述べた。アラン・チューリングがコンピュータの発明を通して証明したことが、コンピュータには根本的にできないことがあるということだったのは、科学史上の大きな皮肉である。つまりコンピュータについてのある種の問題は、本質的に決定不可能なのであった。

　チューリングの結果から数十年、コンピュータには何ができて、何ができないのかを探求することは、世界中の大学の数学科でブームになった。この研究の焦点は、決定不能な問題（コンピュータで解決できない）を、決定可能な問題（コンピュータで解決できる）から明確に分離することであった。そうして明らかになったことは、決定不能な問題には階層構造があるということである。つまり単に決定不能なだけでなく、高度に決定不能な問題があるということなのだ（この種の問題は、ある種の数学者にとって、猫にマタタビのようなものだ）。

　ところが 1960 年代までに、ある問題が決定可能か否かというだけでは話が収まらないことがわかってきた。どういうことかというと、チューリングの研究からは決定可能な問題だからといって実用的に解決可能とは限らないということである。チューリングの定理によれば解決可能な問題の中には、実際に解こうとするとまったく歯が立たない問題が含まれていた。つまり解くためには途轍もなく非現実的なメモリー容量が必要であったり、途轍もなく非現実的な実行時間が必要であったりする問題の存在がわかったのである。しかも都合の悪いことに、多くの AI 問題は、この具合が悪いクラスに含まれることが明らかになってしまった。

　次に示すのは、チューリングの定理からすれば容易に解決可能な問題の例である。

61

オフィスには 4 人の有能な部下、ジョン、ポール、ジョージ、リンゴが
いる。あるプロジェクトを始めるにあたって 3 人を選出しなければなら
ないのだが、ジョンとポールは仲が悪いので、一緒に働かせるわけには
いかない。適切なチームを構成できるであろうか。

この場合の答えは明らかにイエスで、ジョン、ジョージ、リンゴあるいは
ポール、ジョージ、リンゴのチームということになる（この問題では、この
2 つだけが正答だということを確認してほしい）。

次にもうすこし制約を加えてみよう。ジョンとジョージも協働できないと
したら、それでもチームを構成できるだろうか。もちろんイエスで、ポール、
ジョージ、リンゴのチームである。

そこで最後の制約である。ポールとジョージも協働できないとしたらどう
だろうか。この最終的な制約の結果、問題の答えはノーとなる。つまり「協
働できないペア（対）」の制約を満たす 3 人のチームは存在しない。

一般性をもたせるならば、この問題は、次のように記述できる[14]。

n 人の部下がいる（上記の例ではジョン、ポール、ジョージ、リンゴなの
で $n = 4$）。そして「協働できないペア（対）」（たとえば「ジョンとポー
ルを一緒にしてはいけない」）のリストがある。協働できないペア（対）
を含まないという制約を満たしつつ、正確に m 人のチームを n 人の中か
ら構成できるであろうか（言うまでもないが、有意味な問題にするため
に m が n より小さくなければならない）。

ここで強調しておきたいのは、この問題は原理的には容易に解決できると
いうことであり、その点が重要である。n 人から m 人を選ぶすべての組み合
わせのチームを列挙した上で、それぞれが所定の制約を満たしているかどう
か調べればよいのだ。この方法をコンピュータ上でプログラム化することも
容易である。したがって問題は、チューリングの分類によれば容易に決定可
能である。

---

[14] このような計算問題には名前が付けられている。この問題は「独立集合」と呼ばれる。

　しかしこの方法を使ったとして、どれだけの潜在的なチームを検査しなければならないであろうか。部下が4人でチームの人数が3であれば、検査しなければならないチームは4つだけである。簡単だ。しかし部下の数が増えたらどうなるか見てみよう。

　10人の部下がいて、その中から5人を選ぶのであれば、252の可能性を検査すればよい。面倒だけれども可能だ。ここで気づいてほしいのは、部下の人数やチーム大きさが増えるにつれて、考慮しなければならない潜在的なチームの数が急増するということである。

　100人の部下から50人のチームを選ぶことを考えよう。そのとき1000億×1億×10億個の潜在的チームを検査しなければならない。現代の高速コンピュータを使えば、毎秒100億個の潜在的チームを評価できるかもしれない。これは相当に大きな数字である。それでもまだまだ調べ足りないことがわかる。すべての選択肢を検査し終える前に宇宙の寿命が尽きてしまうことに気がつくであろう。インテルの賢人たちがもっと高速なチップを開発するのを待っても意味がない。従来型のコンピュータ技術では、予見可能な将来のどのような改良を考慮したとしても、妥当な時間ですべての選択肢を検査できるマシンを構築できるとは思えない。

　ここで見た現象も、組合せ爆発の好例である。組合せ爆発は、探索木を議論したときに紹介した。探索木の階層を下るにつれて、木の大きさが増加するのを見た。選択肢ごとに多数の選択肢があって、何回も選択を繰返さなければならない状況では、組合せ爆発が発生する。それぞれの選択肢が可能な結果の合計数を増やしてしまうのだ。チームを構成する場合でいうと、ある人物をチームに加えるかどうかが選択肢になる。つまり部下がひとり増えるごとに考慮しなければならない潜在的なチームの数は2倍になるのだ。

　したがってすべての潜在的なチームを構成してからシラミつぶしの探索で検査するという単純なアプローチは、実効性がないということになる。原理的には計算可能（十分な時間をかければ正答が求められる）ではあるものの、実践的には計算不能（すべての場合を考慮するのに要する時間量が事実上不可能なほど急速に増大してしまう）になってしまうのだ。

　しかし先に述べたように、単純な全数探索は、あまりに原始的な技法であ

る。ヒューリスティックを使うこともできるが、常に正解にたどり着けるとは限らない。すべての選択肢をシラミつぶしに検査することなく適切なチームを必ず見つけることができる賢い方法はないだろうか。その答えはノーだ。多少は改善できる技法を見つけることはできるかもしれないが、最終的に組合せ爆発を回避する方法は見つけられない。この問題を解くいかなる方法も、意味のあるほとんどの場合で実現不可能である。

なぜそうなるかという理由は、チームを構成する問題は、いわゆる **NP- 完全問題**と呼ばれるものの好例だからである。「NP」という頭字語を見ても、専門外の人には何のことやらわからないかもしれない。NP とは、「**非決定性多項式時間**（non-deterministic polynomial time）」を表していて、その技術的な意味は複雑である。幸いなことに NP- 完全問題の背後にある直観的アイデアは単純だ。

NP- 完全問題は、チーム構成の例のような組合せ問題であり、解答を求めるのは困難（なぜならすでに議論したように、シラミつぶしに検査するには数が多すぎる）だが、解が見つかったかどうかを検査するのは容易（チーム構成の例でいえば、潜在的な解が協働できないペアを含んでいるかどうかを検査すればよい）である。

NP- 完全問題には、もう 1 つ重要な特徴がある。それを理解するためには、もう 1 つの問題を紹介しなければならない（相当な理由があることを信じてほしい）。次の問題は、計算問題としては有名で、読者もどこかで聞いたかもしれない。それは、巡回セールスマン問題と呼ばれるものだ[15]。

セールスマンは都市を繋ぐ道路網を使って都市を巡り、最終的に出発点に戻って来なくてはならない。すべての都市が道路で結ばれているわけではな

---

[15] 本文中では巡回セールスマン問題を単純化している。より厳密な教科書的定義は次のとおり。都市のリスト C が与えられている。C 中の都市の対 i と j それぞれについて距離 d_{ij} が与えられている。つまり d_{ij} は、i と j の間の距離である。さらに「限界」B も与えられる。これは 1 つのタンクに入った燃料で走行できる総距離である。解答しなければならない問題は、総距離 B を超えないで、すべての都市を巡回する旅程（つまり C 中の都市を順序付ける方法）があるかどうか、つまり都市から都市へと定義された順序で移動して出発した都市に戻ってきたときに総距離 B を越えていないかどうかである。

いが、繋がっている都市間についてセールスマンは最短経路がわかっている。セールスマンの車は、タンク 1 つのガソリンで決まったマイル数を走行できる。タンク 1 つぶんのガソリンで、すべての都市を訪問して出発した都市に戻る経路は存在するであろうか。

　この問題は、先に見たチーム構成シナリオのように組合せ問題に似ている。都市を巡回するすべての経路を列挙した上で、それぞれの経路がタンク 1 つぶんのガソリンで走行可能かどうかを検査するというシラミつぶしの方法で、この問題を解くことができる。しかしもうわかると思うが、都市の数が増えるにつれて考慮すべき経路の数は急増する。たとえば 10 都市であれば、360 万とおりの経路を考えなければならず、11 都市であれば、4 千万とおりの経路を考慮しなければならない。

　このように巡回セールスマン問題は、チーム構成問題と同じように組合せ爆発を逃れることができない。しかしそれ以外に共通点はないように思える。結局のところ、チーム構成と道路網中に最短経路を発見する問題とに、どのような関係があるだろうか。ところが NP- 完全問題には、驚くべき性質がある。それぞれまったく異なるように見えるものの、本質的にはどれも同じ問題として扱えるのだ。

　これが何を意味するかというと、たとえば著者が天才的なひらめきによってチーム構成問題を正確に短時間で解く方法を発明したとしよう。そのとき巡回セールスマン問題を与えられたとする。そのとき与えられた巡回セールスマン問題を、チーム構成問題へと即座に変換して、著者が考案した方法で解く、そうすると得られた解答が与えられた問題の解答となるのだ。これが何を意味するかというと、チーム構成問題を短時間で解く技法を発明したならば、巡回セールスマン問題を短時間で解く技法を発明したことにもなるというわけである。そしてこれは、これらの 2 つの問題に限ったことではない。すべての NP- 完全問題について真なのだ。

　すべての NP- 完全問題は、この性質をもつ。つまりすべての問題は、他の問題へと容易に変換できる。この驚くべき結果は、すべての NP- 完全問題が同じ問題を表していることを意味している。読者が NP- 完全問題の 1 つでも短時間で解く方法を見つけたならば、すべての NP- 完全問題を短時間で解く

方法を見つけたことになるのだ。しかし今日に至るまで、どの NP- 完全問題
も効率的に解く方法は見つかっていない。そして NP- 完全問題が効率的に解
けるかどうかという問題は、今日科学界における最も重要なオープン問題と
なっている。それは P 対 NP 問題[16] として知られていて、P＝NP あるいは
P ≠ N のどちらでもよいから、この問題に決着を付けることができれば、ク
レイ数学研究所から 100 万ドルの賞金を受けることができる。クレイ数学研
究所は、2000 年に P 対 NP 問題を数学の「ミレニアム問題」の 1 つとして
選出した。多くの研究者は、NP- 完全問題を効率的に解くことはできないと
予測している。しかし実際にそうだと証明されるのが、まだずっと先のこと
であろうとも考えている。

　もし読者が取り組んでいる問題が NP- 完全であることがわかったならば、
それは従来の技法で解こうとしてもうまくいかない、つまりそれは厳密に数
学的な意味で困難（hard）だということになる。

　NP- 完全問題の基本構造は、1970 年代のはじめに多くの論文で解明され
た。米国系カナダ人の数学者ステファン・クックは、1971 年の論文でこの問
題の中心的アイデアを確立した。そしてアメリカ人のリチャード・カープは、
引き続く論文で、クックの NP- 完全問題の範囲は、最初に考えられていた
よりもずっと広いことを示した。1970 年代を通して AI 研究者は、NP- 完全
性の定理を使用して彼らが取り組んでいる問題を検討するようになった。そ
の結果は衝撃的であった。見渡す限り、問題解決、ゲームプレー、計画立案、
学習、推論等のすべてにおいて、鍵となる問題は NP- 完全（あるいはもっと
困難）なのであった。この現象はあまりに普遍的なので、AI と同じくらい困
難な問題を意味するのに「AI- 完全」というジョークまで成立してしまった。
1 つの AI- 完全問題が解決できれば、なんでも解決できるというジョークで
ある。

　取り組んでいる問題が NP- 完全、あるいはもっと困難だと発見すること

---

[16] P は polynomial（多項式）を表している。実行可能なアルゴリズムとは、問題を解くのに多
項式時間で実行できるアルゴリズムである。NP- 完全問題と P 対 NP 問題については、巻末の文
献情報を参照してほしい。

は、意気消沈させるものであった。NP- 完全性の理論とその帰結が理解され
る以前は、いつの日か問題を容易なものへと還元できる突然のブレイクスルー
が起こるという希望があった。容易な問題のことを技術的には、**取り組みや
すい**（tractable）という。そして理論的には、この希望は失われていない。
なぜなら厳密にいえば、NP- 完全問題を効率的に解くことができないとは決
定していないからである。しかし 1970 年代後半までに NP- 完全性と組合せ
爆発という魔物は、AI の景色を大きく曇らせ始めていた。この分野は、計
算の複雑さというかたちの障壁にぶつかってしまい、発展が止まってしまっ
た。黄金時代に開発された技法では、おもちゃを使ったシナリオやブロック
の世界のようなマイクロワールドを越えて規模を拡大するのは不可能と思わ
れた。1950 年代と 1960 年代を通じて進められた急速な発展による楽観的な
予想は、初期のパイオニアたちにとって悪夢になりつつあった。

2.7 錬金術としての AI

　1970 年代初期になると、広く科学界一般に AI の中核問題での明らかな進
展の欠如と、それでも一部の研究者による執拗で法外な主張に欲求不満が溜
まってきた。1970 年代半ばになると、批判はピークに達した。

　AI に対する批判（それは多数あった）の中でも、最も急進的で痛烈な罵声
を浴びせたのはアメリカの哲学者ヒューバート・ドレイファスであった。ド
レイファスは、1960 年代半ばに RAND コーポレーションの委託を受けて、
AI 研究の進捗状況についての報告書を作成した。その報告書に彼が選んだタ
イトルは、AI と AI 研究者に対する嫌悪を表す「錬金術と AI」というもので
あった。まじめな科学者の研究と錬金術を同等に見なすことは、常軌を逸し
た侮辱である。「錬金術と AI」を再読して感じることは、このような科学報
告書は読んだことがないということだ。あからさまな侮蔑的表現は、半世紀
以上経った今でも衝撃的である。

　AI を批判したドレイファスの態度に不快の念を抱くと同時に、AI のパイ
オニアによる誇張された主張や期待過多の予想に対する彼の指摘が正しい点

もあったことは認めざるを得ない。のちにノーベル経済学賞を受賞するハーブ・サイモンは、1958 年に次のように述べていたのだ。

> これは、みなさんを驚かせたり衝撃を与えたりしようとするものではない。しかし［…］今日世界には、思考したり学習したり創造したりするマシンが存在する。さらにそういった能力は、急速に高まっていて、予見できる将来、それらのマシンが扱える問題の範囲は、人間の精神が行えるものと同じ広がりをもつでしょう。

　当時同じような主張は数多くあった。サイモンに言及したのは、彼の主張が最もよく知られているからに過ぎない。AI について楽観論者であり、彼はAI について最も極端な主張をしていたひとりである。今から振り返って見れば、そのような主張や予想が非現実的であったのは明らかだ。今日の AI 研究者の中には、当時の研究者が、彼ら自身の興奮をそのままに主張をしてしまったと好意的に考える向きもあるが、投資や研究資金を得るために誇大宣伝をしたと皮肉る向きもある。

　著者の個人的な感想なのだが、AI 研究者の主張の中には素人くさいものもあったかもしれないが、AI について大規模で意図的な詐欺や状況の不適切な表明があったとは思えない。研究者は、それぞれが携わっている研究について興奮していたことは確かであり、それを素朴に信じていたのだ。そして他の人にも信じてほしいと思っていた。研究者は、制約はあるにしても学習し、計画し、推論するプログラムを構築していただけでなく、それらプログラムのアプリケーションは、容易に規模を拡大できると考えていたのだ。

　したがって著者は、少なくともある程度の誇張というか盛りは許されてしかるべきだと考える。彼らが取り組んでいた問題が、コンピュータで解決するには本質的に困難であると考える理由がなかったからである。当時は、困難な問題を容易な問題へと還元するなんらかのブレイクスルーの可能性が信じられていたのだ。ところが NP- 完全性への理解が広まるにつれて、学会では、計算問題が困難だということの真の意味が理解され始めた。

2.8 黄金時代の終焉

　1972 年に英国における科学研究の主要な助成金団体が、高名な数学者であるジェームズ・ライトヒル卿に、AI の現状とこれからの展望を評価するように依頼した。当時世界の AI 研究を牽引していた有数の大学の 1 つであるエジンバラ大学の AI 研究者間の内紛の結果としてこの報告書は要請されたとの言い伝えがある。ライトヒルは、当時ケンブリッジ大学のルーカス教授であった。ルーカス教授とは、英国の数学者が得ることのできる最も名誉ある学術的地位である（彼の後継者がスティーヴン・ホーキング）。ライトヒルは、応用数学の分野で豊富な経験を有していた。しかし今日ライトヒルレポートを読み直してみると、彼は当時の AI 文化にまったく困惑させられていたことが読み取れる。彼の報告書には、以下のように書かれている。

> 有能で尊敬できる科学者たちは、[…] AI について、次のように述べている […]。(AI は) 進化の一般的なプロセスの一歩を表しており、1980 年代の可能性の中には、人間並みの知識ベースに基づいた汎用的な知能、そして 2000 年までには、人間の知能を越える知能がマシンによって達成される可能性を表明している。

　ライトヒルレポートは、AI の主流派に対する激しい軽蔑を表していた。彼は、とりわけ AI の研究者が解決に失敗した重要な問題として組合せ爆発を指摘した。彼の報告書発表後即座に、英国中で AI 研究への助成金の削減が実施された。

　米国では、歴史的に AI 研究の財源は、国防総省の研究振興機関である**国防高等研究計画局（DARPA）**（当時は**高等研究計画局（ARPA）**）によって賄われていた。 1970 年代初期に、AI 研究が当初約束していた成果の多くを達成されないことへの落胆が広がっていた。米国でも、AI 研究への助成金削減が行われた。

　1970 年代の初頭から 1980 年代の初期に至る 10 年は、のちに **AI の冬**と呼ばれる時期となった。しかし恐らく最初の AI の冬と呼ぶのがふさわしいであろう。なぜならこのような期待と絶望は、その後の何度も繰り返されるか

らである。AI の研究者は、簡単に楽観主義に陥り、保証のない実現不可能な予想を立てるが、結果は惨憺たる失敗に終わるという固定観念が確立してしまった。科学界においても AI は、ホメオパシー[17] と同列に置かれて議論されるまでに落ちぶれた評判を獲得するにいたった。真摯な学問分野としては、末期的な衰退を表すまでになってしまったのだ。

---

[17] 訳注：ホメオパシーとは、「毒を薄めると毒を打ち消す薬になり、しかも薄めれば薄めるほど効果が強くなる」というアイデアに基づく施術で、1796 年にドイツの医師ザムエル・ハーネマンによって提唱された。ここでは偽科学の意味で用いられている。

Chapter3

知は力

1970 年代半ばに吹き荒れた反 AI 派による損失を軽く見てはいけない。学界の多くの人々が、AI を疑似科学と見なすようになってしまった。AI の冬を通して与えられた悪評から、AI が回復したのはごく最近のことだ。もっともライトヒルレポートが回覧され不遇のときを過ごしていた中にあっても、AI への新しいアプローチに注目が集まり始めていた。そしてこのアプローチこそが、AI が痛罵される元凶となった問題を克服する希望となった。1970 年代後半から 1980 年代のはじめに AI に参入した新しい世代の研究者によれば、AI が失敗した大元の問題は、AI が探索や問題解決といったあまりに一般的で多目的なアプローチに焦点をあてすぎたことであったという。これらの「弱い」方法論では、すべての知的作業に必須で重要なもの、「知識」が欠けていたというのだ。「知は力なり」と、17 世紀の哲学者フランシス・ベーコンは述べている。「知は力」なのだ。**知識ベースの AI** を推進する研究者は、ベーコンの格言を文字どおりに解釈した。人間の知識を明示的に獲得して使用することこそ、AI を発展させる鍵だというのだ。

知識ベースの AI システムという新しい体系が出現した。これらのいわゆる**エキスパートシステム**は、狭い領域に特化した問題を定義する人間のエキスパートの知識を使用する。エキスパートシステムによって、一定の作業において AI システムは、人間の能力を凌駕し得る証拠を示しただけではない。そしてこちらのほうが重要なのだが、AI が商業的問題に応用できることをはじめて示した。AI は、金儲けの道具になり得ることになったのだ。知識ベース

の AI 技法は広く一般に教育することができたので、身につけた実用的な AI 技術を役立てようとの気概に溢れた多くの学卒者が登場することとなった。

　エキスパートシステムは、汎用 AI には目もくれない。エキスパートシステムの目的は、人間の専門家が必要なきわめて限定された特殊な問題を解くシステムの構築であった。エキスパートシステムが取り組む典型的な問題は、人間がその専門性を獲得するのに長い時間がかかり、それゆえ専門家の数が少ない分野であった。

　続く 10 年間、知識ベースのエキスパートシステムは、AI 研究の中心となった。産業界から莫大な資金が、この分野に流れ込んだ。1980 年代の始めに AI の冬は終わった。以前より大きな新しい AI ブームが巻き起こったのだ。

　この章では、1970 年代後半から 1980 年代後半まで続いたエキスパートシステムのブームについて見ていく。人間の専門的知識をどのように獲得して、コンピュータに移植するかから始めて、その当時最も称賛されたエキスパートシステムである MYCIN について物語ることにしよう。はじめに研究者たちが、数理論理学の力を借りて、どのように知識を獲得する方法を模索したか、そしてどのようにして最終的にその目標が確立されたかを見る。その上で AI の歴史上最も意欲的で悪名高く失敗したプロジェクトである Cyc プロジェクトの物語を見ることにしよう。Cyc プロジェクトは、人間の専門家の知識を使って最大の問題を解決しようとした。つまり汎用 AI を創造しようとしたプロジェクトである。

3.1 ルールによって人間の知識を獲得する

　AI システムで知識を使用するアイデアは、決して新しいものではない。前章で見た黄金時代に広く使用されたヒューリスティックも、問題解決を有望な方向に導く手段として用いられた。そのようなヒューリスティックは、問題に埋め込まれた知識として解釈できる。しかしヒューリスティックは、知識を暗黙に獲得するに過ぎない。知識ベースの AI は、新しい重要なアイデアに基づいている。それは、問題についての人間の知識を明示的に獲得して、

AI システムの中に表現するというものだ。

　最もよく採用され、のちに知識表現と呼ばれるようになった方法はルールに基づいたものである。AI の文脈でルールとは、「if . . . then . .」の形式で知識を捕捉したものである。ルールは単純なので、例を使って説明するのがよい。以下は、AI の逸話として知られるルールを英語（日本語）で表したものである[1]。このルールは、ユーザーが動物を分類するのを助けるエキスパートシステムの知識を表している（どのようにルールを使用するかの詳細は、付録 A に示す）。

> IF 動物は授乳する THEN その動物は哺乳類である
> IF 動物に羽毛がある THEN その動物は鳥類である
> IF 動物が飛べる AND 動物が卵を産む THEN その動物は鳥類である
> IF 動物は肉食である THEN その動物は肉食動物である

　このようなルールをどのように解釈するかは、次のとおり。各ルールは前提（IF の後の部分）と結論（THEN の後の部分）をもつ。たとえば、次のルールを見てみよう。

> IF 動物は飛べる AND 動物は卵を産む THEN その動物は鳥類である

　前提は「動物は飛べる AND 動物は卵を産む」であり、結論は「動物は鳥類である」となる。このようなルールの通常の解釈は、現在有している情報が前提に正しく一致するのであれば、ルールは発火する。つまり結論が正しいとする。したがってこのルールが発火するためには、2 つの情報が必要である。1 つには、当該動物が飛べることと、もう 1 つは、その動物が卵を産むということだ。これらの情報があれば、ルールは発火して、その動物は鳥であると結論付ける。この結論は新たな情報を与えるので、別の情報を得るためのルールとして使用することができる。通常エキスパートシステムは、質疑応答の形式でユーザーと対話する。ユーザーは、システムに情報を与える

---

[1] P. Winston and B. Horn. LISP (3rd edn). Pearson, 1989. 邦訳：白井 良明，井田 昌之，安部 憲広，『LISP』培風館，1992.

だけでなく、システムが提起する質問にも答えなければならない。

　図3.1に、典型的なエキスパートシステムの構造を示す。知識ベースは、システムがもつ知識を含み、これがルールとなる。それに対してワーキングメモリーは、システムがそのとき解こうとしている問題についての情報を含む（たとえば「動物に体毛がある」）。最後に推論エンジンは、問題解決のためにシステムが保有している知識を適用する部分である。

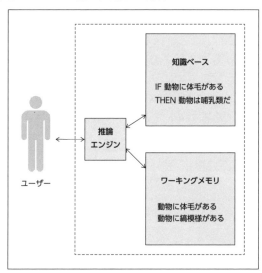

図3.1　典型的なエキスパートシステムの構造

　上記の動物の例のような知識ベースが与えられたとき、推論エンジンは、2種類の動作の一方を選ぶことができる。まずユーザーは、解こうとしている問題について知っている限りの知識をシステムに伝える（たとえば、分類しようとしている動物が縞模様か肉食かどうか）。そうすると推論エンジンが順次ルールを適用して、可能な限り新しい情報を導き出した上で、獲得した新しい情報をワーキングメモリーに追加してから、新しい情報を反映させた状況でルールが発火するかどうかを確かめる。そして適用できるルールがなくなり新しい情報が得られなくなるまでこのプロセスを繰り返すのだ。このよ

うなアプローチは、前向き連鎖と呼ばれる。つまりデータから結論へと前向きに推論を進めるのだ。

　もう１つのアプローチは、後ろ向き連鎖を使用する。後ろ向き連鎖では、確立したい結論から始めて、後ろ向きにデータまで進めるのだ。たとえば分類したい動物が肉食であることを確認するという目標から始める。最後のルールは、当該動物が肉を食べることを確認できたならば、この結論に達すると告げている。したがってその動物が肉を食べるかどうかを確認すればよい。しかしこのことを結論として与えるルールはないので、ユーザーに直接尋ねることになる。

3.2 MYCIN：エキスパートシステムの古典

　1970 年代に登場したエキスパートシステムの第 1 世代の中で最も有名なものは MYCIN[2] である（多くの抗生物質の語尾が「mycin」であったことからこの名前がついた）。MYCIN は、重要な領域で AI システムが、はじめて人間のエキスパートを凌駕できることを示した。そしてその後に続く無数のエキスパートシステムの標準になった。

　MYCIN は、医師の助手として、人間の血液の病気について専門的なアドバイスを提供するように意図された。このシステムは、ブルース・ブキャナンに率いられたスタンフォード大学の AI 研究所の専門家と、テッド・ショートリフに率いられたスタンフォード大学の医学部の専門家との共同チームにより開発された。構築しようとするエキスパートシステムが有用でプロジェクトから直接利益を得る人々によって開発されたことが、MYCIN の成功の重要な要因であろう。MYCIN に続くエキスパートシステムの多くが失敗に終わったのは、当該分野の人間のエキスパートから必要な支援を得られなかったことによると思われる。

---

[2] E. H. Shortliffe. Computer-Based Medical Consultation: MYCIN. American Elsevier, 1976.

　MYCINの血液疾病にかかわる知識は、先に述べた動物の例よりもすこしだけ複雑なルールによって表現されていた。MYCINの典型的なルールは、次のとおり。

　IF：
　1) 生体はグラム手法によって染色されない、かつ
　2) 生体の形態は桿状体で、かつ
　3) 生体が嫌気性である
　THEN：
　生体がバクテロイデスであるという証拠（0.6）がある

　MYCINで実際に使われた言語による表現は、次のとおり。

```
RULE036:
PREMISE: ($AND (SAME CNTXT GRAM GRAMNEG) (SAME CNTXT MORPH ROD)
(SAME CNTXT AIR ANAEROBIC))

ACTION: (CONCLUDE CNTXT IDENTITY BACTEROIDES TALLY 0.6)
```

　MYCINの血液疾病に関する知識は、5年間にわたって蓄積され詳細化された。システムの最終版の知識ベースには、数百のルールが含まれていたという。

　MYCINが偶像のように扱われたのは、その中にエキスパートシステムとして重要なすべての機能が組み込まれていたからである。

　第1にシステムのインタフェースが、人間のユーザーに相談する形式に似せて作られていた。つまりユーザーに対する一連の質問に対してユーザーが応答するという形式である。このかたちがエキスパートシステムの標準的なモデルになっただけでなく、MYCINの主目的である診断が、エキスパートシステムの標準的な対象領域となった。

　第2にMYCINは、推論の結果を説明することができた。この推論の透明性は、AIのアプリケーションで極めて重要な点となった。AIシステムが重

大な結果を招く問題（MYCIN の場合でいえば、潜在的な結果は生き死に）
であれば、システムの助言に従うことを求められる人々にとって、その助言
に安心感をもてなければいけない。したがって助言を説明して正しいことを
示す能力はきわめて重要なのだ。ブラックボックスとして動作して、詳しい
説明なしに助言するシステムは、ユーザーから深い懐疑の目をもって迎えら
れることが経験的に知られている。

　重要なことに MYCIN は、なぜ特定の結論に至ったかといった質問に答え
ることができた。MYCIN は、結論を導いた推論の連鎖を生成することで、
結論を正当化することができたのだ。推論の連鎖とは、発火したルールと、そ
のルールが発火するに至った一連の情報である。実際ほとんどのエキスパー
トシステムの説明機能は、MYCIN のものと類似したものとなった。理想的
とは言い難いものの、このような説明は生成するのが容易で、少なくともシ
ステムの結論を理解する機構となっている。

　最後に MYCIN は、不確実性に対応することができた。つまり提供された
情報が真だと確信をもてない状況にも対処することができた。不確実性を扱
うことは、エキスパートシステムアプリケーション、さらには AI システム
一般について必ずついてまわる要求事項である。たとえば MYCIN のような
システムでは、症状に基づいて確実な結論を導き出せるのは稀である。た
えばユーザーが、血液検査で陽性であると診断されたならば、それはシステ
ムが考慮すべき有益な証拠とはなる。それでも常に誤検査の可能性（つまり
偽陽性だったり偽陰性だったり）は常にあるのだ。さらに患者がある症状を
示している場合、それは特定の病気の徴候ではあるものの、患者がその病気
に罹患していると結論付けるのに十分ではない（咳をすることはラッサ熱の
症状の１つだが、患者が咳こんでいるからといってラッサ熱に罹患している
証拠にはならない）。すぐれた診断を下すためにエキスパートシステムは、そ
のような症状を原則に従って考慮するようにしなければならない。

　不確実性を扱うために MYCIN は、確信度係数と呼ばれる技法を使用する。
確信度係数とは、特定の情報を信じるか信じないかを示す数値である。確信
度係数は、どちらかといえば不確実性に対処するためのアドホックな解決策
であり、それを理由として批判にさらされるようになった。不確実性を扱う

問題と不確実性を含んだ推論の問題は、その後 AI 研究の主要なトピックとなり、今日でも大きな課題として残っている。この問題については、第 4 章で深く議論する。

　1979 年に試行が始まると、血液疾病を診断する MYCIN の能力が 10 の実際の症例について人間の専門家に匹敵するレベルであり、一般内科医のそれを上回るレベルであることを示した。これが、AI システムが実用レベルで人間のエキスパートと同じかそれ以上のレベルの能力を示した最初の例となった。

3.3 ブームの再来

　MYCIN は、1970 年代に登場した多くのエキスパートシステムの 1 つに過ぎない。同じくスタンフォード大学のエド・ファイゲンバウムは、DENDRAL プロジェクトを開始した。ファイゲンバウムは、知識ベースシステムの唱道者として有名で、「エキスパートシステムの父」と言われることもある。DENDRAL は、化学者を助けて、質量分光器の情報から高分子の化学構造を同定しようとするものであった。DENDRAL は、1980 年代半ばまで、多くの人々によって日常的に使用された。

　R1/XCON システムは、ディジタルイクイップメント（Digital Equipment Corporation, DEC）によって、VAX コンピュータのコンフィギュレーションを補助するために開発された。DEC によれば、1980 年代半ばまでに R1/XCON システムは、8 万件以上の受注を処理したという。同システムは、当時 5000 個のシステムコンポーネントについて、3000 以上のルールを保持していた。1980 年代の終わりまでにシステムは、17500 個のルールをもつようになり、開発者によれば、DEC におよそ 4 千万ドルの節約をもたらした。

　DENDRAL は、エキスパートシステムが有用であることを示した。MYCIN は、特定分野で人間のエキスパートを凌駕し得ることを示した。そして R1/XCON は、大きな利益を生み出すことを示した。これらの成功物語は、社会的興味を惹きつけた。AI は、ビジネスになりそうだったのだ。これは人を動かさずにはおかない物語であり、投機資金が流れ込んだことには驚くにあた

らない。大規模な投資が行われた。慌ただしく設立されたベンチャービジネスがブームに乗って売買された。そのようなビジネスの典型的な製品は、エキスパートシステムを開発して運用するためのサポートサービスを伴うソフトウェアプラットホームであった。そしてエキスパートシステムを構築するのに採用されることの多いプログラム言語である LISP を高速に実行するように、特別に設計されたコンピュータもよく売れた。そのような LISP マシンは、ごく普通の PC が十分高速になり、LISP しか実行できないコンピュータに 70000 ドルも支払う合理性が失われる 1990 年代初期まで存在した。

　世界中の企業がエキスパートシステムブームに乗り遅れまいと一斉に走り出した。それはソフトウェアの会社に限ったことではなかった。1980 年代までに産業界は、知識と専門性は重要な資産であり、養成し開発することで有利な地位を占めることができると理解するようになった。エキスパートシステムは、この無形の資産を有形なもの変えたのであった。知識ベースシステムの概念は、西側の経済が脱工業化期に入ったとの見方と共鳴した。脱工業化社会においては、経済発展の機会は、旧来の製造業等の伝統的な産業ではなく、いわゆる知識ベースの産業とサービスに求めるべきだという考えが行き渡ったのだ。

　エキスパートシステムの経験を振り返ると、MYCIN や DENDRAL の成功物語以上のことがあったと見ることができる。それが何かといえば、エキスパートシステムは AI を身近なものにしたということであろう。エキスパートシステムを構築するのに博士号はいらない（先に取り上げた動物のルールの理解は容易であろう）。プログラミングの経験者であれば、エキスパートシステムの原理を学ぶのは容易である。実際エキスパートシステムの構築は、従来のプログラムの構築よりも容易であった。新しい職種は、厳かに**ナレッジエンジニア**（知識工学者）と呼ばれるようになった。

　皮肉なことにライトヒルレポートは 10 年前に英国の AI をほとんど殺しかけたのだが、1983 年に英国政府はコンピュータ技術の挑戦的な研究助成プロジェクトを立ち上げた。それはアルビープログラムと呼ばれ、その中心は AIである。しかし AI は、ついこの間悪名を轟かせてしまったために、関係者にとってアルビープログラムを AI プロジェクトと呼ぶのは憚られた。その

結果アルビープログラムが目指すのは、知的な知識ベースシステムということになった。AIの未来は明るくなった。それをAIと呼ばない限りは。

3.4 論理ベースの AI

　ルールは、人間の知識を獲得するときの主要なアプローチであったが、それ以外にもさまざまなスキームが提案された。たとえば図3.2は、スクリプトと呼ばれる知識表現の（簡易）バージョンである。スクリプトは、心理学者であるロジャー・シャンクとロバート・P・エーベルソンによって開発された。スクリプトは、人間理解の心理学理論に基づいて構築された。その基本的な考え方は、人間の振舞いはステレオタイプなパターンによって部分的に規定され、パターンは人間が世界を理解するのにも使用されるというものだ。彼らは、同じアイデアがAIにも応用できると示唆した。図3.2のスクリプトを考えてみよう。このスクリプトは、典型的なレストランのシナリオを記述している。スクリプトは、スクリプト中の登場人物（顧客、ウェイター、料理人、キャッシャー）のさまざまな役割を（日本語で）記述している。つまりシナリオを開始するのに必要なこと（顧客は空腹）、スクリプトによって扱われる物理的アイテム（食物、テーブル、金銭、メニュー、チップ）、そして最も重要なものとしてスクリプトに関連する一連の典型的なイベントである。図3.2には、イベントは1から10まで番号が振られている。シャンクとエーベルソンは、ストーリーを理解するのに、そのようなスクリプトは、AIプログラムの一部として使用できるという仮説を立てた。ストーリー中のイベントが、ステレオタイプなスクリプトから外れたとき、そのストーリーは面白いもの（可笑しい話、恐ろしい話、驚くべき話）となるというのだ。たとえば可笑しな物語であれば、ステップ4の後でスクリプトが停止する状況が考えられる。つまり顧客が食事を注文したのに、いつまで待っても提供されない。犯罪物語であれば、ステップ9を省略する。つまり顧客は、食事を摂ったのちに、支払いをせずにレストランを立ち去る。スクリプトを基にしてストーリーを理解するシステムの構築は、いくつかの試みられたのだが、十分

名前：レストラン
役割：顧客、ウェイター、料理人、キャッシャー
開始条件：顧客が空腹
小道具：食物、テーブル、金銭、メニュー、チップ

イベント：
1．顧客がレストランに入る
2．顧客がテーブルに行く
3．ウェイターがメニューをもってくる
4．顧客が料理を注文する
5．ウェイターが料理をもってくる
6．顧客が料理を食べる
7．顧客がウェイターに伝票を求める
8．ウェイターが伝票を顧客にもってくる
9．顧客がキャッシャーに金銭を渡す
10．顧客がレストランを去る

主目的：6

結果：顧客は空腹でない
　　　顧客の所持金が減少した
　　　レストランの所持金が増加した

図 3.2　レストランを食事をする典型的な経験のスクリプト

に成功したとはいえない[3]。

　もう1つのスキームに**セマンティックネット**がある[4]。セマンティックネッ

---

[3] R. Schank and R. P. Abelson. Scripts, Plans, Goals, and Understanding: An Inquiry into Human Knowledge Structures. Psychology Press, 1977.

[4] W. A. Woods. 'What's in a Link? Foundations for Semantic Networks'. In D. G. Borow and A. Collins (eds.), Representation and Understanding ? Studies in Cognitive Science. Morgan-Kaufmann, 1975.

トは直観的で自然なスキームであり、今日まで度々再発見されている。実際知識表現のスキームを開発せよと言われたならば、誰でもセマンティックネット類似のものを考えつくであろう。図3.3に、著者に関する知識（出生日、住所、性別、子）と世間一般に関する知識（女性は人間であり、大聖堂は建築物であると同時に祈りの場でもある等）を表現している単純なセマンティックネットを記している。

　知識ベースAIが登場して発展するうちに、誰もが知識を表現する個人的なスキームをもち、それのどれも他者のものと互換性をもたないという事態が生じてしまった。

　ルールは、エキスパートシステムのための知識表現スキームのデファクトスタンダードとして確立されているものの、知識表現の問題はAI研究者を悩ませ続けている。問題の1つは、複雑な環境についての知識を捕捉するには、ルールでは単純すぎるということがある。MYCINで使用された型のルールは、時間とともに変化する環境や複数のアクター（人間とAI）を含む環境についての知識、あるいは環境の実際の状況について不確実性が存在するような場合の知識を十分に捉えきれていない。もう1つの問題は、エキスパートシステムで知識を獲得するのに使用されるさまざまなスキームが、一貫性に欠けるということであった。研究者は、各々のエキスパートシステム内の知識が実際に何を意味しているかを真に理解し、そしてシステムが遂行する推論が堅牢であることを示したかった。端的にいえば彼らは、知識ベースシステムに適切な数学的基礎を与えたかったのだ。この問題は、AI研究者ドリュー・マクダーモットの1978年の（洒落たタイトルの）論文に要約されている。「No Notation without Denotation（表示的意味なくして表記なし）」だ[5]。「システムが正確だというだけでは十分ではない。理解できるということが重要なのだ。」と彼は主張する。

　1970年代後半に登場した解決策は、論理を使って知識表現を統一することであった。知識ベースシステム中で論理が果たす役割を理解するためには、

---

[5] D. McDermott, 'Tarskian Semantics, or, No Notation without Denotation!' Cognitive Science 2(3): pp. 27-82, 1978.

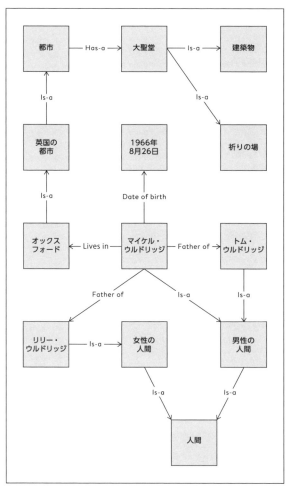

図3.3　著者と子供と住所についての情報を捉える単純なセマンティックネットワーク

論理とは何か、そしてなぜそれが開発されたかを知るのが役立つ。論理学は、推論を理解するために発展してきた。とりわけ論理によって悪い（妥当でな

い）推論からよい（妥当な）推論を区別するのに役立つ。妥当な推論と妥当でない推論の例を見てみよう。

> すべての人は死ぬ。
> エマは人である。
> したがってエマは（いずれ）死ぬ。

　この例は、三段論法と呼ばれる論理推論における典型的なパターンである。この推論はまったく正しい。読者も同意してもらえると思う。すべての人が死ぬべき運命であり、エマが人であるならば、エマもいずれは死ぬことになるのだ。
　それでは、次の例を見てみよう。

> すべての大学教授はハンサムである。
> マイケルは大学教授だ。
> したがってマイケルはハンサムだ。

　読者は、この例に落ち着かない気持ちになると思う。読者は、文「すべての人は死ぬ」は喜んで受け入れるだろうが、文「すべての大学教授はハンサムである」には反発を覚えるだろうからだ。明らかに、これは真ではない。しかしながら論理的な視点からいえば、この例の推論に誤ったところはまったくない。完全に妥当なのだ。もしすべての大学教授がハンサムであれば、そしてマイケルが大学教授であれば、マイケルがハンサムだと結論付けることは至極当然である。論理は、最初の文（前提）が本当に真であるかどうかには関わりがない。使用する推論のパターンと導出される結論が、前提が真であった場合に妥当かどうかだけを問題にするのだ。
　しかし次は、妥当ではない推論の例である。

> すべての学生は勤勉である。
> ソフィーは学生だ。
> したがってソフィーは金持ちだ。

　この推論パターンは妥当ではない。なぜなら与えられた2つの前提から、ソ

フィーが金持ちだとの結論を導き出すのは合理的ではないからだ。ソフィーは金持ちかもしれない。しかしそれが問題なのではない。2つの所与の前提から、この結論を導出することはできないことが問題なのである。

　以上のように論理とは、推論のパターンであり、最初に見た2つの三段論法は、最も単純で有用な例である。論理とは、前提から安全に結論を導く方法を示すものであり、それを行うプロセスのことを演繹と呼ぶ。

　三段論法は、古代ギリシャの哲学者アリストテレスによって紹介され、爾来 1000 年以上もの間論理分析の主要な枠組みを提供してきた。しかし三段論法は、論理推論としては限定的であり、議論の多くにおいて不適切である。したがって初期段階から数学者は、妥当な推論の一般原理を理解しようと努めてきた。そもそも数学とは、推論がすべてだからである。つまり数学者の仕事は、既存の知識から新しい数学的知識を導き出すことであり、それが演繹なのである。19 世紀まで数学者は、彼らが数学するときの原理原則について思い悩んできた。何かを真だというとき、それは何を意味するのだろうかと考えたのだ。どうすれば数学的証明が妥当な演繹をしていると確信をもてるのだろうか。そもそも 1 ＋ 1 ＝ 2 が正しいと、なぜいえるのだろうか。悩みは尽きなかった。

　19 世紀半ばから数学者は、これらの疑問について真剣に研究を始めた。ドイツでは、ゴットロープ・フレーゲが、はじめて現代の数理論理学の枠組みに類似した一般的な論理演算を開発した。ロンドンのオーガスタス・ド・モルガンとコーク（アイルランド）のジョージ・ブールが、代数学で問題解法に使用される技法が論理推論にも適用できることをはじめて示した（1854 年にブールは、彼の発見を思い切り尊大な題名をつけて出版した。書籍のタイトルは『思考の法則』[6] という）。

　20 世紀初頭には、現代論理学の基本的枠組みは確立され、今日に至るまで数学上の成果のほとんどを記述する言語としての論理体系が出現した。この体系は、**一階論理**と呼ばれるようになった。一階論理は、数学と推論のリン

---

[6] George Boole. 'An Investigation of the Laws of Thought'. Walton & Maberly, 1854.

ガ・フランカ（共通言語）となったのだ。この１つの枠組みの中に、アリス
トテレス、フレーゲ、ド・モルガン、ブールといった偉大な人々の研究成果
の推論形式を再構成することができた。AI においても一階論理は、さまざま
でかつ概ねアドホックな知識表現スキームを統一する枠組みとなりそうに見
えた。

　こうして**論理ベース AI** のパラダイムは誕生した。それを真っ先に主張し
て多くの人々を巻き込んだのは、ジョン・マッカーシーであった。1956 年に
ダートマスサマースクールを主催し、この分野に「人工知能」という名称を
与えたあのジョン・マッカーシーである。マッカーシーは、論理 AI につい
てのビジョンを、次のように述べている[7]。

> そのアイデアは、エージェントがその世界と目標、そして現在の状況に
> ついての知識を論理の文によって表現できるということであり、目標達
> 成のための動作なり一連の動作の並びを演繹的に推論することで、意思
> 決定できるというものであった。

　ここでエージェントとは、AI システムそのものである。マッカーシーが
「論理の文」というとき、それは前述の「すべての人は死ぬ」とか「すべての
大学教授はハンサムだ」という文のことである。一階論理は、このような文
を十分に表現できて数学的にも正確な言語を提供することになった。

　論理 AI に対するマッカーシーのビジョンを、わかりやすく図 3.4 に示す。
ロボットがブロックの世界に類似の環境で動作している。このロボットは、
一本のロボットアームと環境についての情報を獲得する認識システムを備え
ている。ロボット中には、環境の論理記述が On(A, Table) や On(C, A)
といった文によって示されている。これらの文は、一階論理で表現されてい
て、図 3.4 のシナリオでは、何を意図しているかは明らかだ。つまり次のと
おり。

---

[7] J. McCarthy. Concepts of Logical AI. 未刊行

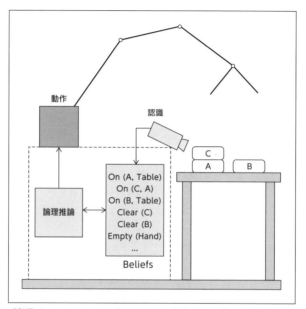

図 3.4 論理ベース AI のマッカーシーのビジョン。論理ベース AI システム
は、環境についての信念を論理式によって明示的に表現する。そして
知的な意思決定は、論理推論のプロセスへと詳細化される

On(x, y)	オブジェクトxがオブジェクトyの上にある
Clear(x)	オブジェクトxの上に何もない
Empty(x)	xは空である

　論理 AI では、その時どきのシナリオを表現するのに $On(x, y)$、$Clear(x)$
といった式で表すのが鍵である。

　ロボットの内部論理表現の役割は、エージェントが環境に関する情報を獲得
することである。この表現は、システムの信念 (belief) と呼ばれる。ロボッ
トの信念システムが「$On(A, Table)$」といった式を含むということは、「ロ
ボットは、ブロック A がテーブルの上にあると信じている」を意味する。もっ

ともこのような用語には、気をつけなければならない。ロボットの信念システムに、われわれが日常的に使う語彙を援用するのは便利だ（On(A，Table)は読者にも一目瞭然であろう）。しかしそのような式がロボットの信念システム中に表現されるとき、その意味は、ロボットの振舞いの役割から導かれる。つまりこの知識ベースをもつロボットが、x が y の上にあると信じているかのように振舞うときに限って、この信念が有効となるのだ。つまりここで「On」という用語の選定に何の意味もない。ロボットの設計者としては、オブジェクト x がオブジェクト y の上にあることを示すの「Qwerty(x，y)」という式を使っても、何の不都合もないのだ。そしてもちろん得られる結果もまったく同じである。AI によくある問題は、システムのコンポーネントとして開発者が選んだ用語が、それ以上の意味をもつものとして誤って受け取られてしまうことである。

　図 3.4 の認識システムの役割は、ロボットのセンサーから得られた生の情報を、ロボットが使用する内部的な論理形式へと翻訳することである。すでに見たように、これは単純な作業ではない。この点については、のちほど再度立ち戻ることにしよう。

　最後に、ロボットの実際の振舞いは、ロボットの論理演繹システム（推論エンジン）を通して定義される。論理 AI のアイデアの核心は、ロボットが何をするか論理的に推論するということである。次に何をするか演繹的に推論するのだ。

　全体としてロボットは、センサーを通して環境を観察して、環境についての信念を更新し、次に実行するべき動作を推論してからその動作を実行する。その上でプロセスの最初に戻るという一連の作業を繰り返して実行する。

　論理ベースの AI が影響力をもった理由を理解してほしい。おそらく最も重要な理由は、論理はすべてを純粋なかたちにしたということである。知的なシステムを構築するという大きな問題を、ロボットが何をするかの論理的記述を構成することへと還元した。そしてそのようなシステムは透明である。つまりなぜその動作をしたのかを理解するためには、信念と推論を見ればよいのだ。

　なぜ論理的アプローチが影響力をもつかについて、他にも理由があると思

われる。1つには、推論が意思決定の基礎であるという考え方にアピールする。われわれは推論するとき、言語を使って考えている。行為のさまざまな選択肢について比較検討するときも、それぞれについて長所と短所を脳内で言語を使って議論する。論理ベース AI システムは、このアイデアを反映しているのだ。

3.5 論理としてのプログラム

1970 年代後半から 1980 年代半ばにかけて、論理ベース AI のパラダイムが影響力を強めていった。実際 1980 年代初期に論理ベース AI は、人工知能研究の主流であった。論理ベース AI があまりに影響力があったので、研究者は AI にとどまらず、計算の世界全体でも有効なのではないかと考えるようになった。のちに論理プログラミングと呼ばれるようになったプログラミングパラダイムは、コンピュータプログラムの記述方法を根本的に変革するものとして提案された。論理プログラミングのセールストークは、次のようなものであった。すなわちプログラミングは困難で時間がかかり、エラーを混入させやすい。なぜならプログラミングでは、コンピュータの動作レベルで詳細かつ克明に考えることを強いられるからだ。そしてそれは、人間にとってひどくむずかしいことなのだ。論理プログラミングは、この呪いから解放してくれる。論理プログラミングでは、問題に内在する論理と事実を定式化すればよい。そうすれば論理演繹が残りを片付けてくれる。実際論理プログラムは、必要な推論を遂行してくれるのだ。

論理プログラミングは、コンピュータ業界に強い影響を与えた言語 PROLOG として実現した[8]。PROLOG は、おそらく論理ベース AI の最も有名な遺産であり、今日でも教室で教えられている。この言語は、米国生まれのイギリス人研究者ボブ・コワルスキーとマルセイユ大学の 2 人のフランス人研究者、

---

[8] W. F. Clocksin and C. S. Mellish. Programming in PROLOG. Springer-Verlag, 1981.

アラン・コルメラウワとフィリップ・ルーセルの貢献によるところが大きい。1970年代初頭コワルスキーは、一階論理で表現できるルールが実際のプログラム言語の基礎を形成できるとの着想を得た。コワルスキーは新しい言語のアイデアを温めてはいたものの自ら進んで実装しようとはしなかった。その言語は、コワルスキーが1972年にコルメラウワとルーセルを訪ねたのちに、この2人によって実装された。

　PROLOGは、きわめて直観的な言語である。例を見ることにしよう。前に見た「すべての人は（いずれ）死ぬ」の例は、次のように表現できる。

```
human(emma).
mortal(X) :- human(X).
```

　1行目はPROLOGの事実でり、エマが人間であるという「事実」（fact）を表わしている。2行目はPROLOGの「規則」（rule）であり、X が人間であるならば、X はいずれ死ぬと言っている。

　PROLOGに、何か意味のあることを行わせたいならば、目標を与えなければならない。この場合適切な目標は、エマが（いずれ）死ぬかどうかを判断することであり、それは次のように表現できる。

```
mortal(emma).
```

　この目標をPROLOGに示すということは、「エマは（いずれ）死ぬのか」、あるいはより正確には、「与えられた事実と規則から、エマが（いずれ）死ぬと推論できるか」と問うことになる。この目標が与えられるとPROLOGは、論理推論を使用して、そのとおりであるとの結論を導き出す[9]（PROLOGについてより詳細な解説は、付録Bを参照してほしい）。

　この例は、PROLOGの表現力を示すヒントに過ぎない。場合によっては、

---

[9] PROLOGで使われる論理推論の形式は導出原理と呼ばれる。それは1960年代に発明され、PROLOGで使われる規則で効率的に実装された。

問題を驚くほど端的でエレガントな PROLOG プログラムへと記述すること
ができる。1974 年にデビッド・ウォーレンによって記述された WARPLAN
計画立案システムは、ブロックの世界を含むさまざまな計画立案問題を解く
ことができたが、わずか 100 行の PROLOG のコードで実装されている[10]。
同じシステムを Python のような言語で記述したならば、何ヶ月もの時間を
要する数千行のコードとなったであろう。PROLOG によるプログラムは、
単なるプログラムではなく論理式である。つまり PROLOG によるプログラ
ムは、マッカーシーのビジョンによる論理ベースの AI そっくりなのだ。

　1970 年代後半から 1980 年代初頭にかけて PROLOG は、AI 研究の場で
普及を続け、AI ハッカーが選択するプログラム言語の地位を巡って、マッ
カーシーの由緒ある LISP と争うまでになった。1980 年代の初め、日本国政
府の第 5 世代コンピュータシステムズプロジェクトと呼ばれる大規模な開発
計画の対象にもなった。当時日本経済は、米国やヨーロッパのそれと比較し
て好調であり、米国やヨーロッパの政府からは、彼らを脅かす危険なプロジェ
クトとして見られるようになった。しかし同時に、日本の産業界は技術の洗
練化や商業化には成功していても根本的な技術革新には必ずしも成功してい
るとは言えないというのが、日本国政府の憂慮であった。それは、とりわけ
計算機科学とコンピュータ産業に顕著であった。第 5 世代プロジェクトは、
この問題を解決すべく意図された。日本を世界のコンピュータイノベーショ
ンの中心としようとしたのだ。そして論理プログラミングこそ、この大規模
計画の重要な技術とされた。10 年にわたって 4 億ドルもの資金が第 5 世代プ
ロジェクトに注ぎ込まれた。しかしこのプロジェクトは、日本のコンピュー
タ科学の基礎を構築するのには重要な役割りを果たしたものの、日本のコン
ピュータ産業は米国を追い抜くことはできなかった。論理プログラミングの
世界の人々が思っていたほどには、PROLOG はコンピュータの汎用言語と
しての地位を確保できなかったのだ。

---

[10] D. H. D. Warren. 'Generating Conditional Plans and Programs'. Proceedings
of the Second Summer Conference on Artificial Intelligence and Simulation of
Behaviour (AISB-76), Edinburgh, July 1976.

　PROLOG は、プログラミングの世界を征服することはできなかったが、そ
れを失敗と断じることは間違っている。実際今日でも世界中のプログラマが、
毎日実用的な PROLOG プログラムを記述し続けていて、彼らはこの言語のエ
レガントさと力強さから恩恵を受けている。しかし著者にとって PROLOG
の最も重要な遺産は、無形のものである。それは論理プログラミングが、計
算するということについて異なる考え方があるということを示したことであ
る。PROLOG によって、計算の問題に対してどのような見解をもつか、そ
してそれをどのように解決するかについて完全に異なる考え方を採用できる
ようになったのだ。この新しい考え方により、何世代ものプログラマが恩恵
を受けることになった。

3.6 Cyc：究極のエキスパートシステム

　Cyc と呼ばれるプロジェクトは、知識ベースの AI の時代において最も有
名な実験であったといってよい。Cyc は、ダグ・レナートのブレインチャイル
ドである。レナートは有能な AI 研究者であり、傑出した科学的才能と揺
るぎない信念を併せもち、周囲の人々を彼のビジョンへと勧誘して協働作業
を進めるリーダーシップにも恵まれていた。レナートは、1970 年代に一連の
すぐれた AI システムによって頭角を現し、1977 年には、若手 AI 科学者に
与えられる最も権威ある賞である「コンピュータと思想賞」を獲得した。
　1980 年代はじめにレナートは、「知は力なり」ドクトリンが、狭い専門領
域に焦点を絞ったエキスパートシステムだけでなく、もっと広い応用分野に
適用できると確信するようになった。知識こそ、汎用 AI つまりグランドド
リームへの鍵となるとの信念を固めたのだ。彼は 1990 年に、（共著者ラマナ
サン・グハとともに）次のように述べている[11]。

---

[11] R. V. Guha and D. Lenat. 'Cyc: A Midterm Report'. AI Magazine, 11(3),
1990.

　知的であることにどのような近道もないことはわかっているが、思考の
ためのマクスウェルの方程式は見つかっていない。知識の詰込みを不要
にする強力な公式も存在しない。知識というとき、暦のようにな無味乾
燥な特定の事実を意味しているわけではない。現実の世界において知ら
なければならないほとんどのものは、参考書に含めるにはあまりに常識
的なものであることが多い。たとえば、動物は一定の連続した時間を生
きる、何ものも同時に同じ場所に置くことはできない、動物は痛みを嫌
うといった事柄である。おそらく過去 34 年間 AI が逃れようとして逃れ
られない真実は、この巨大な知識ベースを獲得するエレガントで容易な
方法がないということではないか。手作業で 1 つ 1 つの事実を入力する
という（少なくとも初期には）多大な労力が必要なのだ。

　そして 1980 年代半ば、レナートと彼の仲間は、この「巨大な知識ベース」
を生成するという作業に取りかかった。こうして Cyc プロジェクトは誕生
した。

　Cyc プロジェクトの野望はすさまじいものであった。レナートの想像を現
実のものにするために Cyc の知識ベースは、常識という現実、つまりわれ
われが理解している世界を完全に記述し尽くさなければならなかった。ここで
いったん立ち止まって、この挑戦がいかほどのものになるか省みてほしい。
Cyc には、たとえば次のような事柄を 1 つ 1 つ記述しなければならないのだ。

　地球にオブジェクトを落とすと地面に至るまで落下するが、地面にぶつ
かると動きをとめる。しかし宇宙空間に落とされたオブジェクトは落下
しない。
燃料の尽きた飛行機は墜落する。
墜落した飛行機の中の人々は死ぬことが多い。
種類のわからないキノコを食べるのは危険である。
赤いタップは通常熱湯が出て、青いタップは通常冷水が出る。
……以下、いくらでも続く。

　ある程度教育のある人物であれば無意識に身につけている日常生活上の常
識すべてを Cyc 用の特別な言語で明示的に記述して、システムに投入しな
ければならなかった。レナートは、このプロジェクトに 200 人年の労力が必
要だと見積もった。その大半は、知識の人手による入力に費やされる予定で
あった。つまり Cyc にこの世界がいかなるものか、そしてわれわれはこの世
界をどのように理解しているかを言って聞かせるわけだ。レナートは楽観的
であった。遅かれ早かれ Cyc は、自分で知識を獲得して自学自習するであろ
うと予想していた。レナートが予想するようなかたちで自らを教育できるシ
ステムということは、事実上汎用 AI の課題が解決されたということになる。
つまり **Cyc の仮定**とは、汎用 AI の問題が知識の問題ということになり、知
識ベースシステムによって解決できるということになる。Cyc の仮定は、一
種の賭けであった。しかも掛け金の高い賭けであった。もしこの仮定が真だ
と証明できたならば、世界を変える大発明ということになる。

　研究助成のパラドックスに、とんでもなく挑戦的なアイデアが資金を獲得
することがあるというものがある。研究助成機関によっては、安全だが退屈
な研究よりも世界を驚かすような野心的な提案を奨励する傾向にある。おそ
らく Cyc は、そのようなケースにあてはまったのであろう。いずれにしても
1984 年に Cyc は、テキサス州オースティンにあるマイクロエレクトロニク
スアンドコンピュータコンソーシアムから研究助成金を受け取り、プロジェ
クトは発進した。

　もちろん、その計画はうまくいかなかった。

　最初の問題として、そもそも誰もが合意する現実の知識全体を組織的に構
成することなど、誰も取り組んだことがなかった。したがってプロジェクト
を開始するにあたって、どこから手をつけてよいのかわからなかった。プロ
ジェクトの開始にあたって、使用する語彙について参加者全員が合意してい
なければならない。しかし誰かが使用する用語を、他の人の用語とどのよう
に関連付ければよいかわからない。基本的用語と概念を定義して、それらに
沿って知識を組織化するという課題には、**オントロジー工学**という大層な名
前がつけられた。Cyc によって提案されたオントロジー工学の挑戦は、それ
までに企画されたどのようなプロジェクトよりも何倍も大規模なものであっ

た。レナートたちは、プロジェクト開始後それほどの時間をおかずに、Cyc
が使用する知識を構造化するアイデアや、それらの知識を獲得する方法につ
いて、あまりにも単純化して考えていたことに気づいた。それだけでなく、
プロジェクトそのものを最初からやり直さなければならないことにも気がつ
いた。

　これらの障害にもかかわらず、プロジェクト開始後 10 年経ってもレナート
は、陽気で楽観的であった。そして 1994 年 4 月この楽観論は、スタンフォー
ド大学のコンピュータ科学教授ヴォーガン・プラットの注意を惹いた[12]。プ
ラットは理論計算機科学の中心的人物であり、厳密な言語である数学を援用
して、計算というものの根本的性質について思考を巡らしていた。Cyc に興
味をそそられたプラットは、デモを依頼した。レナートは同意した。

　訪問に先立ってプラットは、デモに何を期待するかのおおよそを書いて送っ
た。Cyc についての論文に基づいて、期待する機能を列挙したのだ。プラッ
トは言う。「私の期待と Cyc の現在の能力が一致するならば、デモは大成功と
いってよいと思う。私が期待し過ぎているとしたら失望することになるだろ
うし、私の期待が低すぎるならば […] Cyc の能力全体を検証することなく時
間を無駄に使うことになるであろう。」彼が返信を受け取ることはなかった。

　プラットは、1994 年 4 月 15 日に Cyc を見学に出かけた。デモンストレー
ションは、Cyc が技術的に達成した成果を順調に披露して始まった。その中
には、Cyc のために推論するデータベース中の矛盾を発見するものもあった。
順調に進んでいたのでレナートは、Cyc の能力をすこし拡大してみせようと
試みた。2 回目のデモンストレーションは、通常の英語で記述された要求事
項を満たす画像の検索を含んでいた。求めるものが「リラックスしている人」
で、その結果水着姿の男 3 人がサーフボードを抱えている写真が選ばれた。
Cyc は、サーフボード、サーフィン、そしてリラックスを正しく連結した。プ
ラットは、Cyc がこの連結を得た推論の連鎖を書き取った。それには、20 個
のルールが関係していた。そしてその中には、若干奇妙に思えるものもあっ

---

[12] V. Pratt. 'CYC Report'. 1994. 未刊のノート（http://tinyurl.com/y4q4aoqj で
利用可能）

た。「すべての哺乳動物には脊椎がある」が、そのようなルールの1つである（プラットが見学したときの Cyc は、約50万個のルールを備えていた）。

　それからプラットは、Cyc の核心的機能を試すことにした。すなわちこの世界における実用知識である。たとえば Cyc はパンが食べ物であることを知っているかと、プラットは尋ねた。係の人がプラットの質問を、Cyc の使用するルール言語に翻訳する。「真」というのが Cyc の応答であった。「Cyc は、パンが飲み物であると考えるだろうか」とプラットは尋ねた。今回 Cyc は立ち往生した。開発者は、パンは飲料ではないと明示的に伝えようとしたが、うまくいかなかった。「しばらく試した後で、この質問を止めることにした」と、プラットはのちに語った。試験を続けた。Cyc は、さまざまな行動が死を招くことを知っているようであったが、飢餓によって死に至ることは知らなかった。そもそも Cyc は、飢餓というものを知らないようであった。プラットは、惑星、空、自動車といったものについて質問を続けたのだが、そうすると Cyc の知識にはばらつきがあり、それも予測できないほど偏っていることが明らかになった。たとえば Cyc は、空が青いことを知らなかったし、典型的な自動車に車輪が4つあることも知らなかった。

　レナートの発表に触発されて期待をもったプラットは、Cyc の世界に対する常識的理解がどの程度のものかを探るための質問を百個以上準備してきた。たとえば次のとおり。

　　トムはディックより3インチ背が高い。そしてディックはハリーより2インチ高い。トムはハリーよりどれだけ背が高いか。
　　2人の兄弟で、それぞれ相手より背が高いことはありえるか。
　　陸と海とで、どちらがより濡れているか。
　　自動車は後ろ向きに走れるか。飛行機は後ろ向きに飛ぶことができるか。
　　空気なしで人はどれほど生きられるか。

　これらは、すべて現実世界に関するとても基本的な質問であるが、Cyc にとっては有意味に尋ねられたり答えられたりするものではなかった。この経験に鑑みてプラットは、Cyc に対して慎重になった。彼は言う。Cyc は、汎用知能という目標に向かっていくらかの前進にはなったであろうが、どれほ

ど前進したかがわからない。なぜなら Cyc の知識は、密なところと疎なところが顕著で、かなり偏っているからだ。それが問題だ。

　汎用人工知能への道程に関して、Cyc から何を学べるであろうか。過大な期待があったことを無視すれば、Cyc は、大規模知識工学の洗練された実験として技術史上に屹立する存在であろう。汎用 AI の実現には至らなかったが、大規模知識ベースシステムの開発と構成について、後世が学ぶことは多い。厳密にいえば、汎用 AI が本質的に知識の問題に還元できて適切な知識ベースシステムによって解決できるという Cyc の仮定は、正しいとも誤っているとも証明されていない。Cyc が汎用 AI を実現できなかったからといって、仮定が偽であるとはいえない。単にレナートが採用したアプローチがうまくいかなかったというだけのことである。汎用 AI に対する知識ベースの方法も、異なるアプローチを採用すれば成功するかもしれないのだ。

　考えようによっては、Cyc は時代を先取りし過ぎていたのかもしれない。Cyc プロジェクトの開始から 30 年後グーグルは、検索機能を補強するものとして大規模知識ベースである知識グラフを発表した。知識グラフは、グーグルが発見する検索結果で利用される、現実世界についての事実（場所、人々、映画、書籍、イベント）の巨大な配列をもつ。グーグルに問合せを入力するとき、問合せには現実世界のオブジェクトを参照する名前や用語を含む。たとえばグーグルに「Madonna」と問い合せを行ったとしよう。単純なウェブサーチであれば、「Madonna」という単語を含むウェブページを応答するだけであろう。しかしサーチエンジンが、「Madonna」という文字列が有名な歌手（本名はマドンナ・ルイーズ・チッコーネ）ということを理解しているのであれば、もっと有益な情報を返してくれる。そしてグーグルで「Madonna」を検索すると、それに対する応答には、この歌手についての多量の情報が含まれている。すなわち人々が通常期待する事柄すべて（誕生日と誕生地、子ども、最も人気のある曲等）に答えてくれるわけだ。Cyc とグーグルの知識グラフとの最も重要な相違点は、知識グラフ中の知識は手作業で入力されたのではなく、ウィキペディアのようなウェブページから自動的に抽出されたものだというところにある。2017 年には、システムは 5 億個の項目について 700 億の事実を含んでいるといわれている。もちろん知識グラフは、汎用

知能をめざしているわけではない。また知識グラフが、実際の推論をどの程度含んでいるかも明らかではない。そして推論こそ、知識ベースシステムが世界をどのように見ているかの中心なのだ。それでも知識グラフは、Cyc のDNA を受け継いでいると言ってよい。

Cyc プロジェクトがどれだけすぐれたところがあったとしても、AI の歴史において Cyc の役割は、悲しいことに AI の誇大広告の極端な例でしかない。あまりにも大きな期待があっただけに、明白に失敗した姿を晒すことになってしまった。AI におけるレナートの役割は、コンピュータの世界における逸話として神話化されている。「マイクロレナート」というジョークがある。これは、あるものがどれだけインチキかを計測する科学単位となっているのだ。なぜマイクロレナートなのかというと、レナートよりインチキなものはないので、レナートと較べればすべてがマイクロスケールだと言いたいらしい。

3.7 瑕疵出現

理論的には美しい多くの AI 同様に、知識ベース AI も実用上制約が多いことがわかった。知識ベースのアプローチでは、人間にとってはばかばかしいほど単純なことでも推論に苦労することがあるのだ。**常識的な推論**について考えてみよう。古典的な例は、次のようなシナリオだ[13]。

> トゥイーティが鳥であると告げられたので、トゥイーティは飛べると考えた。
> のちにトゥイーティがペンギンであると告げられたので、以前の考えを改めた。

一見するとこの問題は、論理の中に容易に収まるように思える。すでに見

---

[13] R. Reiter. 'A Logic for Default Reasoning . Artificial Intelligence, 13, 1980, pp. 81-132.

た三段論法によく当てはまるように見える。AIシステムが「xが鳥であればxは飛ぶことができる」という知識をもっている限り、「xは鳥である」という情報を与えられたならば、「xは飛ぶことができる」と推論することができて当然だ。ここまではよい。困難は、トゥイーティがペンギンだと告げられたときに発生する。トゥイーティが飛ぶことができるとの結論を撤回しなければならない。しかし論理は、こういうことに慣れていない。論理では、情報を加えることによっていったん獲得した結論を削除することはできないのだ。しかしここで行わなければならないのは、まさにこの結論の削除である。情報の追加（トゥイーティがペンギンである）によって以前の結論（トゥイーティが飛べる）を撤回しなければならない。

　常識的な推論におけるもう1つの問題は、矛盾に出会ったときに生じる。文献による古典的な例は次のとおり[14]。

> 　クエーカー教徒は平和主義者である。
> 　共和党員は平和主義者ではない。
> 　ニクソンは共和党員であり、かつクエーカー教徒である。

　このシナリオを論理で表現しようとすると行き詰まる。なぜならニクソンは平和主義者であり、かつ平和主義者でないという結論に達してしまうからだ。矛盾である。このような矛盾に直面するとき、論理はまったく無力だ。論理ではどうにもならないので、意味のあることは何も言えなくなる。ところがこの種の矛盾は、日常生活では頻繁に訪れる。税金は、良きものとして語られると同時に悪しきものと罵られる。ワインは身体によいと言われるし、身体に悪いとも言われる。このようなことは、到るところで姿を現すのだ。問題は、われわれが論理を、それが意図した範囲外で使用しようとするところにある。論理は数学で使われるように意図されたものであり、数学で矛盾が出現したら、それは間違いを犯したことになるのだ。

---

[14] この例は、ニクソンダイヤモンドと呼ばれる。このシナリオの標準的な図式表現はダイヤモンドの形をしている。

　これらの問題は、笑い出したくなるほど単純だ。しかしこれらは、1980年代後半に知識ベースAIの分野で最も賢い人々が取り組んだ主要な研究課題であった。そして現在に至っても解決されていない。

　さらに成功するエキスパートシステムを構築し運用することは、当初考えられていたよりもむずかしいことがわかった。その困難は、**知識獲得問題**として知られるようになったものである。知識獲得とは、単純にいえば人間のエキスパートから知識を抽出してルールの形式にコード化することである。人間のエキスパートにとって、各自がもつ専門知識を明瞭に表現するのは容易ではない。得意だからといって実際どのように行っているかを上手に伝えられるとは限らないのだ。さらに人間のエキスパートは、彼らの専門性を共有するのに熱心とは限らない。結局のところ勤めている企業が、専門家の代わりとなるプログラムを手に入れたとしたら、その専門家を従業員として雇用し続ける必要はなくなってしまう。AIが人間に取って替わることへの懸念は新しいものではない。

　1980年代の終わりまでに、エキスパートシステムのブームは去った。知識ベースシステムの技術が失敗したとはいえない。なぜならこの間に多くのエキスパートシステムが成功裡に構築されたからである。ブームが去ってからもエキスパートシステムは、構築され続けている。それでも今回もAI研究が実際に生み出したものは、誇大広告を達成するものではなかった。

Chapter**4**
ロボットと合理性

合理的でない人は、その行動によって滅ぶ。
行動しない人は、その理由によって滅ぶ。

W.H・オーデン

　哲学者トーマス・クーンは、1962年に出版した著書『科学革命の構造』において、「科学的な理解が進むにつれて、確立されていた科学的権威の誤りが明らかになる。そうするとその権威を維持できなくなるときがくる」と述べた。そのような思想的危機に際して新しい権威が出現して、旧弊な秩序に置き換わるという。科学上のパラダイムの変革である。1980年代後半にエキスパートシステムのブームが終了すると、再度AIの危機が訪れた。誇大広告的なアイデアや過剰な約束に対してあまりに小さな成果しか生み出さないと、以前と同じようにAI研究者たちは批判にさらされたのだ。今回批判されたのは、エキスパートシステムブームを牽引していた「知は力なり」ドクトリンだけでなく、1950年代からAIを支えていた基本的な仮定であった。ここでいうAIとは、とりわけシンボリックAI（記号処理AI）である。ところで1980年代後半のAIに対する鋭い批判は、外部からではなくAI研究者内から発せられた。

　当時支配的であったAIパラダイムに対する最も活発な批判者は、オーストラリア生まれのロボット工学者ロドニー・ブルックスである。1954年生ま

れのブルックスは、AI 批判者としては異色である。彼は、AI 研究の中心地であるスタンフォード大学、マサチューセッツ工科大学、そしてカーネギー・メロン大学で学び研究していたのだ。ブルックスの興味の主軸は、現実世界で有用な作業を実行できるロボットの構築であった。彼は 1980 年代のはじめから、当時支配的であった考えに不満をもっていた。当時支配的であったのは、ロボット構築の鍵が、推論と意志決定の基礎となる現実世界の知識をロボットが使用できる形式にコード化するというものだった。1980 年代半ばに MIT で教授職に就くと、この最も基礎的なレベルで AI を考え直すキャンペーンを開始した。

4.1 ブルックスの革命

　ブルックスの議論を理解するためには、ブロックの世界に立ち戻るとよい。ブロックの世界は、多くの異なるオブジェクトが積まれたテーブルという領域をシミュレートするものである。そこでロボットがやるべきことは、特定の方法でオブジェクトを並べ替えることである。一見するとブロックの世界は、AI 技術を検証するのに完全に合理的なものに思える。倉庫の環境に似ているし、あえて言うならば、何年にもわたる研究助成金が授与されていたのは、まさにこの点であった。しかしブルックスと彼の仲間は、ブロックの世界はニセモノだという。その理由は単純で、ブロックの世界はあくまでシミュレーションであり、シミュレーションは現実の世界でブロックを並べ替えるときに生じる困難をすべて見えなくしてしまうというものであった。ブロックの世界の問題を解くシステムは、たとえそれがどれほど賢そうに見えたとしても倉庫では役に立たない。なぜなら現実世界での真の困難は、認識の問題であり、その点がブロックの世界では完全に無視されているというのだ。ブロックの世界は記号から構成されているわけだが、1970 年代と 1980 年代の AI の正統派の記号処理の考え方は間違っているし、知的に破綻しているというのがブルックスの主張である。もっともそうだからといってブロックの世界についての研究が止まったわけではないし、今日にいたるまで定期

的にブロックの世界に沿った研究論文は発表されている。告白すれば著者自身も、ブロックの世界を使った論文を書いたことがある。

ブルックスは 3 つの主要な原則を掲げて出発した。第 1 に、AI における有意味な進歩は、システムが現実世界に置かれた状況でだけ達成される、つまりシステムは、直接環境中に置かれて、環境を認識し、環境に働きかけるものでなくてはならないというものである。第 2 にブルックスは、知識ベースの AI 一般、とりわけ論理ベースの AI でさかんに使われたような明示的な知識や推論がなくても知的な振舞いを生成できなければならないと主張する。最後にブルックスは、知的であることは、主体と環境との相互作用の中から**出現する性質**であると主張する。

ブルックスは、1991 に発表した論文中の風刺寓話として、次のように述べている[1]。

> 今が 1890 年代であったとしよう。人工的な飛行（Artificial Flight, AF）は科学技術とベンチャーキャピタルにとって魅力的な分野である。AF 研究者の一団を、タイムマシンに乗せて数時間 1980 年代に連れて来たとする。そして 1980 年代に留まっている間飛行中のボーイング 747 の客室で過ごしたとする。1890 年代に戻ると、大規模な AF が可能であること知った彼らは、今まさに見たままを再現しようとするであろう。研究者は、これらの等間隔に固定された座席や二重窓の設計に大きな進歩をもたらした不思議な「プラスチック」の謎さえ解ければ飛行機という聖杯を手に入れられると考える。

ここでのポイントは、人間の知能について考えるとき、推論や問題解決、チェスゲームといった、目立って身近な側面に焦点を合わせやすいということである。知的な活動には目がいきやすいのだ。それらは学界の人々には価値があるし、得意にしたい領域である。AI 研究の目標がそのような活動に傾倒していたという事実は、つまりおそらく偏見の結果なのだ。推論と問題解

---

[1] R. A. Brooks. 'Intelligence Without Representation'. Artificial Intelligence, 47, 1991, pp. 139-59.

決は知的振舞いで役割をもつであろうが、ブルックスに言わせれば、AI を構築する際の出発点としてはふさわしくない[2]。

　ブルックスの寓話に戻ると、AI 研究の初期から基本とされてきた「分割統治」の仮定も問題だと指摘する。分割統治のアイデアとは、知的な振舞いを構成する複数のコンポーネント（推論、学習、認知）に分解することで AI 研究を進展させることができるというもので、それらのコンポーネントがどのように協働するかについては考えないというものである。彼は、次のように言う。

　　[人工飛行の研究者たちは、] 1 つのまとまりとして遂行するにはプロジェクトが大きすぎると考えて、異なる領域の専門家になる必要があると合意する。他の乗客に聞きまくった結果ボーイング社は、1 機の 747 を製作するのに 6000 人もの従業員を雇用していることを発見する。[…] 誰もが忙しく働いているが、グループ内にそれほど多くのコミュニケーションがあるようには見えない。

　最後にブルックスは、「重み」の問題を無視していると指摘する。彼の寓話は、次のように続く。

　　乗客の座席を作る人は、最上級の鋼材を使用する。おそらく重さを軽減するために、管状の鋼材のほうがいいのではないかという控えめな意見も出るかもしれないが、このような巨大で重い航空機が飛ぶのであれば、明らかに重さは問題ではないというのが一般的な合意であった。

　ここでブルックスが仄めかしている「重み」とは計算量のことである。とりわけ彼は、すべての意思決定プロセスを論理推論に還元できるというアイデアは、途轍もない量の計算時間とメモリーを必要とすると指摘する。

　この寓話にブルックスが選んだ表題は「表現なき知能」であった。1980 年

---

[2] 興味深いことに、高度な人間の知能は大脳新皮質と呼ばれる部分で扱われる。人類の進化の記録によれば、脳のこの部分は比較的最近になって進化したという。推論や問題解決は、人間にとっても新規な能力なのだ。われわれの祖先は、進化の歴史のほとんどをこれらの能力なしに歩んできたわけだ。

代半ばエキスパートシステムブームの最中に AI 専攻の学部生であった著者は、知識表現と推論こそが AI の中心であると教えられていた。ブルックスの論文は、AI のすべてを否定するもののように思えた。まったく異端のように感じたことを覚えている。1991 年にオーストラリアの AI 国際会議から帰ってきたクラスメイトは、そこで交わされたスタンフォード大学（マッカーシーの牙城）の大学院生と MIT（ブルックスの牙城）の大学院生の間の激論について、興奮した口調で語ったものであった。一方には伝統的な AI、つまり論理、知識表現、推論の立場の一群がいて、他方には AI の新しい潮流に乗って伝統破壊を叫ぶ一群がいた。後者は伝統に背を向けるだけでなく、大声で嘲笑していたという。

　ブルックスが新潮流の先頭に立っていたことは確かにしても、決して孤立していたわけではない。多くの研究者が、類似の結論に達していた。意見に細部の相違はあったものの、異なるアプローチの中に多くの共通項はあったのだ。

　最も重要なアイデアは、知識と推論を AI の中心的役割から脇役に追いやることであった。マッカーシーの AI システムのビジョンは、(P. 87 の図 3.4 のように) 環境に関する記号処理的な論理モデルが中心にあって、その周りを知的活動が取り囲んでいるというものであった。新しい考え方の研究は、それを拒絶するという点では共通していた。その中でも穏健派は、推論と知識表現は主役ではなくなったものの果たすべき役割はあると主張した。しかし急進派は、マッカーシーのビジョンを完全に否定したのであった。

　この点は、もうすこし詳しく見ておいたほうがよいかもしれない。マッカーシーの論理的な AI の視点は、AI システムが環境を認識し、何をするかについて推論し、そして行動するという一連の行為のループに従っていると仮定している。しかしこのように動作するシステムでは、システムが環境から分離されてしまう。

　読者は本書を閉じて、ちょっとまわりを見まわしてほしい。読者は、空港のラウンジやコーヒーショップ、列車の車中、自宅、あるいは川の畔で日光浴をしながら本書を読んでいたかもしれない。読者がまわりを見まわすとき、読者は環境から断絶しているわけではない。そして環境は変化している。読

者は変化し続ける環境の一瞬ごとに存在しているのだ。読者の認識と行為は、環境の中に埋め込まれていて、環境に調和するように調整される。もちろん時どきは意識を環境から切り離して考え込むことはあるかもしれないが、それは例外でいつものことではない。

　問題は、知識ベースのアプローチがこのようなことを反映していないということである。マッカーシーの論理 AI のモデルに基づいたロボットを設計したとする。ロボットは、認識 − 推論 − 行動の無限ループに従って、センサーから受け取るデータを処理し、解釈して、この知覚情報を使って信念を更新し、どのように行動するかについて推論する。その上で選択する行動を実行してから意思決定のループを繰返すのだ。設計したロボットが何をするように意図されているにせよ、最良の行動を選んで実行する（はずである）。ここでロボットが時間軸に沿って稼働する様子を考えてみよう。図 4.1 を見てほしい。時刻 t_0 から t_1 にかけて、ロボットは環境を読み取る。そして時刻 t_1 から t_2 にかけて、センサーデータを処理してロボットの信念を更新する。t_2 から t_3 でロボットは実行すべき行動を推論した上で、最後に時刻 t_3 で、決定した行動を開始するのだ。

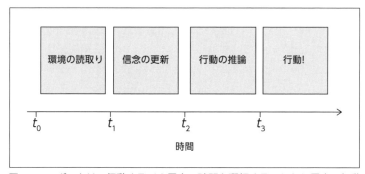

図 4.1　ロボットは、行動するべき最良の時間を選択する。しかし最良の行動を取るのはいつだろうか。環境を読み取ったときだろうか、最終的にどの行動を取るか結論が出たときであろうか。

　ここでの主張は、ロボットが行動について常に最良の決定を下すというものである。しかしその最良というのは時刻 t_1 におけるものなのか、t_3 なのか

が問題である。ロボットがその環境について獲得した情報は、t_1 より後のものではない。しかしロボットがその情報に基づいて行動し始めるのは、時刻 t_3 である。このアプローチは、実用上非現実的なのだ。しかし驚くべきことに 1980 年代の後半に至るまで、このアプローチがほとんどすべての AI 研究で暗黙の了解とされていた。AI は、（世界は何をするか決める間に変化しないと仮定して）**実用的**に最良の決定ではなく、**原理的**に最良の決定を下すことのできるマシンの構築に焦点をあててきたのだ[3]。

これらの理由により、システムが発見する周囲の**状況**とそれが取る**行動**との間に密接な関連があるはずだという考えが、もう 1 つの重要なテーマとなった。

4.2 行動主義 AI

ブルックスが AI への単なる批判者に過ぎなければ、彼のアイデアが注目を集めることもなかったであろう。実際 1980 年代半ばまで AI 研究者たちは批判を無視して研究を続けていたので、そのような批判には慣れていた。ブルックスの批判がドレフェスのそれと異なったのは、その後何十年と続く代替案としてのパラダイムを明瞭に表現し、説得し、そして印象的なシステムとして実証したところにある。

AI の新しいパラダイムは、**行動主義 AI** として知られるようになった。なぜならこれから見るように、知的システムの全般的行動に寄与する特定の個別行動の役割を強調するからである。ブルックスが採用したアプローチは一風変わったものだった。それは**サブサンプションアーキテクチャ**と呼ばれるもので、この時期に提案されたアプローチの中で最も長く影響を与えている。それではサブサンプションアーキテクチャを使って、どのように凡庸でも有用なロボットアプリケーションが構築できるかを見ていこう。そのアプリケー

---

[3] S. Russell and D. Subramanian. 'Provably Bounded-Optimal Agents'. Journal of Artificial Intelligence Research, 2, 1995.

ションとは「お掃除ロボット」である（ブルックスは、有名なロボット掃除機ルンバを製造する iRobot[4] の創業者であり、その設計は彼の研究に基づいている）。ロボットは、障害物を避けつつ建物内を巡って、ごみを見つけたらそれを吸い取る。バッテリ容量が低下するかゴミ袋が満杯になったらドッキングステーションへ戻りシャットダウンする。

　サブサンプションアーキテクチャの基本方法論では、ロボットに必要な個々の動作コンポーネントを識別する。その上でそれらの振舞いの 1 つを実装するロボットから始めて、動作を 1 つずつ追加していく。克服しなければならない問題は、これらの振舞いがどのように相互作用しているかを考えて、ロボットが適切なときに適切な振舞いを見せるようにコンポーネントを組み合わせて構成することである。そのためには、ロボットを使って広範な実験を行って、動作が適切に構成されていることを確認しなければならない。

　掃除ロボットには、次の 6 つの動作が必要である。

障害物回避　障害物を検知したら、ランダムに進行方向を変更する

シャットダウン　ドッキングステーションにいて、バッテリの残量が少なければ、シャットダウンする

ゴミを空ける　ドッキングステーションにいて、コンテナにゴミがあれば、コンテナを空ける

ドックへ行く　バッテリの残量が少なくなるか、ゴミのコンテナが満杯であれば、ドッキングステーションに向かう

掃除する　現在位置にゴミがあれば、掃除機のスイッチを入れてゴミを吸収する

ランダム歩行　ランダムに進行方向を選択して、その方向に進む

　次に克服しなければならない課題は、これらの動作をどのように組み合わせるかである。そのためにブルックスは、彼が**サブサンプション階層**と呼ぶものの使用を提唱した。図 4.2 を見てほしい。サブサンプション階層は、動作の優先順位を決定する。階層構造の下のほうにある動作が上方のものより

---

[4] https://www.irobot.co.uk

も高い優先度をもつ。つまり障害物の回避動作は、最も高い優先度をもつ。ロボットは障害物に出会ったならば、何はさておき必ず回避行動を取らなければならない。これらの動作がどのように図 4.2 のサブサンプション階層の中に組み込まれていて、どのように問題を解決するかは容易に理解できる。はじめにロボットはゴミを探索する。ゴミを見つけたならば吸引する。この行動を電力が低下したりゴミのコンテナが満杯になったりしない限り続ける。バッテリの残量が少なくなるなりゴミのコンテナが満杯になったならば、ドッキングステーションに戻る。

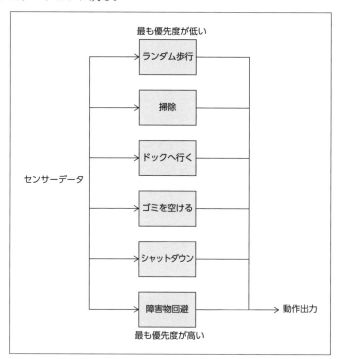

図 4.2　掃除ロボットのための単純なサブサンプション階層。

　掃除ロボットの動作は、ルールベースのように見えるけれどもより単純である。これらの動作をロボットに実装するには、論理推論のようなものは必

要ない。実際これらの動作は、単純な電気回路で直接実装できる。その結果
ロボットは、センサーデータの変化にすばやく対応できる。環境に即座に合
わせられるのだ。

　その後もブルックスは、サブサンプションアーキテクチャを基本的な開発
フレームワークに据えた一連のロボットの構築を、次から次へと続けた。そ
れらは、影響力を備えていた。たとえばゲンギスロボットは、57 個の動作か
ら構成されるサブサンプションアーキテクチャにより、6 本の脚を制御する移
動ロボットである。ゲンギスロボットは、スミソニアン航空宇宙博物館に展
示されている[5]。知識ベースの AI 技法を用いてゲンギスを構築するのは、と
んでもなく困難であったというよりも不可能であろう。ブルックスの一連の
ロボット開発によって、何十年も脇に追いやられていたロボット工学は、AI
の本流へと戻ることができた。

4.3 エージェントベースの AI

　1990 年代のはじめ、著者は行動主義 AI 革命の立役者の 1 人に会った。著
者にとって彼はヒーローだった。当時著者は、その人が激しく批判している
AI 技術、つまり知識表現や推論、そして問題解決と計画立案について、ほん
とうのところどのように思っているのか知りたかったのだ。ほんとうに AI
に未来はないと考えているのだろうかと尋ねてみた。「そんなことあるわけ
ないじゃないか」というのが、彼の答えであった。「けれども現状維持に加担
して有名になりたくないんだ。」がっかりしたのを覚えている。今から考える
と、単に世間知らずの若い大学院生に恰好を付けていただけだったのかもし
れない。しかしこの教授が自分の研究に信念をもって取り組んでいたかどう
かはわからないが、他の人々は確かにそうであった。そして行動主義 AI は、

---

[5] R. A. Brooks. 'A Robot That Walks: Emergent Behaviors from a Carefully
Evolved Network'. Proceedings of the 1989 Conference on Robotics and Automa-
tion. Scottsdale, Arizona, May 1989.

前例と同じくドグマの泥濘に嵌まり込んだ。たしかに行動主義 AI は、AI が
その基礎としている仮定について重要な疑問を投げかけたのであった。しか
しそうこうしている間に、行動主義 AI 自身にも厳しい制約があることが明
らかになった。

　問題は、サブサンプションアーキテクチャには拡張性がないということで
あった。アパートメントを掃除するロボットの構築に関していえば、行動主
義 AI は十分要求を満たすものである。掃除ロボットは推論する必要はない
し、英語で会話する必要も、複雑な問題を解決する必要もない。これらのこ
とをする必要がないので、サブサンプションアーキテクチャ（あるいは類似
のもの。当時似たようなアプローチが多くあった）を使って自動掃除ロボッ
トを構築することができる。サブサンプションアーキテクチャは、きわめて
効率的な解を与えるものであった。行動主義 AI は特定の問題、とりわけロ
ボットの構築には有効であったものの、決して AI の銀の弾丸ではなかった[6]。
ある程度以上の振舞いをもつシステムを設計するのは困難であった。なぜな
ら振舞いと振舞いがどのように相互作用するかを理解するのがひどくむずか
しくなってくるからである。行動主義的アプローチを採用してシステムを構
築するのは黒魔術といってよい。そのようなシステムが正しく動作するかど
うかを確かめる唯一の方法は、実際にシステムを構築して試してみるしかな
い。つまり時間も費用もとてもかかるし、どのような結果が得られるかも予
想できない。その上行動主義のアプローチで開発された解決策は、その問題
にはきわめて効率的ではあっても、その問題に特化され過ぎていてしまうと
いう傾向があった。1 つの問題を解決することで得た知見を、他の問題に適
用することが困難なのだ。

　知的な振舞いを構築するのに知識表現や推論が適切な基礎とならないと指
摘した点でブルックスは正しかったし、彼のロボットは、純粋に行動主義ア

---

[6] 訳注：銀には殺菌作用があるため、通常の弾丸では通用しない狼男なども、銀の弾丸なら射殺
できると考えられていた。転じて最終的解決手段への比喩表現として用いられる。とりわけフレデ
リック・ブルックスが、IBM360 の開発経験を語った『人月の神話』の中で「万能な解決策」は存
在しないという意味で「銀の弾などない」と述べてからソフトウェア工学では頻繁に使用されるよ
うになった。

プローチで何かを達成できることを示した。しかし推論や知識表現を完全否定する態度は行き過ぎであった。（厳密に数理論理学に則るかどうかは別として）推論が必要となる状況は確かに存在するわけで、その否定は、論理推論に基づいてロボット掃除機を構築するのと同じくらい合理性に欠けるのだ。

　新しい AI の支持者が強硬な意見を述べる、つまり論理的表現や推論はすべて排除するべきだと主張する研究者がいる中で、もっと柔軟な研究方法を探ろうとする研究者もいた。そのような人々が今日に至るまで AI 研究の主流であるといえる。これら中庸をよしとする人々は、行動主義 AI から学んだことを受容する一方で、正しい解法は行動主義と推論アプローチの組合せであると主張した。AI の新しい潮流が芽生えた。それは、ブルックスの成果を理解しつつ、同時に AI の推論や知識表現といった伝統に培われた成功も取り込もうというものであった。

　再び AI 研究の焦点は変化した。エキスパートシステムや論理推論といった概念的な AI システムから、**エージェント**の構築へと移り変わることとなった。エージェントとは、論理推論のように孤立した実体のない機能とは異なり、特定の環境の中でユーザーのために何らかの仕事を遂行する独立した存在という意味で「完全な」AI システムである。知能のコンポーネントでなく完全な知的エージェントの構築に焦点をあてることによって、AI は知的振舞いの構成要素（推論や学習等）を個別に取り出した上で 1 つずつ別個に開発するというブルックスをいら立たせた誤謬を回避できると考えられた。

　エージェントベースの AI という考え方は、行動主義 AI に直接影響を受けているが、表現はずっと穏やかだ。エージェントベースの AI は、1990 年代初期に登場し始めた。「エージェント」という言葉を一部の人々が使用し始めて、それが何を表すかについて合意し、研究者仲間に受け入れられるまでにすこし時間がかかった。しかし 1990 年代半ばになると、エージェントには 3 つの重要な機能が必要であるという合意が得られた。第 1 に、エージェントはリアクティブ（反応的）でなければならない。エージェントは、環境に順応して環境が変化するのであれば、それに反応して振舞いを適切に改変できなければならない。第 2 に、エージェントはプロアクティブ（積極的）でなければならない。つまりユーザーが与えた仕事をユーザーに代わって遂行し

達成するために自律的かつ体系的に作業を進めることができなければならない。最後に、エージェントはソーシャルでなければならない。つまり必要に応じて他のエージェントと協働できなければならない。黄金時代の AI は、プロアクティブな振舞いを強調し過ぎた。つまり計画立案や問題解決に重点を置き過ぎたのだ。それに対して行動主義 AI は、リアクティブであることの重要性を強調し過ぎたといえる。つまり環境への順応に重点を置き過ぎたのだ。エージェントベースの AI は、両者とも必要であるという。さらに単なる混合ではなく新機軸も盛り込んだ。それは、エージェントが他のエージェントと協働しなければならないというアイデアである。そのためにエージェントは、ソーシャルスキルももたなければならない。つまり単にコミュニケーションがとれるというだけにとどまらず、作業を推進するために他のエージェントと協力し、調整し、そして交渉できなければならないのだ。

このエージェントはソーシャルでなければならないという最後の機能によって、エージェントベース AI のパラダイムは、それまでのものと一線を画すものとなった。振り返って考えれば、複数の AI システムがどのように互いに連携するか、そしてそうすることにどのような課題があるかについて真剣な検討が加えられなかったのは奇妙なことである。チューリングテストではある種の社会性が強調されていたのに、それは英語のような自然言語で人が日常会話レベルで対話することに限定されていた。エージェントベースの AI では、人間とのコミュニケーションは主な関心事ではなく、エージェントが他のエージェントと協働するためのコミュニケーションというアイデアが主たる関心事である。

図 4.3 に、典型的なエージェントの設計を示す。このエージェントアーキテクチャは**ツーリングマシン**（TouringMachine）とよばれるもので[7]、エージェントの全体制御は 3 つのサブシステムに分割されている。リアクティブ

---

[7] I. A. Ferguson. 'TouringMachines: Autonomous Agents with Attitudes'. IEEE Computer, 25(5), pp. 51-5, 1992. 「ツーリングマシン」という名称が「チューリングマシン」の駄洒落であることは明白だ。ツーリングマシンの開発者アイネス・ファーガソンと著者は四半世紀来の友人であるが、このギャグについて彼をほんとうに許したかどうか自信がない。30 年後も批判を受けると知っていたら、ジョークをおもしろいと思わなかったのではないかと思う。

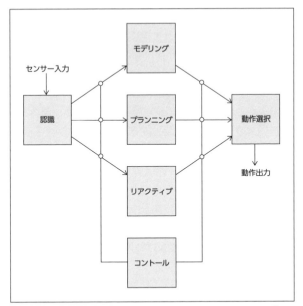

図 4.3　典型的なエージェントのアーキテクチャ：ツーリングマシン。

サブシステムは、ブルックスのサブサンプションアーキテクチャのように動
作する。このサブシステムは、障害物回避のような緊急の反応が必要な状況
に対処する。プランニングサブシステムは、どのようにしてエージェントの
目標を達成するかを考案する。そしてモデリング層は、他のエージェントと
の相互作用を取り扱う。3 つの制御層は、コントロールサブシステムによっ
て調整される。コントロールサブシステムは、各層から上がってくる提案を
聞き取って、どの提案を採用するかを決定するのだ。これは、多くの場合単
純な意思決定となる。たとえばリアクティブ層が STOP と言えば、そのとお
りにするのが道理であろう。1990 年代初期には、類似のエージェントアーキ
テクチャが多数開発された。

4.4 HOMER：完全なエージェント

　この時期のエージェントで、著者のお気に入りはHOMERである。HOMER
は2次元の「海の世界」に存在するロボット潜水艦のシミュレーションであ
る[8]。HOMERは、海中で遂行すべき作業を与えられる。典型的な作業は、
荷物を集めたり荷物をある場所から他の場所へ移動したりするといったこと
である。HOMERは、明らかにSHRDLUの系譜に連なるもので、重要な制
約もSHRDLUと共有していた。つまりHOMERもシミュレーションなの
だ。しかしずっと洗練されたものになっていた。

　HOMERは、およそ800語という制限のある英語のサブセットを使って
ユーザーから指示を受ける。HOMERは、ユーザーからの指令をどのように
達成すればよいか計画を立案した上で実行するが、状況に応じて環境に適応
する。HOMERの機能を実感するために、HOMERとの対話を見てみよう。
最初のものは、HOMERが見つけた浮遊木材に関するものである（HOMER
の応答はカタカナで表示した。著者のコメントは括弧書きで示した）。

目前に何があるか。

丸太。

それは、あなたのものか。

NO、私ノモノデハナイ。

その丸太はあなたのものだ。

オォ。（それまでHOMERが知らなかったことを、はじめて聞いたときの
反応。）

[…]

丸太を回避せよ。

OK、回避シマス。

（ユーザーが丸太を移動する。）

---

[8] S. Vere and T. Bickmore. 'A Basic Agent'. Computational Intelligence, 6,
1990, pp. 4-60.

方向転換せよ。

OK、方向転換シマス。

丸太ヲ見失イマシタ。

　この対話は単純だけれども、重要な常識的推論を示している。HOMER は丸太を覚えていて、方向転換したらそれが見えると期待していたのだが、実際には丸太が消滅したのを見て驚いている。

　次のシナリオは、HOMER が、桟橋が空くのを待っているところから始まる。桟橋には荷物があって、HOMER の仕事は荷物を集めてバルジに届けることである。

荷物をバルジに土曜日の午後 9 時に届けてほしい。

OK。

（HOMER は計画を立案する。）

HOMER は次の土曜日に桟橋に行くか。

YES。

なぜ桟橋に行くのか。

荷物ヲ受ケ取リニ桟橋ニに行キマス。

何時に受け取ろうとしているか。

午後 8 時 56 分。

次の日曜日に荷物はどこにあるか。

ばるじニ。

荷物は 2 週間後に桟橋にあるか。

NO。

　ここで HOMER は、時間についての常識理解を示しているだけでなく、自分の行動が環境にどのような影響を与えるかまでの理解を示している。つまりバルジに荷物を届けた後、桟橋に荷物はないことを理解している。さらに HOMER は、立案した計画の実行に時間を要することも理解している。つまりバルジに午後 9 時ときに到着するためには、桟橋を午後 8 時 56 分に出発

する必要があることも理解しているのだ。

4.5 AI アシスタント

　エージェントベースの AI はロボット工学から誕生した。しかしエージェントベース AI のパラダイムはソフトウェアの世界でも有用なアプリケーションになることに、多くの研究者が気がついた。エキスパートシステムのときと同じように、エージェントベースの AI が汎用 AI になり得るとの主張はまったくない。ソフトウェアエージェントのアイデアは、われわれの代わりに有用な作業をしてくれるというものである。ソフトウェアエージェントは、デスクトップコンピュータやインターネットといったソフトウェア環境で動作する。どういうことかというと、AI で強化されたソフトウェアエージェントは、電子メールの処理やネットサーフィンのような日常生活の定型作業の補助をしてくれるのだ。

　ソフトウェアエージェントのアイデアが、どのように生まれたかを理解するためには、われわれがコンピュータと対話する行動について知る必要がある。そしてそれがどのような変遷を経てきたかも知る必要がある。

　アラン・チューリングのような超初期のコンピュータユーザーは、そのコンピュータの設計と構築にかかわった科学者やエンジニアであることが多かった。したがってコンピュータのインタフェースは原始的であった。1940 年代後半にチューリングがマンチェスター大学に赴任して使用したマンチェスターベイビーコンピュータでは、コンピュータメモリーのビット 1 つ 1 つをスイッチを操作して「1」や「0」にセットしなければならなかった。ユーザーからはすべてが見えていた。プログラムを作成する際にも、ユーザーは、マシンがどのように動作するかを理解しなければならなかった。そのようにプログラムを作成する技術を身に着けられたのはごく少数であったし、せっかく身に着けたマンチェスターベイビーの技術もケンブリッジ大学のコンピュータでは何の役にも立たないのであった。なぜなら両者は、まったく異なるマシンだからだ。

　1950年代も後期になると、状況は変化してきた。この時期の際立った技術革新は、高レベルプログラミング言語の開発である。言語が高レベルであるというのは、プログラマからマシンの低レベルの詳細を隠蔽しているので、プログラマはプログラミングに際して、特定のコンピュータの細かい動作まで理解しなくてよいという意味である。そのような高レベル言語は、「マシン独立」といわれた。たとえばあるコンピュータ用にCOBOLで記述されたプログラムは、他のコンピュータでも（多少手直しすれば）そのまま実行できた。プログラミングの技術は、移転可能になったのだ。この技術革新は、コンピュータの利用可能性を劇的に向上させ、コンピュータとのやり取りを「コンピュータ指向」から「人間指向」へと移行させる端緒となった。

　コンピュータプログラミングを人にやさしくする傾向は、その後60年間続いた。その間に人間とコンピュータがやり取りする様式も、マシン指向から人間指向へと着実に進化した。1980年代に、この分野における技術的跳躍が起きた。1984年のアップルコンピュータによるマッキントッシュコンピュータ（Mac）の発表だ。 Macは、特別の訓練なしでコンピュータを使用できることを前面に打ち出した最初の一般消費者向けコンピュータである。その主なセールスポイントは、ユーザーインタフェースにある。Macは、デスクトップメタファに基づいたグラフィカルユーザーインタフェースを備えていた。つまりMacのユーザーインタフェースは、ドキュメントやフォルダを表すグラフィカルなアイコンで溢れていたのだ。これらのアイコンは、スクリーン上のポインタを制御するマウスで操作することができた。読者は、コンピュータインタフェースに「デスクトップ」という用語が使われるのを耳にしたことがあると思うが、なぜなのか疑問に思ったことはないだろうか。つまり読者のコンピュータスクリーンは、実際の机に類似しているべきで、デスクトップ上のドキュメントは、実際に机の上にある文書に類似しているべきで、そしてフォルダは文書を収容する実際の紙ばさみに類似しているべきだという思想である。この比喩は、まだまだ続く。たとえばゴミ箱は、削除したドキュメントをドラッグするアイコンである（最近の比喩はやり過ぎだと思うのだが、多くの若者は、ほとんど気づいていないようだ）。

　1984年にMacが切り拓いた型のデスクトップベースのグラフィカルユー

ザーインタフェースは、今日でも標準になっている[9]。実際ハードウェアが急速に進歩したにもかかわらず、その間基本的なアイデアにほとんど変化が見られない。これは驚くべきことだ。1984 年の Mac ユーザーは、今日の Mac やマイクロソフト Windows のインタフェースを使いこなすのに何も不自由も感じないであろう。

これらのユーザーインタフェースで利用者は、日ごろから慣れている概念（デスクトップ、ドキュメント、フォルダ、ゴミ箱）を使ってコンピュータと対話するようになった。そうすることでコンピュータとのやり取りのプロセスは自然になり、コンピュータが使いやすくなるというわけなのだ。

アップルの CEO ジョン・スカリーは、1980 年代後半に、Mac の成功に続いて人間とコンピュータのインタフェースにおける Mac の次の技術革新は何かについて熟考した。その結果辿り着いたアイデアが、**ナレッジナビゲータ**（知識航海士）だ。それは、創生期の新しい技術（たとえば 2、3 年後に出現するワールドワイドウェブ（World Wide Web, WWW））を予想したものであった。 ナレッジナビゲータの概念を広めるためにアップルは、コンセプトビデオを製作して同じ名前で 1987 年にリリースした。そのビデオは、製品開発のロードマップになるようなものではないが、ビジョンを示すものではあった。

ビデオの中に、ある大学教授が現代のタブレットコンピュータによく似たものを使っている映像がある。タブレットのユーザーインタフェースは、従来のデスクトップインタフェースに似ているが、1 つだけ重要な相違点があった。教授のタブレット操作は、ソフトウェアエージェントによって仲介されていたのだ。エージェントは、HOMER のように通常の英語で対話した。もっとも HOMER と異なりエージェントは、タブレットのディスプレイ上に描かれた人間のアニメーションで表されていた。エージェントは教授に、丁寧にその日のスケジュールを示し、講義に必要な資料を揃えたり、電話に応答

---

[9] 歴史的事実は、グラフィカルユーザーインタフェースとデスクトップメタファはアップルの発明ではなかった。発明したのはゼロックスパロアルト研究センターの研究者である。しかしその潜在力を認めて製品化したのはアップルである。

したりしたのだ。

　ビデオは奇抜なものであった（さらに多くの不適切なジョークも含んでいた）が、いくつかの理由で重要な歴史的役割を果たした。第1にこのビデオは、インターネットが職場環境の一部になることを示唆していた。ビデオが制作されたときは、まだインターネットは個人あるいは企業の利用には開放されていなかった。インターネットは、大学や政府機関（ほぼ軍）の利用に制限されていたのだ。さらにビデオは、タブレットコンピュータも予想していた。しかしAI研究者にとって最も重要な点は、エージェントを使ってコンピュータと対話するというアイデアを確立したことである。

　エージェントベースインタフェースは、人間とコンピュータの対話のまったく新しい形態を表している。マイクロソフトのWordやインターネットエクスプローラのようなアプリケーションを使用するとき、アプリケーションは受動的にユーザーからの命令に応答する。これらのアプリケーションは、決して制御を握ることはないし、自ら進んで何かを実行することもない。Wordが何かをするときは、ユーザーがメニューの項目を選んだときやボタンをクリックしたときだけである。Wordとの対話において、エージェントは1人しかいなくて、そのエージェントはユーザーである。

　エージェントベースのインタフェースは、それを変えた。もはやコンピュータは、ユーザーの指示を待つだけの受け身の存在ではない。人間のエージェントが調整機能を果たすように、エージェントは積極的な役割を果たす。エージェントは、ユーザーの補助者としてユーザーが望むところを成し遂げるために積極的に介入するのだ。

　ナレッジナビゲータのビデオの中のエージェントは、ビデオ会議の登場人物のように映し出されていて流暢な英語を話した。それらの機能は、当時のAI技術を越えているだけでなく、今日の技術でも不可能なものもある。しかしそのようなことは重要ではない。重要なのは、AIによってソフトウェアが、受動的な召使いから能動的な協力者に変化したことである。このアイデアは定着して、1990年代半ばまでにWWWの急速な発展に拍車を駆けられてソフトウェアエージェントへの関心も急速に高まった。

　広く読まれた論文で当時のツァイトガイスト（zeitgeist、時代精神）をよ

く表したものに、ベルギー生まれの MIT メディアラボの教授パティ・マースによる「仕事と情報過多を軽減するエージェント」[10] がある。論文には、パティの研究室で開発された多くのプロトタイプエージェントが登場する。たとえば電子メールを管理するエージェント、打合せのスケジュールを調整するエージェント、ニュースのフィルタリングや楽曲の推薦をしてくれるエージェントなどだ。たとえば電子メールアシスタントは、メールを受け取ったときのユーザーの振舞い（即座にメールを読む、ファイルする、即座に削除するなど）を観察して、機械学習のアルゴリズムを援用しながら、新しい電子メールが到着したときのユーザーの行動を予測する。エージェントは十分学習して予測に自信をもつと、積極的に介入して予測に従って電子メールの処理を始めるのだ。続く 10 年間で、数百の類似のエージェントが開発された。それらの多くは、インターネットの使用を前提にしたものだ。WWW の初期において探索ツールは揺籃期にあり、インターネット接続は今日のものに較べてはるかに遅かった。ウェブ上で行う日常的な作業は、とても時間がかかるものであり、エージェントはそのような煩わしい作業を自動化できるという期待を抱かせた[11]。1990 年代の終わりまでに WWW への関心は急激に高まった。ソフトウェアエージェントは、急速に成長するウェブに対応するのに最適な技術と思われた。多くのエージェント対応ベンチャー企業が立ち上がり、その一部はドットコムバブルとなった。

　ベンチャー企業設立の流行は、著者にも及んだ。1996 年の夏に同僚の 1 人が、ロンドンに本拠を置く野心的なベンチャー企業への参加を要請してきたのだ。彼らは大学の給与の 3 倍を申し出てくれた。0.5 秒ほど考えた後で、すぐに同意した。計画では、エージェントを使ってウェブ探索を強化して、WWW をライブラリにすることを目指していた。しかしわれわれの誰もビジネスをわかっていなかった。正直に告白すれば、商用ソフトウェアをどの

---

[10] P. Maes. 'Agents That Reduce Work and Information Overload'. Communications of the ACM, 37(7), 1994, pp. 30-40.

[11] O. Etzioni and D. Weld. 'A Softbot-based Interface to the Internet'. Communications of the ACM, 37(7), 1994, pp. 72-6.

ように構築するかも知らなかった。資本金が瞬く間に減っていく中、どうすれば投下資金を回収できるかの目途が立たないのは明らかだった。それは惨めな日々だった。こうして参画してから9カ月後に、著者はベンチャー企業から去ることになった。その8カ月後に、この企業は倒産した。

　著者の不名誉なベンチャー企業での経験は、その数年後に地球規模で繰り返されることの前兆だったといえよう。のちにドットコムバブルとして知られるようになった好況は、1995年から2000年まで続いた。野心的かつ金のかかるベンチャー企業の目論見が成功しないと見ると、多くの資金が引き上げられていった。2000年前半には、ドットコム市場は崩壊した。

　ソフトウェアエージェントは、ドットコム物語のごく一部であるが、最も目立つAIコンポーネントであった。しかしAI研究者が主張した夢は間違っていなかった。この場合は、単に早過ぎただけであった。20年後、Siriと呼ばれるアプリが、アップルのiPhone用に発表された。Siriは、SRIインターナショナルによって開発された。SRIインターナショナルは、30年前にSHAKEYを開発した研究所である。Siriは、1990年代から研究されていたソフトウェアエージェントの直系の子孫であり、AI研究者の間では、アップルのナレッジナビゲータビデオを想起した人が多かった。Siriは、ユーザーと自然言語で対話して、ユーザーの代わりに単純な作業を実行してくれるソフトウェアエージェントとして制作されている。他にも一般利用者向けのソフトウェアエージェントが続々と登場した。アマゾンのAlexa、グーグルのAssistant、そしてマイクロソフトのCortanaは、すべて同じビジョンを実現したものである。これらはすべて、エージェントベースAIの伝統を受け継ぐものである。1990年代に実用的なエージェントを構築できなかったのは、当時のハードウェアが、エージェントを円滑に実行するには非力だったからである。エージェントを実装するには、2020年代のモバイルデバイスでのコンピュータパワーが必要だったのだ。

4.6 合理的な行動

　エージェントパラダイムは、AIについてもう1つ別の考え方も提供した。すなわち、われわれの代理として効果的に行動できるエージェントの構築である。しかしこれは、さらに重要な問題を生じさせた。チューリングテストによって、AIの目標は、人間と区別できない振舞いを生み出すことだとの考えが確立した。しかしエージェントがわれわれの代理として行動してくれるのであれば、そしてわれわれにとって最善を尽くしてくれるのであれば、エージェントが人間と同じ選択をするかどうかは重要ではなくなる。われわれが求めるのは、すぐれた選択だ。でき得る限り最良の選択をしてほしいのだ。こうしてAIの目標は、人間と同じ選択をするエージェントの構築から、最適な選択をするエージェントの構築へと移っていった。

　AI研究における最適な意志決定を支える理論は、1940年代のジョン・フォン・ノイマンの研究にまで遡ることができる。第1章で、初期のコンピュータ設計で重要な役割を果たしたジョン・フォン・ノイマンである。同僚のオスカー・モーゲンスタインと協同で、合理的な意志決定の数学的理論を開発したのだ。この理論は、合理的な意志決定をする問題をどのように数学的に計算可能な問題へと還元できるかを示した[12]。エージェントベースAIのアイデアは、この理論を援用して、ユーザーのためにエージェントに最適な選択をさせるというものである。

　彼らの理論の出発点は、ユーザーの**選好**である。エージェントがユーザーの代理として行動するのであれば、エージェントはユーザーの希望についてわかっていなければならない。その上でエージェントには、ユーザーの好みに合わせつつ最良の結果をもたらす行動を取ってもらいたいわけだ。それでは、エージェントにどのように好みを伝えればよいだろうか。エージェントが、林檎、オレンジ、梨のいずれかを選ばなければならないとしよう。エージェントがユーザーにとって最良の選択をするためには、エージェントは、

---

[12] J. von Neumann and O. Morgenstern. Theory of Games and Economic Behavior. Princeton University Press, 1944.

ユーザーの好みを知らなければならない。たとえばユーザーの好みが、次のようだったとする。

梨よりオレンジを好む
林檎より梨を好む

この場合エージェントは、林檎とオレンジがあれば、オレンジを選ぶ。林檎を選ぶようであれば、ユーザーは失望する。これは、**選好関係**の単純な例である。選好関係は、選択肢のすべての対について結果の順位付けを行う。フォン・ノイマンとモーゲンスタインは、選好関係が無矛盾でなければならないとした。たとえばユーザーが、次のように選好を述べたとする。

梨よりオレンジを好む
林檎より梨を好む
オレンジより林檎を好む

この好みは奇妙だ。なぜならユーザーが梨よりオレンジを好み、林檎より梨を好むということは、林檎よりもオレンジを好むはずなのだが、それでは最後の文と矛盾する。つまりこの選好関係は矛盾していることになる。このような好みを与えられたエージェントは、正しい意思決定をすることはできない。

次のステップは、一貫した選好に**効用**と呼ばれる数値表現を与えることである。効用の基本的アイデアは、より好ましい結果の数値が大きくなるようにすべての可能な結果に数値を割り当てるというものである。たとえば先の例でいえば、オレンジの効用には 3、梨の効用には 2、そして林檎の効用には 1 を割り当てる。3 は 2 より大きく、2 は 1 よりも大きいので、これら効用は、最初の選好関係をよく捉えている。同様に、オレンジの効用に値 10、梨に値 9、林檎に値 0 を割り当ててもよい。この場合、値の絶対値には意味はない。重要なのは、効用の値から導かれる結果の順位だけである。一貫性を満たす効用値によって好みを表現することさえできればよいのだ。読者は、

上記の矛盾を含む選好関係を表すように、林檎、オレンジ、梨に数値を割り当てることができるかどうか試してみてほしい。

　好みを表すのに効用値を使用する目的は、最良の選択の問題を数学的に計算できるものへと還元することだけである。そうすることでエージェントは、効用が最大になるような行動を選択する。あるいは最も望ましい結果をもたらす行動を選択すると言ってもよい。このような問題は最適化問題と呼ばれて、数学の一分野として広範に研究されている。

　残念なことにほとんどの選択は、これよりもはるかに複雑である。なぜなら不確実性を伴うからだ。**不確実性下の選択**とは、複数の行動選択肢がある場面で、すべての結果が確率でしかわからない場面を取り扱うことをいう。

　不確実性下での選択を理解するために、エージェントが2つの選択肢の一方を選ばなければならない場面を考えよう[13]。シナリオは、次のとおり。

> オプション1：歪みのない硬貨を投げる。表が出たらエージェントは4ポンド受け取る。裏が出たらエージェントは3ポンド受け取る。
> オプション2：歪みのない硬貨を投げる。表が出たらエージェントは6ポンド受け取る。裏が出たらエージェントは何も受け取れない。

　エージェントは、どちらを選択するべきだろうか。著者は、オプション1がよい選択だと思う。しかしなぜだろうか。正確には、どれだけよいといえるのだろうか。

　なぜそうなのかを理解するためには、**期待効用**と呼ばれる概念を理解する必要がある。シナリオの期待効用とは、そのシナリオから平均して得られる効用である。

　オプション1を考えてみよう。投げる硬貨は歪みがない（表にも裏にも重さが偏っていない）ので、表が出るか裏が出るかの回数は、平均すれば等し

---

[13] 単純化のために、ここでは金と効用を等しいものとして扱っている。実用的にも金と効用は関連していることが多い。しかし同じではないことも頻繁だ。効用理論が金に執着することだと仮定すると、困惑する経済学者も多いはずだ。実際には効用理論とは、選好を数値化して計算を容易にする方法に過ぎない。

いと期待できる。したがって試行の半数でエージェントは4ポンドを受け取り、半数で3ポンドを受け取る。したがって平均すると、オプション1で受け取ることができるのは、$(0.5 \times £4) + (0.5 \times £3) =$ で£3.5ということになり、このオプションの期待効用がわかる。

　もちろんエージェントがオプション1を選んだからといって、実際には3.5ポンドは得られない。しかしこの選択を何回も繰り返すことができれば、そして常にオプション1を選択するのであれば、一回ごとに平均£3.5を受け取ることができるであろうということである。

　同じ理由によりオプション2の期待効用は$(0.5 \times £6) + (0.5 \times £0) =$ で£3.0である。したがってオプション2を選択することで平均£3受け取ることができる。

　フォン・ノイマンとモーゲンスタインの理論中の合理的選択の原則では、合理的なエージェントは期待効用を最大にする選択を行うことになっている。この場合でいえば、**期待効用を最大にする選択はオプション1である。**なぜならオプション2の期待効用は£3.0ポンドであるのに対し、オプション1のそれは£3.5だからである。

　オプション2では、£6受け取れる可能性もあることに注目してほしい。これは、オプション1の結果のどちらよりも大きい。しかしこのオプション2の魅力的な可能性は、何も得られないかもしれない可能性と同確率だ。これこそが、オプション1の期待効用のほうが大きくなる理由である。

　期待効用を最大化するというアイデアは、ひどく誤解されることがある。人間の好みと選択を数学的計算に還元するというアイデアを嫌う人もいるのだ。この嫌悪感は、効用を金銭と誤解するところから生じる。あるいは効用理論を利己主義と解釈することによる（なぜなら期待効用を最大化するエージェントは、自身の利益に従って行動しなければならない）。しかし効用は、好みを数値化する方法以外の何ものでもない。フォン・ノイマンとモーゲンスタインの理論は、個人の好みがどうであるか、あるいはどうあるべきかについては完全に中立的なのだ。この理論は、天使と悪魔の好みにも十分対応できる。利他主義を実践したいのであれば、それはユーザーの好みに反映されるはずで、効用理論が世界一の利己主義者にあてはまるのとまったく同じ

ように世界一の利他主義者にも有効である。

　1990 年代までに、フォン・ノイマンとモーゲンスタインのモデルに従って定義された合理性に基づいて合理的に行動するエージェントの構築は、有力なパラダイムになった。このパラダイムに沿った AI のアイデアは、新しい正統となり今日まで続いている[14]。つまり現在の AI のさまざまな流派を統合する共通のテーマがあるとするならば、このアイデアだ。今日のほとんどすべての AI システムの中に、ユーザーの好みを数値で表す効用モデルがあり、システムは、このモデルに従って期待効用を最大化するべくユーザーの代わりに合理的に行動している。

4.7 不確実性に対処する

　AI における長期的な問題の 1 つが、1990 年代に明確に定義された。それは、不確実性に対処することであった。すべての現実的な AI システムは、不確実性を取り扱わなければならない。それは 1 つや 2 つではない。例をあげると、無人運転車はセンサーからさまざまなデータを受け取るのだが、センサーは完璧ではない。たとえばレンジファインダー（測距儀）が「障害物なし」といったとしても、それが間違っていることはありえる。レンジファインダーの情報が役に立たないわけではない。もちろん利用価値がある。しかしそれが常に正しいと仮定してはいけないと言っているのだ。それでは、エラーの可能性を考慮に入れつつどのようにセンサーを使えばよいのだろうか。

　AI の歴史を通して不確実性に対処するさまざまな方法が提案されてきたが、1990 年代に 1 つのアプローチが支配的になった。そのアプローチとは、**ベイズ推定**と呼ばれるものである。ベイズ推定は、18 世紀英国の数学者トーマス・ベイズ牧師によって発明された。彼は、彼を讃えて今日**ベイズの定理**と呼ばれる技法を定式化した。ベイズの定理とは、新しい情報が示されたと

---

[14] S. Russell and P. Norvig. Artificial Intelligence -A Modern Approach (3rd edn). Pearson, 2016, p. 611.

き、どのように信念を合理的に調整するべきかに関するものである。無人運転車の例でいえば、信念は前方に障害物があるかどうかにかかわる。新しい情報はセンサーデータである。

　何よりもベイズの定理が興味をもたれたのは、不確実性を含む認知的意思決定に、人間がどれだけ苦手であるかを浮き彫りにしたからである。これをよく理解するために、次のシナリオを考えてみよう。

　　悪性で強力な新型インフルエンザウイルスに、1000人に1人が感染する。そのインフルエンザの検査方法が開発された。99パーセントの正確さである。不安になったあなたが検査を受けたところ陽性であった。どれくらい心配するべきであろうか。

　検査結果が陽性であれば、ほとんどの人はとても心配になると思う。なんといっても検査は99パーセント正確なのだ。陽性判定が出た後に、どれだけの確率でインフルエンザに感染しているか尋ねたならば、ほとんどの人は（検査の正確さを反映して）0.99と答えるであろう。

　実際には、この回答は絶望的に間違っている。あなたはインフルエンザに感染している確率は10分の1なのだ。これはまったく直感に反している。どうなっているか見ていくことにしよう。

　1000人をランダムに集めてインフルエンザの検査をしたとする。1000人中およそ1人だけが実際にインフルエンザに感染していることがわかっているので、この場合1人だけがインフルエンザウイルスの保持者で、999人は違うと仮定する。

　最初に、インフルエンザウイルスに感染している不幸な人は誰かを考えよう。検査は99パーセント正確なのだから、誰が感染しているかは99パーセントの確からしさで特定できる。つまりこの検査は、（確率0.99で）陽性者を見つけることができる。

　次にインフルエンザに感染していない幸運な999人について考えよう。再び検査は99パーセントの正確さなので、インフルエンザに感染していない人を誤って陽性と判定してしまうのは100回に1回だ。しかしインフルエンザ

に感染していない999人を検査しているので、9人から10人は陽性判定されてしまうと予想できる。換言すれば、9人から10人は、インフルエンザウイルスに感染していないにもかかわらず、検査結果は陽性とされてしまうことを覚悟しなければならないということである。

したがって1000人に対してインフルエンザの検査をするならば、10人か11人は陽性ということになる。しかしそのうちの1人だけが実際にインフルエンザに感染していることがわかっている。

まとめると、インフルエンザ感染者が少ない場合、偽陽性の判定のほうが、真陽性よりもはるかに多くなってしまうということである（これが、医師が1つの検査に頼って診断を下したがらない理由の1つである）。

ロボット工学で、ベイズの定理に基づく推論がどのように使用できるか例を見ることにしよう。未知の場所を探検するロボットを考えよう。遠く離れた惑星かもしれないし、地震で倒壊した建物内かもしれない。ロボットには、未知の領域を探索して地図を構成させたい。ロボットはセンサーを通して周囲の環境を認識するが、センサーにはノイズが入るのを避けられない。したがってロボットが観測してセンサーが特定の場所に障害があると告げても、それは正しいかもしれないし間違っているかもしれない。確かなことはわからないのだ。ロボットが、センサーデータが常に正しいと仮定して行動したならば、いずれかの時点で不正確な情報に基づいて意思決定をしてしまい障害物に衝突してしまう。

ここでベイズの定理が登場する。次のとおり。インフルエンザの判定のときと同じように、センサーからの読出しが正しいかどうかに確率を使って信念を更新することで、特定の場所に障害物があるかどうか判定するのだ。複数の観測を重ねることで、環境の地図をすこしずつ作っていく[15]。そうすることで、どこに障害物があるかについて徐々に確信をもてるようになるのだ。

ベイズの定理は重要である。なぜならそれは、不正確なデータを扱う方法を提供するからだ。つまりベイズの定理を使って、データを無条件に受け入れるのでも無条件に否定するのでもなく、この世界がどうなっているかの確

---

[15] R. Murphy. An Introduction to AI Robotics. MIT Press, 2001.

率的な信念を更新できるようになるのだ。

　ベイズの定理は強力ではあるものの、ベイズ推論を AI で利用できるように するにはやらなければならないことは多い。なぜなら AI システムは、非常 に多くの相互に関連したデータを取り扱わなければならないからだ。そのよ うな相互関連性を取り込むために AI 研究者は、**ベイズネットワーク**略して **ベイズネット**というものを開発した。ベイズネットワークは、データとデー タの間にある関係を図示したものである。ベイズネットワークが整備された のは、AI における確率の役割を誰よりも理解して明瞭に表現した研究者ジュ ディア・パールの功績による[16]。図 4.4 に示した単純なベイズネットを考え てみよう。

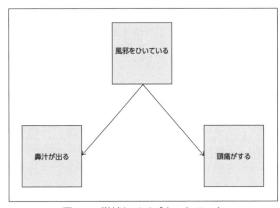

図 4.4　単純なベイズネットワーク

　このベイズネットは、3 つの仮説、すなわち「風邪をひいている」、「鼻汁 が出る」、「頭痛がする」の間の関係を表している。1 つの仮説から他の仮説 までの矢線は、それらの仮説間の影響関係を示している。おおざっぱにいえ ば、仮説 X から仮説 Y への矢線があるとは、X の真偽が Y の真偽に影響を 与えているという意味である。したがってたとえば風邪をひいていれば鼻水

---

[16] J. Pearl. Probabilistic Reasoning in Intelligent Systems: Networks of Plausible Inference. Morgan Kaufmann, 1988.

が出るであろうし、鼻水が出ていれば、風邪ひいているかもしれないことを
示している。これらの確率間の関係は、ベイズ推論を使って表すことができ
る。この問題に興味のある読者は、付録 C を参照してほしい。

4.8 Siri が Siri に出会ったら

　ドットコムバブルは 2000 年に終焉を迎えた。しかしエージェントへの興
味は続き、エージェントの物語に新しい一章が加えられることになった。研
究者の次の問いかけは、ソフトウェアエージェントが互いに対話したらどう
なるかというものであった。アイデアそのものは、まったく新しいというわ
けではない。知識ベース AI の時代にも研究者は、エキスパートシステムが互
いの専門性を共有できたとしたらどうだろうと考えて、知識を共有して問い
合わせをするための人工言語を開発した。しかしこの**マルチエージェントシ
ステム**という新しいアイデアは、1 つの重要な点で異なっている。つまりあ
るエージェントは、そのユーザーのために最善を尽くすべく出発して、他の
エージェントも、自分のユーザーのために最善を尽くすべく出発する。しか
し 2 人のユーザーの興味や好みが一致しないように、エージェントの選好も
一致しないのが普通である。そのような場合エージェントは、われわれが日
常生活で使用するのに類似した社会的能力を発揮しなければならない。こう
して社会的能力をもつエージェントの構築が、AI の新しい挑戦となった[17]。
　振り返ってみれば、AI の社会的側面が、それまで考慮されてこなかったこ
とのほうが奇妙である。しかしマルチエージェントシステムが現れるまでは、
個別の AI エージェントの開発に焦点があてられていて、AI エージェントど
うしがどのように対話するかについて考えが及ぶことはなかった。しかし 1
つではなく複数のエージェントを仮定することで、AI の物語は根本から変化
した。1 つのエージェントが解かなければならない問題とは、ユーザーの付

---

[17] M. Wooldridge. An Introduction to MultiAgent Systems (2nd edn). John
Wiley, 2009.

託に応えてどのように行動するかを知ることであった。ユーザーのためにすぐれた行動を選択してさえくれればよかったのだ。しかし複数のエージェントが共存するのであれば、あるエージェントが選択した行動が好ましいか好ましくないかは、少なくとも部分的に他のエージェントがどのような選択をするかに依存してくる。したがってエージェントは、意思決定を下す際に他のエージェントがどのような行動を取るかを勘案しなければならない。翻って他のエージェントも、意思決定にはこちらのエージェントの行動も考慮しなければならない。

エージェントが意思決定する際に互いに採用する行動の選好を考慮し合う際の推論については、すでにゲーム理論という分野で研究されている。ゲーム理論とは、戦略的な意思決定について研究する経済学の一分野である[18]。名前が示すようにゲーム理論は、チェスやポーカーのようなゲームの研究にその起源がある。実際のところ複数のエージェントが存在するところで、意思決定を下さなければならないすべての状況で応用できる。

おそらくゲーム理論で最も有名なアイデアで、マルチエージェントシステムの意思決定における基礎となるのは、**ナッシュ均衡**である。ナッシュ均衡のアイデアは、ジョン・フォーブス・ナッシュ2世によって定式化された。ナッシュは、1956年にダートマス大学で開催されたジョン・マッカーシーのAIサマースクールの招待者の1人である。彼は、ナッシュ均衡の研究によって、(ジョン・ハーサニとリチャード・ゼルテンとともに) 1994年のノーベル経済学賞の共同受賞者になった。

ナッシュ均衡の基本的アイデアは、容易に理解できる。2つのエージェントがいて、それぞれが何らかの選択をしなければならない。エージェント1はxを選択し、エージェント2はyを選択する。このとき彼らが、どのようにすぐれた決定を下したといえるであろうか。アイデアは、どちらのエージェントも、それぞれの選択を後悔しないとき、その意思決定はすぐれていた(技術的にはナッシュ均衡を形成した)という。つまり次のとおり。

---

[18] A. Rubinstein and M. J. Osborne. A Course in Game Theory. MIT Press, 1994.

　エージェント１にとっては、エージェント２が y を選択したときに、エージェント１が x を選択することが最良なので満足であり、
かつ
　エージェント２にとっては、エージェント１が x を選択したときに、エージェント２が y を選択することが最良なので満足である。

　ナッシュ均衡が「均衡」と呼ばれるのは、意志決定が安定している状況だからである。つまりどちらのエージェントも他の選択をする動機がないということである。

　マルチエージェントシステムの研究者たちは、彼らのシステムにおける意志決定の基盤としてナッシュ均衡のようなゲーム理論のアイデアを採用したのだが、今日ではよく知られた困難が待ち受けていた。1950 年代にナッシュがのちにノーベル賞を受賞することになるアイデアを定式化したとき、彼はナッシュ均衡を計算することに関心を払わなかった。しかしこのアイデアを使って意思決定するエージェントを構築するのであれば、計算は中心的問題となる。そして予想されるとおり、ナッシュ均衡の計算は困難なのである。ナッシュ均衡を計算する効率的方法の発見は、今日でも AI における重要な課題である。

4.9 AI は成熟した

　1990 年代の終わりまでにエージェントパラダイムは、AI の正統として確立された。エージェントを構築してわれわれの選好を渡すと、エージェントは、フォン・ノイマンとモーゲンスタインの期待効用理論による合理的な意志決定手法を使って、われわれの代理として合理的に行動する。これらのエージェントは、ベイズ推論を使ってベイズネットのように世界を理解して信念を合理的に管理する。複数のエージェントが存在するのであれば、意志決定の枠組みとしてゲーム理論を援用すればよい。これは汎用 AI ではないし、汎用 AI に至る道筋を示すものでもない。しかし 1990 年代の終わりまでに、こ

れらのツールを受け入れることで、AI の研究者の間で AI に対する認識に重要な変化が現われたことは確かである。それまで暗闇の中を模索して、手あたり次第に試していた状態から、確率理論や合理的意思決定という実証された技法が、はじめて AI に科学的基盤をもたらしたのだ。

　人工知能が成熟した学問であることを示す 2 つの業績が、このとき現れた。第 1 のものは、世界中を席巻するニュースとなった。第 2 のものは、AI 業界の外では知られていないものの、第 1 のもの以上に重要かもしれないものである。

　このニュースは、1997 年に IBM によってもたらされた。この年ディープブルーと名付けられた AI システムが、チェスのゲームでロシア人のグランドマスターであるガルリ・カスパロフを打ち破ったのだ。ディープブルーは、カスパロフと 1996 年 2 月にもチェスの 6 ゲームトーナメントを戦ったのだが、そのときは 4 対 2 でカスパロフが勝利した。1 年後に新しいバージョンで試合を行った結果、今回はディープブルーがカスパロフに勝利したのだ。カスパロフは不機嫌になり、IBM が不正行為を働いたと疑ったようだが、それ以来この経験について講演するという一風変わったチェスの経歴を享受している。ディープブルーの勝利以降チェスは、すべての意味で解のあるゲームとなった。つまり最良のプレーヤーを打ち負かすことのできる AI システムが存在することになったのだ。

　ディープブルーの成功には、2 つの要素がかかわっている。第 1 のものは、ヒューリスティックサーチである。40 年の月日を経て改良が重ねられているものの、1950 年代に有名なチェッカーをプレーするプログラムを作成したアーサー・サミュエルにも、その核心技術は容易に理解できるものである。しかし第 2 のものについては、議論の分かれるところだ。すなわちディープブルーは本質的にスーパーコンピュータなのだ。途轍もないコンピュータパワーによって、この偉業を成し遂げたのだ。それを根拠として、このシステムは AI でなく、力任せの計算能力以上のものではないという批判に晒された。しかしこの批判は、コンピュータパワーを利用する AI 技法の重要性を過小評価している。同じ計算能力をもってしても、第 2 章のハノイの塔のパズルで見たような型の全数探索のアプローチでは、チェスゲームの勝利は達

成できない。

　カスパロフに対するディープブルーの勝利については読者も耳にしていると思うが、当時成し遂げられた第 2 の業績については聞いたことがないかもしれない。しかし著者としては、こちらのほうが重要だと思う。第 2 章で一定の計算問題は、本質的に困難であることを学んだ。技術的用語を使えば NP-完全ということになるのだが、多くの AI 問題がこのカテゴリに分類される。1990 年代初期に NP- 完全問題に取り組むアルゴリズムは進化を遂げて、20 年前に考えられていたほどには根本的障壁とは見なせないことが明らかになった[19]。NP- 完全であることが示された最初の問題は SAT（satisfiability（充足可能性）の略）と呼ばれるものである。これは単純な論理式が無矛盾である、つまり真になる可能性があるかどうかを検査する問題である。SAT は、すべての NP- 完全問題の中で最も基本的なものなのだが、1 つの型の NP-完全問題を効率的に解くことができれば、自動的にすべての NP- 完全問題を解く方法を見つけることができる。1990 年代の終わりまでに SAT ソルバー（解決器）と呼ばれる SAT 問題を解くプログラムは、実用的に使用できるまでに十分強力になった。本書執筆の時点で SAT ソルバーは、計算業界で日常的に使用されるほど効率のよいものになっている。つまり NP- 完全問題に直面したときに使用できるツールの 1 つになったのだ。このことは、NP- 完全問題が常に効率的に解けることを意味しているわけではない。最良の SAT ソルバーをしても解くことのできない問題は多く存在する。しかし NP- 完全問題を、NP- 完全だという理由だけで恐れる必要はなくなった。そしてこれこそが、過去 40 年に成し遂げられた栄光なき AI の偉業の 1 つである。

　1990 年代の終わりに AI の主流となった事柄は、すべての人に歓迎されたわけではなかった。2000 年 7 月に著者は、ボストンで開かれた国際会議に出席して、新しい AI の若きスターによる発表を聴講していた。隣には、マッカーシーとミンスキーが活躍していた時代、つまり AI の黄金時代からの AI

---

[19] B. Selman, H. J. Levesque and D. G. Mitchell. 'A New Method for Solving Hard Satisfiability Problems'. Proceedings of the Tenth National Conference on AI (AAAI 1992), San Jose, California, 1992.

　研究者が座っていた。彼は、「これが今日の AI というものなのか」と不満げであった。「魔法はどこに行った」と尋ねたものである。著者は、彼が AI の世界でどのような経歴を積んできたかに思いを馳せた。今日の AI 研究者の背景として、哲学や認知科学、あるいは論理といったものは要求されない。そのかわり確率、統計、そして経済学といったものが要求される。これらは、言ってみればロマンチックではない。しかしうまくいくのである。

　本書を著すのが 2000 年であったならば、これらこそが、著者が求める AI の未来であると確信をもって予想したであろう。劇的なものは何もない。これらのツールを使うことで、ゆっくりとしかし着実な進歩を成し遂げられるはずであった。AI を根幹から揺るがす劇的な新しい発展が、すぐそこまで訪れていようとは、著者も露ほどにも思っていなかった。

Chapter5
ディープブレイクスルー

　2014年1月、英国の技術業界で前例のないできごとが発生した。グーグルが、英国の中小企業を買収したのだ。買収金額は、シリコンバレーの標準からいえばそれほどでもないのかもしれないが、英国のコンピュータ技術業界の基準でいえば途方もないものであった。買収されたのは、当時従業員は25人未満のベンチャー企業ディープマインドである。買収金額は、4億ポンドといわれている[1]。買収の時点で部外者から見て、ディープマインドには製品や取り立てて技術、事業計画といったものはないように見えた。AIというきわめて専門性の高い狭い業界内でも、ほとんど無名の企業であった。

　この小さなAI企業を、グーグルが巨額の買収資金を投じて買収したことは大ニュースとなった。世界中の誰もが、この秘密めいた会社は何なのか、なぜグーグルが、この未知の小さな会社にそれほどの価値があると考えたのか知りたがった。

　人工知能は、突然ビッグニュースになった。そしてビッグビジネスになった。AIへの興味は爆発した。マスコミもこの騒ぎを聞き付けて、AIについての話題が毎日メディアに現われるようになった。世界中の政府もこのことを聞き付けて、どのように対応すればよいかを検討し、その結果多くの国家的なAI計画が発足した。技術主導の企業も後れを取ることを恐れて、前例

---

[1] ディープマインドの買収価格は、報道機関によってさまざまである。4億ポンドという数字は、ガーディアンによる。http://tinyurl.com/kvyueye

のないほどの投資が続いた。ディープマインドは、AIにおける吸収合併で最も有名であるが、他にも多くある。2015年にウーバーは、一度に40人以上の研究者をカーネギーメロン大学の機械学習研究所から引き抜いた。

　10年も経たないうちに、AIは計算機科学界の隠れた静かな領域から最も注目を集める、そして最も誇大に宣伝される分野となった。AIに対する態度の急激な変化は、AIのある核心技術の急速な進歩によるものであった。それは、機械学習である。機械学習はもともとはAIの下部領域であったが、過去60年にわたって異なる進化を遂げてきた。本章でこれから見るように、AIと突如魅力的になった機械学習の分野とは、時によって緊張関係にある。

　この章では、どのようにして21世紀の機械学習革命が起ったかを見る。はじめに機械学習とは何かについて概観し、その後、機械学習へのアプローチの1つであるニューラルネットワークが、どのようにして支配的方法論になったかを見る。AIの物語と同じように、ニューラルネットワークの物語も受難続きであった。つまり2度の「ニューラルネットの冬」があったのだ。そして丁度ごく最近21世紀が始まる頃には、AI研究者の多くがニューラルネットワークは死んだ分野、少なくとも消えつつある分野だと思っていた。しかしニューラルネットは最終的に勝利した。そして復活を導いた新しいアイデアはディープラーニングと呼ばれる技法であった。ディープラーニングは、ディープマインドの基幹技術である。これからディープマインドの物語と、同社が構築したシステムが、どのように世界的賞賛を勝ち得たかを語ろうと思う。ディープラーニングは強力で重要な技法ではあるものの、AI物語の最終到達地ではない。したがって他のAI技術について行ったのと同じように、その限界についても議論する。

5.1 機械学習の概要

　機械学習の目標は、与えられた入力から望ましい出力を計算するプログラムを、何の指示も与えることなく作成することである。たとえば機械学習の古典的なアプリケーションはテキスト認識である。つまり手書きの文字列を

読み込んでテキストを起こすのだ。ここで入力は、手書き文字列の画像であり、ほしい出力は、手書きの文字列の画像で意図されたのと同じテキストを表すコードとしての文字列である。

　手書き文字の認識はむずかしい。郵便局員に聞けばわかる。手書き文字は、筆者によってまったく異なるのだ。そして書き方も明らかでない。インクが漏れるペンで書いてあるかもしれないし、紙も汚れていたり皺がよっていたりする。第 1 章の図 1.1 を見直してほい。テキスト認識は、定まった方法がわかっていない問題の 1 つである。これは、ボードゲームとは違う。ボードゲームでは、確実に勝てる方法が原理的には存在するが、実用上ヒューリスティックを使用する。テキスト認識では、そもそもどのようにすれば確実に読み取れるかわかっていないのだ。ボードゲームとはまったく異なるアプローチが必要である。そしてこれこそ、機械学習が登場すべきところなのだ。

　テキスト認識の典型的な機械学習プログラムは、手書き文字による多くの例文によって**訓練される**。図 5.1 が示すように例文は、手書き文字と対応する文字からなる。

　上記の型の機械学習は、**教師あり学習**と呼ばれ、とても重要なことを示している。それは何かというと、機械学習にはデータが必要だということだ。大量の、途轍もなく大量のデータが必要なのだ。実際これから見るように、注意深く選ばれた訓練データが、今日の機械学習の成功の源である。

　機械学習プログラムを訓練する際、使用する訓練データには慎重を期さなければならない。最初に、入力データと出力データの対のごく一部を使ってプログラムを訓練する。手書き文字入力の例でいえば、プログラムにすべての手書き文字を示すことは不可能である。可能な入力をすべて使ってプログラムを訓練したならば、機械学習の技法は必要がなくなる。プログラムは、すべての入力と対応する出力を覚えてしまえばよいからだ。入力が与えられたならば、対応する出力を探せばよいだけとなる。これでは、機械学習ではない。したがってすべての入力と出力のデータセットのごく一部を使ってプログラムを訓練しなければならない。しかし訓練データセットが小さ過ぎれば、プログラムは入力と出力の望ましい対応を学習するのに十分な情報を得られない。

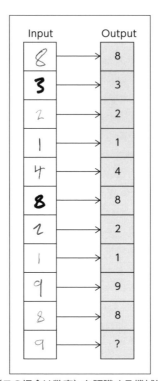

図 5.1　手書き文字（この場合は数字）を認識する機械学習プログラムを訓練
するデータ。目標は、プログラムが自動で手書き文字の数字を識別で
きるようにすることである。

　訓練データに関してもう 1 つの根本的な問題は、**特徴抽出**と呼ばれるもの
である。銀行に勤務していて、危険な融資先を特定する機械学習プログラムを
要請されたとしよう。プログラムへの訓練データは、多数の過去の顧客の記
録ということになる。顧客レコードの各々には、最終的に優良融資先となっ
たか、不良債権となったかでラベル付けがされている。顧客レコードには、名
前、生年月日、住所、年収などに加えて、入出金明細、借入金や対応する支
払い状況などが含まれるであろう。これらの構成要素は、**特徴**と呼ばれて訓

練に使用される。しかし訓練データに、すべての特徴を含めるのは合理的であろうか。中には、融資先の危険度の評価にまったく無関係であったり無意味であったりするものもある。どの特徴が問題に関連しているか事前にわからないときは、すべてを含めたくなるかもしれない。しかしそれには、**次元の呪い**と呼ばれる大きな問題がある。それは、より多くの特徴を含めようとすれば、より多くの訓練データをプログラムに与えなければならず、それだけプログラムは学習が遅くなるという問題である。

　この問題に対する自然な解決策は、訓練データには少数の特徴だけを含めるようにすればよいというものだ。それはそれで問題がある。1つには、プログラムに適切な学習をさせるのに不可欠な特徴を省いてしまうかもしれない。危険な融資先を示している特徴を意図せずに省略してしまっては、プログラムが適切な学習をするとは思えない。他には、含める特徴の選択に失敗したならば、プログラムを偏向させてしまうかもしれないということがある。たとえば危険な融資先を特定するプログラムに含める特徴として顧客の住所だけを選んだとしたら、プログラムは、特定の地区の人々を差別するように学習してしまうであろう。AIプログラムが偏向してしまう可能性と、それによって引き起こされる問題については、後に詳しく議論する。

　強化学習では、プログラムに何ら明示的な訓練データを与えない。プログラム自身が試しに決定を下して、その決定に基づいたフィードバックを受け取ることで、決定の良し悪しを学んでいく。強化学習は、たとえばゲームをプレーするプログラムを訓練するのに広く採用されている。プログラムはゲームをプレーして、勝てば正のフィードバックを得て、負ければ負のフィードバックを受け取るのだ。フィードバックは、それが正であっても負であっても**報酬**と呼ばれる。報酬は、次回プレーするときのプログラムによって考慮される。プログラムが正の報酬を受け取ったならば、次回も同じようにプレーするし、負の報酬を受け取ったならば、同じようにはプレーしない。

　強化学習の主要な問題は、多くの状況において報酬が得られるまでに長時間がかかるということである。その結果どの行動がよくてどの行動がよくなかったのか、プログラムはよくわからなくなってしまうのだ。強化学習プログラムがゲームに負けたとしよう。この負けたという現象から何を学べるだ

ろうか。ゲームにおける個々の行動について何がいえるだろうか。すべての
手がよくなかったというのは、一般化が過ぎるであろう。だからといってど
の手がよくなかったかを知ることはできない。これは、**貢献度分配**（credit
assignment）問題といわれる。われわれも、貢献度分配問題には毎日のよう
に直面している。タバコを吸うことに決めたとしよう。そうすると将来のい
ずれかの時点で、この選択によるフィードバックを受け取る。つまりこの場合
は、何らかの健康障害というかたちで負のフィードバックを受け取ることに
なる。しかしこの負のフィードバックは、喫煙を選択してからずいぶん経っ
てから（通常は何十年も後）得られるのだ。このようにフィードバックの遅
れは、喫煙をしないことを学ぶのをむずかしくしている。喫煙者がたばこを
吸うと決断した直後に（命にかかわるような健康障害というかたちで）負の
フィードバックを受け取ったならば、喫煙を続ける人の数は今よりもはるか
に少なくなるだろう。

　これまで、プログラムがどのように学習するかについては何も言ってこな
かった。機械学習そのものは、AI そのものと同じぐらい長い歴史がある。過
去 60 年にわたり多くの技法が提案されてきた。しかし機械学習の最近の成功
は、ある特定の技法に基づいている。ニューラルネットワーク（通常短縮して
ニューラルネットと呼ばれる）である。実のところニューラルネットは、AI
で最も古い技法の 1 つである。ニューラルネットは、 1956 年の AI サマー
スクールで、ジョン・マッカーシーの元々の提案書に含まれていたのだ。そ
れが今世紀俄かに劇的な復活を遂げた。

　ニューラルネットは、その名前が示すとおり神経細胞、**ニューロン**のネッ
トワークからヒントを得て考案されたものである。ニューロンは、1 つの細胞
であり、**軸索**と呼ばれる繊維質と**シナプス**と呼ばれる接続箇所を介して脳内
の他のニューロンと単純な方法で通信する。典型的にニューロンは、シナプ
ス結合を介して電気化学的信号を受け取り、受け取った信号に従って出力信
号を生成する。この出力信号は、さらに別のニューロンのシナプス結合を介
して、そのニューロンへと伝えられる。ここで重要なのは、受け取るニュー
ロンへの入力には異なる重みが与えられているということである。ある入力
は他の入力よりも重要度が高く、またある入力は出力の生成を抑制するよう

に働く。動物の神経系では、ニューロンのネットワークは、複雑かつ緊密に相互接続されている。人間の脳は、およそ1000億個のニューロンから構成されていて、個々のニューロンには数千の結合があるのが普通である。

　機械学習におけるニューラルネットのアイデアは、このような構造をコンピュータプログラム中に使用することである。何といっても人間の頭脳が、ニューラルネットの構造が効果的に学習することを証明しているからである。

5.2 パーセプトロン
— ニューラルネット・バージョン1 —

　ニューラルネットワークの研究の起源は、米国の研究者ウォーレン・マカロックとウォルター・ピッツによる1940年代の研究まで遡ることができる。2人は、ニューロンが電気の回路、厳密には単純な論理回路によってモデル化できることに気がついた。そして彼らは、このアイデアに基づいて、単純だがきわめて汎用性のあるニューラルネットワークの数理モデルを開発した。1950年代にこのモデルは、フランク・ローゼンブラットによって**パーセプトロンモデル**と呼ばれるニューラルネットモデルへと詳細化された。これは重要なできごとであった。なぜならパーセプトロンモデルは、今日でも通用する実装されたはじめてのニューラルネットモデルだからである。

　図5.2に、ローゼンブラットのパーセプトロンモデルを示す。円形がニューロンを表していて、円形に向かう矢線はニューロンの入力（シナプス結合）を表している。そして右側に出ている矢線はニューロンの出力（軸索に対応）を示している。パーセプトロンモデルでは、各入力には**重み**と呼ばれる数値が付けられている。図5.2でいうと、入力1に関連する重みはw_1、入力2に関連する重みはw_2、そして入力3に関連する重みはw_3である。ニューロンへの各入力は、活性か不活性かのどちらかであり、入力が活性であれば、対応する重みによってニューロンは「刺激」を受ける。最後に各ニューロンは**活性化閾値**（図5.2ではT）をもつ。アイデアは、ニューロンが受け取る

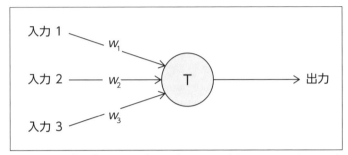

図 5.2　ローゼンブラットのパーセプトロンモデルのニューラルユニット

刺激が活性化閾値 T を越えているならば、ニューロンは「発火」する、つまり出力が発生する。換言すれば、活性化されたすべての入力の重みを合算して、その合計値が T 以上であれば、そのニューロンは出力を生成するのだ。

　このアイデアを具体化するために、図 5.2 のニューロンの重みをすべて 1、そして閾値を 2 と仮定しよう。そのとき入力のうち 2 つが活性化されればニューロンは発火する。換言すれば、入力の多数が活性化されればニューロンは発火する。

　翻って入力 1 の重みを 2、入力 2 と 3 の重みを 1、そして閾値 T を 2 と仮定する。この場合入力 1 が活性化するか、あるいは入力 2 と 3 のどちらか、または両方が活性化するならばニューロンは発火する。

　もちろん自然界に存在するニューラルネットは、きわめて多数のニューロンを含んでいる。図 5.3 に、3 個の人工ニューロンからなるパーセプトロンを示す。各ニューロンは完全に独立して動作することに注目してほしい。さらに各ニューロンは、すべての入力を「見る」ことができる。しかし同じ入力に対しても、ニューロンによって重みは異なる。つまり入力 1 に関連付けられた重みは、各ニューロンで異なるので、それぞれへの入力値は異なることになる。さらに各ニューロンは異なる活性化閾値をもつ（それぞれ値 T_1、T_2、T_3 で示した）。したがってこれら 3 つのニューロンは、それぞれ異なる計算をすると考えることができる。

　しかし図 5.3 に示す構成は、1 つのニューロンの出力が他の多くのニュー

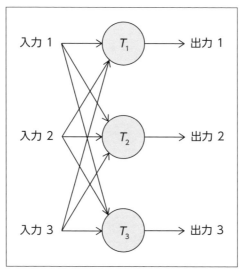

図5.3　3個の人工ニューロンから構成される一層のパーセプトロン

ロンへの入力になるという脳の高度に相互接続された構造を反映していない。人間の脳の構造の複雑さをよりよく反映させるために、人工ニューラルネットワークは、通常階層構造をもつように構成される。図5.4 に、そのようなマルチレイヤーパーセプトロン（多層パーセプトロン）を示す。このネットワークは、それぞれ3つのニューロンからなる3層の9つのニューロンから構成されている。各層の各ニューロンは、その直前の層のすべてのニューロンから出力を受け取っていることに注目してほしい。

　ここで気がついてほしいのが、このきわめて小規模なネットワークでさえずいぶん複雑になっていることである。図5.4 のネットワークでは、ニューロン間に 27 個のそれぞれ重み付けられた結合がある。そして9個のニューロンそれぞれが、活性化閾値をもっている。複数階層をもつニューラルネットについては、マカロックとピットの頃から想定されてはいたのだが、ローゼンブラットの時代では、一層のネットワークに焦点が絞られていた。その理由は単純で、2層以上のニューラルネットワークをどのように訓練したら

よいのか誰も考えつかなかったからである。

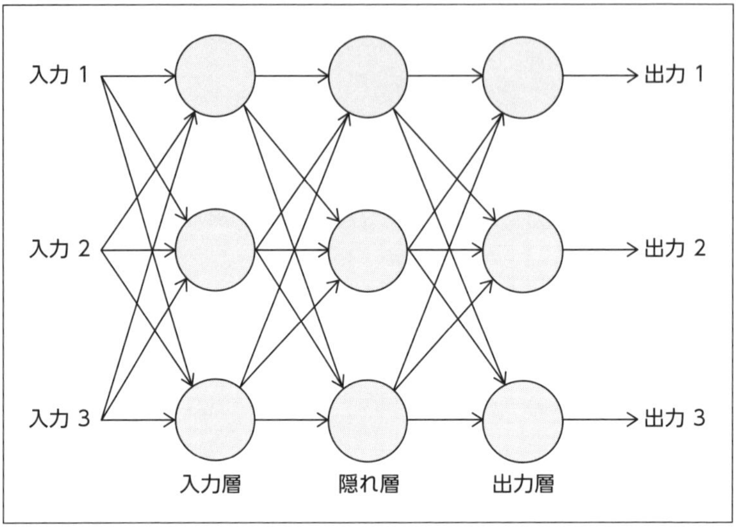

図5.4　9個のニューロンから構成される3層のパーセプトロン

　各結合に関連付けられた重みは、ニューラルネットの動作できわめて重要
である。実際ニューラルネットを詳細に見ていくと、最終的には数値の並び
となる（ちょっとしたニューラルネットワークでも、この数値リストはかな
り長くなる）。したがってニューラルネットワークを訓練するということは、
何らかの方法で重みの適切な数値を見つけることとなる。通常そのためには、
訓練ごとに重みを調整して、ネットワークが入力から出力へ正しく写像でき
るようにする。ローゼンブラットは、重みの調整のために異なる技法を試し
てみた後で、単純なパーセプトロンモデルに適応する1つの方法を発見した。
彼はそれを、エラー訂正手続きと呼んだ。

　今日ローゼンブラットのアプローチは正しいことが知られている。この手
続きでネットワークは正しく訓練されるのだ。ただし1つの大きな難点があっ
た。1969年にマーヴィン・ミンスキーとセイモア・パパートは、『パーセプ

トロン』という題名の書籍を出版した[2]。そこで彼らは、1 層のパーセプトロンネットワークができることの限界を劇的に示した。実際図 5.3 に示したような型の 1 層パーセプトロンモデルでは、入力と出力の間の単純な関係の多くを学習することができない。その中でも当時の読者の目を特に惹き付けたのは、ミンスキーとパパートが、パーセプトロンモデルは「排他的論理和」というとても単純な概念を学ぶことができないことを示したことであった。

たとえばネットワークが、2 つの入力をもつと想像してみてほしい。そのとき XOR 関数とは、どちらか一方の入力だけが活性化しているとき（しかし決して両方ではない）にだけ出力を生成する。単純な（1 層の）パーセプトロンでは、XOR を表現できないことを示すのは容易だ（興味のある読者のために付録 D で詳しく議論した）。

ミンスキーとパパートの書籍から引き出せるのは、包括的な結論のように見える。そして今日でも議論は尽きない。特定の型のパーセプトロンに根本的な限界があることを示した理論的な結果が、パーセプトロンモデル一般の限界と取られてしまったのも仕方がないことなのかもしれない。たとえば図 5.4 に示した型のマルチレイヤーパーセプトロンであれば、そのような制限はない。厳密な数学的な意味で、完全に汎用であることを示すことができる。しかし当時は、マルチレイヤーパーセプトロンによるネットワークを、どのようにすれば訓練できるのかわからなかった。マルチレイヤーパーセプトロンは理論的な可能性にすぎず、現実的ではなかった。科学が進歩して、マルチレイヤーパーセプトロンが可能になるためには、もう 20 年が必要だったのだ。

パーセプトロンモデルへの否定的な反応は、それ以前の異常に興奮したマスコミへの反動もあったと思う。1958 年のニューヨークタイムズには、次のような記事がある[3]。

（米国）海軍は、今日の電子計算機の胎芽は、いずれ歩き、話し、見て、書

---

[2] M. Minsky and S. Papert. Perceptrons: An Introduction to Computational Geometry. MIT Press, 1969. 邦訳：中野 馨、阪口 豊『パーセプトロン』パーソナルメディア、1993.

[3] http://tinyurl.com/ycu4ngsg

き、再生産するだけでなく、それ自身の意識をもつであろうと発表した。

　原因が何であるかを議論することはできる。しかしいずれにしてもニューラルネットの研究は、1960 年代の終わりにかけて急速に衰退して、マッカーシー、ミンスキー、ニューウェル、そしてサイモンに率いられたシンボリック AI のアプローチへと傾いていった（皮肉なことにこの凋落は、第 2 章で見た AI の冬の開始の 2・3 年前に過ぎない）。1971 年、ローゼンブラットはヨットの事故で亡くなってしまった。ニューラルネットの研究者たちは、主導者を失ってしまったのだ。彼が亡くならなければ、AI の歴史は違ったものになっていたかもしれない。彼の死後ニューラルネットの研究は、10 年以上にわたって停止状態に陥ってしまった。

5.3 コネクショニズム
— ニューラルネット・バージョン 2 —

　ニューラルネットの分野は休眠状態にあったのだが、1980 年代に復活した。復活に先立って『並列分散処理』（Parallel Distributed Processing、あるいは略して PDP）と名付けられた 2 巻の書籍が出版された[4]。書名の選択は微妙である。並列分散処理とは、並列に実行するコンピュータシステムを構築する計算機科学の主要な分野である。しかしこの書籍はそうではない。読み始めればすぐにわかることなのだが、AI とニューラルネットワークの本なのだ。内容を確かめずに書名からこの書籍を購入した人の中には、内容がニューラルネットワークについてだと知って驚いた向きもあるのではないかと思う。少なくともこのような書名を選んだということから、著者たちがそれまでのニューラルネット研究から距離を取ろうとしたことは窺える。

　新しい研究主体で最も重要な要素は、ある意味新しくないということかもし

---

[4] D. E. Rumelhart and J. L. McClelland (eds). Parallel Distributed Processing (2 vols.). MIT Press, 1986.

れない。複数階層をもつニューラルネットに焦点を当てていて、それはミンスキーとパパートが指摘した単純なパーセプトロンシステムの限界を克服している。しかし重要な相違点が1つある。前回のパーセプトロンモデルが一層のネットワークに焦点を合わせていたのは、当時はどうやって多層のニューラルネットワークを「訓練」するか、つまりニューロン間の結合の「重み」をどうやって発見するか、その方法がわからなかったからなのだが、PDPはこの問題を解決したのだ。PDPは**バックプロパゲーション**、誤差逆伝播法または**バックプロップ**と略して呼ばれることも多いアルゴリズムを使って、この問題を解決した。このアルゴリズムは、ニューラルネットの分野で最も重要な技法といってよい。

　科学の世界ではよくあることなのだが、バックプロップは何度も繰り返して再発明されている。しかしPDP研究者によって紹介された特定のアプローチが正統とされている[5]。

　残念ながらバックプロップを正確に説明するには、大学レベルの解析学が必要で本書の範囲を越えてしまう。しかし基本的なアイデアは単純だ。バックプロップは、ニューラルネットが分類を間違えた場合について注目することで動作する。このエラーは、ネットワークの出力層で明らかになる（ネットワークに猫の画像を見せて、出力層がそれを犬と分類したような場合だ）。バックプロップアルゴリズムは、エラーをネットワークの各層を通して逆向きに伝播する（こうして逆向きの伝播（backward propagation）という名前が付けられた）。最初にエラーの風景、つまり可能な重みごとにエラー値がわかるので、このエラーの等高線地図を構成する。その上で、地図中で下降する最もきつい傾斜を発見する。これを現在のエラーから最下層のエラーまで、階層ごとに繰り返す。そうすると、最も勾配の急な経路がエラーを解消する最短経路ということになる。このプロセスは、**勾配降下法**と呼ばれる。これを層ごとに繰り返すのだ。

　PDPは、パーセプトロンモデルよりも汎用性の高いニューロンモデルを提

---

[5] D. E. Rumelhart, G. E. Hinton and R. J. Williams. 'Learning Representations By Back-propagating Errors'. Nature, 323, 1986, pp.33-6.

供した。たとえばパーセプトロンは、本質的に二進数（オンかオフ）による
計算単位であったが PDP はより一般的なモデルである。

　バックプロップの開発や PDP の研究者たちが導入した技術革新によって可
能になったニューラルネットのアプリケーションの数々は、20 年前のパーセ
プトロンモデルの単純な応用をはるかに凌ぐものであった。ニューラルネッ
トに対する関心は爆発した。しかし PDP バブルも短命に終わった。1990 年
代の半ばには、ニューラルネットの研究は、再び人気がなくなった。振り返っ
て見れば、PDP の研究が停滞したのは基本的なアイデアに内在する根本的な
制約のようなものではなく、ごく単純な理由からであった。当時のコンピュー
タでは、新しい技法を扱うのに力不足だったのだ。さらに PDP における進歩
が見込めないそのときに、機械学習の他の領域が急速な発展を遂げていた。機
械学習における主要な興味は、再びニューラルモデルから離反してしまった。

5.4 ディープラーニング
— ニューラルネット・バージョン 3 —

　2000 年頃、大学の AI 担当の教員を採用する委員会でのことを思い出す。
委員の 1 人が、ニューラルネットを専門とする応募者を候補から外すことを
提案したのだ。「ニューラルネットはマイナーな分野だ。落ち目の分野の研究
者を雇う必要はないだろう」というのが彼の主張であった。そのような意見
は無視してもよかったのだろう。しかし公平に言って、2000 年頃にニューラ
ルネットが復活しつつあると見抜くには、途轍もない広い視野と洞察力が必
要であった。果たして復活は、2006 年頃に再び訪れた。そしてそれは、AI
の歴史において最大にして最も人口に膾炙したできごとであった。

　ニューラルネット研究の第 3 の波を作り上げたビッグアイデアには、ディー
プラーニングという名前が付けられた[6]。ディープラーニングを特徴付ける

---

[6] I. Goodfellow, Y. Bengio and A. Courville. Deep Learning. MIT Press, 2016.

アイデアを 1 つだけ挙げられればよいのだが、真実はいくつかの関連するア
イデアの集合である。ディープラーニングとは、3 つの意味でディープ（深
い）なのだ。

　もちろん最も重要なのは、その名前が示すように多くの階層をもたせると
いう単純なアイデアである。ニューラルネットの各層は、異なるレベルの抽
象化を処理する。入力層に近い層は、データ中の低レベルの概念（たとえば
画像の輪郭等）を取り扱う。そしてネットワークの深い層では、より抽象度
の高い概念を扱うのだ。

　より多くの階層をもつという意味で深い（ディープである）だけでなく、
ディープラーニングは多数のニューロンを備えているという利点も享受する。
1990 年代の典型的なニューラルネットワークは 100 個ほどのニューロンを
備えていた（人間の脳はおよそ 1000 億個のニューロンをもつことを思い出
してほしい）。そのようなネットワークでは、遂行できることに制限があるの
は驚くにあたらない。2016 年の最新のニューラルネットは、約 100 万個の
ニューロンを備えていた（概ね蜜蜂と同じ）[7]。

　最後にディープラーニングは、各ニューロンが多くの結合をもつという意
味でディープなネットワークを使用する。1980 年代の密結合のニューラル
ネットワークは、ニューロンごとに他のニューロンと 150 の結合をもってい
た。本書執筆の時点で最新のニューラルネットワーク中のニューロンには、
猫の脳と同じくらい多くの結合がある。ちなみに人間のニューロンは、平均
しておよそ 10000 の結合をもつ。

　このようにディープニューラルネットワークは、より多くの階層とより多く
結合されたニューロンをもつ。そのようなネットワークを訓練するためには、
バックプロップを越える技法が必要であった。そのような技法は、2006 年に
英国生まれのカナダ人研究者ジェフ・ヒントンによって提案された。ディー

---

[7] ニューロンの数の歴史的増加率を見ると、40 年ほどで人間の脳と同じ数の人工ニューロンに到
達すると期待できる。しかしその人工ニューラルネットが 40 年後に人間レベルの知能を達成でき
ることを意味しない。なぜなら人間の脳は、単に大きなニューラルネットワークではないからだ。
人間の脳には、構造がある。

プラーニング研究の中で最も有名な人物である。ヒントンは、驚くべき人物だ。彼は、1980年代にPDP研究のリーダーの1人であり、バックプロップを発明した中の1人でもある。著者が個人的にヒントンを驚くべき人物だと思うのは、PDP研究に人気がなくなった後にも落胆しなかった点である。彼は、ディープラーニングというかたちで復活を遂げるまでニューラルネットワークの研究を地道に継続して、ついには国際的な賞賛を得たのだ（ヒントンは、第3章で近代論理学の創始者として見たジョージ・ブールの玄孫（孫の孫息子）である。ヒントンは、これが伝統的論理AIへの唯一の繋がりだと語っている）。

　深く（ディープな）、大きく、より多く結合したニューラルネットは、ディープラーニングの成功の理由の1つに過ぎない。ヒントンを筆頭とする研究者たちによるニューラルネット訓練の新しい技法の開発がもう1つの理由である。しかしそれ以上に、ディープラーニングを成功に導いた要素が2つある。データとコンピュータパワーだ。

　機械学習におけるデータの重要性は、**イメージネット**（ImageNet）プロジェクトの物語が最もよく表している[8]。イメージネットは、中国生まれの研究者李飛飛（リー・フェイフェイ）の構想による。1976年に北京で生まれた李は、1980年代に米国に移住し、物理学と電気工学を学んだ。2009年にスタンフォード大学に加わり、2013年から2018年にかけてスタンフォードAI研究所の所長を勤めた。李のアイデアは次のとおり。大規模でよく保守されたデータセットがあれば、新しいシステムを訓練し、テストし、比較するための共通の基盤となる。それは、ディープラーニング研究に大きく貢献するであろう。この目標を達成するために彼女は、イメージネット計画を開始した。

　イメージネットは、大規模なオンライン画像アーカイブ（保管庫）である。本書執筆の時点で、約1400万個の画像を含む。画像そのものは、JPEGのような共通デジタル形式でダウンロード可能な写真である。しかし重要なことは、画像はワードネットと呼ばれるオンラインシソーラスを使って22000

---

[8] http://www.image-net.org

もの異なる範疇に注意深く分類されている[9]。ワードネットは、慎重に分類された多量の単語を含む。どのように分類されているかといえば、たとえばある単語の同意語と反意語を含んでいる。今日イメージネットを見ると、「噴火口」の項目で約1032個の画像があり、「フリスビー」の項目で約122個の画像がある。データベース中の特定の項目の画像は人工的なものではないだけでなく、似ているからといって選ばれたわけではないことを理解してほしい。「フリスビー」という項目を見れば、共通しているのはフリスビーだということだけである。画像によっては当然人から人へ向かって投げられているものもあるが、単にテーブルの上に乗っているだけで人は写っていないものもある。画像はまさにさまざまで、すべての被写体がフリスビーだということ以外共通点はない。

　画像分類のエウレカモーメント（大発見の瞬間）は、2012年に訪れた。ジェフ・ヒントンと2人の同僚アレックス・クリジェフスキーとイリヤ・サシュケバーが共同で開発した**アレックスネット**と呼ばれるニューラルネットシステムが、国際画像認識コンクールで劇的に改善されたパフォーマンスを披露したのだ[10]。

　ディープラーニングの実現に必要な最後の因子は、ハードウェアとしてのコンピュータパワーである。ディープニューラルネットを訓練するためには、膨大なコンピュータ処理時間が必要だ。訓練に必要な計算そのものは、とりわけ複雑なものではない。しかしその量が膨大なのだ。今世紀に入ってから普及するようになった新しい型のコンピュータプロセッサが、ディープニューラルネットに必要な膨大な計算に理想的であることがわかった。グラフィックプロセッシングユニット（GPU）は、もともとはコンピュータゲームに高品質なアニメーションを提供するといったコンピュータグラフィックスの問題を扱うために開発された。　しかしそれらのチップは、ニューラルネットを訓練するのに完璧に適合したのだ。注目すべき研究を行っているすべての

---

[9] https://wordnet.princeton.edu

[10] A. Krizhevsky, I. Sutskever and G. E. Hinton. 'ImageNet Classification with Deep Convolutional Neural Networks'. In NIPS, 2012, pp. 110-14.

ディープラーニング研究室は、多くの GPU を用意している。しかしいくら用意したところで、研究室の学生は「十分でない」と訴えているのが実情だ。

　疑いのない成功にもかかわらず、ディープラーニングとニューラルネットには、いくつかの短所もある。

　第 1 に、その中に埋め込まれた知能が不透明である。ニューラルネットワークが取り込んだ専門性は、ニューロン間の連結に関連付けられた数値として重みの中に埋め込まれている。そしてわれわれは、この知識を取り出したり解釈したりする手段をいまだもっていない。エックス線画像の中に悪性腫瘍があると判断したディープラーニングプログラムは、その診断を説明することができない。顧客の銀行ローンを却下するディープラーニングプログラムも、なぜ却下したかその理由を述べることができない。第 3 章で、MYCINのようなエキスパートシステムは、結論や助言に達するまでの推論を辿ることによって、おおまかな説明ができることを見た。しかしニューラルネットは、そのような原始的な説明すら行うことができない。この問題については、現在精力的に研究が進められている。しかし今のところ、ニューラルネットワークに埋め込まれた知識や表現をどのように解釈したらよいかわかっていない[11]。

　ディープラーニングのもう 1 つの重要な問題は、微妙だがとても重大である。それは、ニューラルネットワークが堅牢ではないということだ。たとえば画像に人間には感知できないほどの些細な変更を加えたとすると、その結果ニューラルネットは、完全に間違った分類をしてしまう。図 5.5 に、その例を示す[12]。左の写真は、パンダの原像である。右の写真は、それに変更を加えてある。読者には、2 つの画像が同じに見えると思う。どちらもパンダの写真だと認めてもらえれば幸いだ。ニューラルネットは、左の画像は正しくパンダだと分類するのだが、右の画像はギボン（テナガザル）だと分類し

---

[11] 訳注：予測や推定をどのように行ったか、どの入力変数がどれほど洞察に寄与したかを示す「説明可能な AI（eXplainable AI）」は、現在 DARPA を中心に広く研究されている。

[12] I. Goodfellow et al. 'Explaining and Harnessing Adversarial Examples'. arXiv:1412.6572.

てしまう。これらの問題の研究は、敵対的機械学習として知られている。この用語は、敵対者が故意にプログラムをわかりにくくしたり混乱させようとしたりするということに由来する。

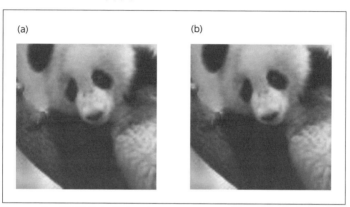

図5.5　パンダだろうかギボンだろうか。ニューラルネットワークは、画像 (a) を正しくパンダと分類する。しかし人にはわからないように手を加えた画像 (b) は、同じニューラルネットワークによってギボンと分類されてしまう。

　画像分類プログラムが誤って動物の画像を分類しているぶんには、それほど神経質にならなくてよいのかもしれない。しかし敵対的機械学習は、もっと深刻な例も投げかける。たとえば道路標識を、人間が読み取るぶんには問題ないが、無人運転車のニューラルネットには完全に誤解を与えるように変更することも可能なのだ。ディープラーニングをデリケートなアプリケーションで使用する前に、この問題をより詳細に理解する必要がある。

5.5 ディープマインド

　本章のはじめのほうで言及したディープマインドの物語は、ディープラーニングの隆盛を完璧に表現している。ディープマインドは、AI 研究者でコ

ンピュータゲームマニアのデミス・ハサビスとクラスメイトで起業家のムスタファ・スレイマンによって 2010 年に創設され、ハサビスがロンドン大学ユニヴァーシティ・カレッジに在籍しているときに出会った計算神経科学者シェーン・レッグが加わった。

　先に述べたように、2014 年のはじめにグーグルはディープマインドを買収した。この買収を報道で知って、さらにディープマインドが AI の会社だと知ったときの驚きはよく覚えている。買収時に AI はビッグニュースになっていたが、聞いたこともない英国の AI 企業が 4 億ポンドもの価値があるというのは狂気の沙汰に思えたものだ。他の多くの人と同じように、すぐにディープマインドのウェブサイトを見にいったのだが、たいした情報は得られなかった。会社がもつ技術や製品、サービスといったものの詳細はまったく書かれていなかった。しかし興味をそそる触りがあった。ディープマインドのミッションとして、「知能を解明する」というのがあったのだ。何度も言うように、過去 60 年間のものすごく浮き沈みのある AI 研究の歴史から、AI 研究を前進させる野心的な予想には慎重にならなければならないと身に染みてわかっている。世界的な技術の巨人の 1 つに買収されたばかりの企業が、このような厚かましい宣言を出しているのを見て、著者がどれだけ驚いたか読者は想像してもらえると思う。

　しかしウェブサイトには、それ以上何も書いていない。ディープマインドについて知っている人を誰も見つけられなかった。AI 研究者の知り合いのほとんどは、このアナウンスに懐疑的であった。多少は、専門家としての嫉妬もあったかもしれない。ディープマインドについては、その年の後半に偶然同僚のナンド・デ・フレイタスに会うまで、ほとんど何も聞こえてこなかった。ナンドはディープラーニングの世界ではリーダー的存在で、当時はオックスフォード大学で同僚であった（後にディープマインドに転籍した）。彼は学生とともにセミナーに出かける途中だったのだが、多くの論文を抱えていた。彼は、何かとても興奮しているようであった。彼は言う。「ロンドンのこのグループは、何もないところから、アタリのビデオゲームをプレーするようにプログラムを訓練したんだよ」。

　告白すれば、著者は特に何も感じなかった。ビデオゲームをするプログラ

ムなど、新しくなかったからだ。それは、学部生向けのちょっとむずかしい
プロジェクト程度のものだ。そのようにナンドに告げると、彼は辛抱強く説
明してくれた。そして漸く彼がなぜそれほど興奮しているかが理解できた。
すこしずつ AI が新しい時代に突入しつつあることが見え始めたのだ。

　ナンドが話していたアタリシステムとは、1980 年代のはじめに遡る Atari2600
ゲームコンソールである。このプラットフォームは、はじめて成功を収めた
ビデオゲームプラットフォームであり、当時としては画期的な 128 色 210 ×
160 ピクセルという大解像度をサポートしていた。ユーザー入力は、ボタン
を 1 つもつジョイスティックである。このプラットフォームは、ゲームソフ
トウェアのプラグインカートリッジを使用し、ディープマインドが使用した
のは、全部で 49 ゲームあった。ディープマインドは、その目的を次のように
述べている[13]。

> われわれの目的は、できるだけ多くのゲームのプレーを学習する 1 つの
> ニューラルネットワークエージェントを生成することであった。ネット
> ワークには、ゲームに特有の情報や手作りの視覚機能というものは提供
> されないし、いかなるエミュレータの内部状態も知らされない。ネット
> ワークは、人間がプレーを覚えるのと同じようにビデオ入力とスコア、そ
> して可能なアクションの集合だけからプレーを学ぶ。

　ディープマインドの成果がどれだけすばらしいものかを理解するためには、
彼らのプログラムが何をして、何をしていないかを理解するのが肝要である。
最も重要なのは、プログラムがプレーするゲームについて事前に何の情報も
与えないという点であろう。第 3 章で議論したような型の知識ベース AI を
用いて、アタリをプレーするプログラムを構築するのであれば、アタリゲー
ムに精通したプレーヤーから知識を抽出して、ルールや他の知識表現スキー
ムを使い、抽出した知識をコード化しようとするであろう（興味ある読者は
試してみてほしい。とてもむずかしいと思う）。それに対してディープマイン

---

[13] V. Mnih et al. 'Playing Atari with Deep Reinforcement Learning'. arXiv:1312.
5602v1.

ドのプログラムには、ゲームについての知識はまったく与えられない。プログラムに与えられる情報は、コンソールのスクリーンに現れる画像（210×160 カラーピクセル）とゲームの現在スコアだけである。それ以外は、まったく何も与えられないのだ。とりわけ特徴的なのは、「オブジェクトＡが座標 (x, y) にある」というような情報も、プログラムに与えられないということである。この種の情報は、生のビデオデータからプログラムが自分自身で何とか抽出しなければならなかった。

　結果はすばらしいものであった[14]。プログラムは、強化学習を使って自らプレーすることを学んだのだ。何度も何度も繰り返してプレーし、プレーごとにフィードバックを受けることで、どのようなアクションが報酬を得られて、どのようなアクションでは得られないかを学んでいった。プログラムは、49 個のゲームのうち 29 個について人間のプレーヤー以上に上手にプレーできるようになった。ゲームによっては、人間のエキスパートレベルのパフォーマンスを達成した。

　とりわけ注目を集めたゲームがある。そのゲーム、「ブレイクアウト」は、1970 年代に開発された最初のビデオゲームの１つであり、プレーヤーは「バット」を制御して、飛んでくる「ボール」を壁に向かって打ち返す[15]。壁は色のついた「レンガ」でできていて、ボールがレンガに当たると、レンガは破壊される。目標は、できるだけ早く壁全体を破壊することである。図 5.6 に、プレーを学び始めたばかりの段階のプログラムを示す（約 100 回プレー後）。この段階では、プログラムはボールを頻繁にミスする。

　しかしさらに 2、300 回ほど訓練すると、プログラムはエキスパートレベルになった。ボールをミスしなくなったのだ。そして驚くべきことが起きた。プログラムは、ポイントを稼ぐのに最も効果的な方法が、ボールが壁の上に行けるように壁の隅に穴を開けることだということまで学んだのだ。そうするとレンガの壁と上部の障壁との間でボールがすごい勢いで跳ね返り、プレー

---

[14] V. Mnih et al. 'Human-Level Control through Deep Reinforcement Learning'. Nature, 518, 2015, pp. 5-33.
[15] 訳注：ブレイクアウトは、日本では「ブロック崩し」の名称で親しまれていた。

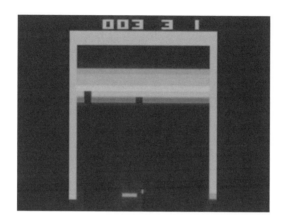

図5.6　ブレイクアウトのプレーを学び始めたばかりのディープマインドのア
　　　　タリプレーヤー。ボールを頻繁にミスしている。

ヤーが何もしなくてもレンガの壁が壊れていく（図5.7 参照）。この振舞いは、
ディープマインドのエンジニアの予想を上回るものであった。プログラムが
自動的に学んだのだ。ゲームのビデオ映像は、オンラインで視聴できる。著
者は、このビデオを何十回となく講義や講演で使用した。聴衆にビデオを見
せると、プログラムが何を学んだか理解するにしたがって毎回驚きの声が聞
こえる。

　再度強調しておきたいのだが、ディープマインドは、アタリのビデオゲーム
をプレーするプログラムを作成したのではない。それなら簡単なのだ。ディー
プマインドのエンジニアが制作したのは、アタリの 49 ゲームのうち 29 個を
人間よりも上手にプレーすることを学ぶ 1 つのプログラムなのだ。プログラ
ムが受け取る唯一の入力は、ビデオのストリーム映像とスコアでだけである。

　すでに述べたように、アタリをプレーするプログラムが使用する主な技法
は、3 つの「隠れ層」をもつニューラルネットワークで実装された強化学習で
ある。ニューラルネットワークへの入力は、生の 210 × 160 のカラー画像を
84 × 84 のモノクローム画像へと解像度を落とすように前処理されている。
さらにプログラムは、入力のすべての画像を使用するのではなく、4 枚に 1 枚

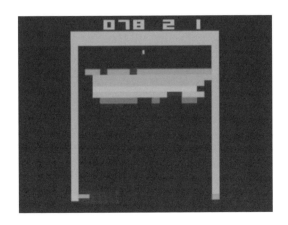

図 5.7　ついにプログラムは、誰も教えていないのに、速くよいスコアを稼ぐ
　　　　最良の方法が、ボールが跳躍するように壁に穴を開けることだと知る。
　　　　プログラムのこの行動は、開発者を完全に驚かせた。

を標本として抽出していた。ニューラルネットワークは、古典的なディープ
ラーニング技法（確率的勾配降下法）によって訓練された。

　プログラムは、決して完璧ではなかった。ゲームによっては、上手にプレー
できないものもあった。そしてなぜそうなるかを観察するのは興味深い。と
りわけプログラムが苦手だったのは、「モンテスマの復讐」と呼ばれるゲーム
であった。モンテスマの復讐が困難なのは、なかなか報酬が得られないこと
である。プレーヤーは、（ブレイクアウトのように報酬がすぐに得られるのと
異なり）報酬を得るまでに一連の複雑な作業を実行しなければならない。一
般に関連するアクションから報酬が得られるまで長い時間がかかる類の問題
は、強化学習にとって困難である。これは、前に議論した貢献度分配問題と
同じである。貢献度分配問題とは、どのような行動によって報酬が得られた
かを明らかにすることである。

　ディープマインドが成し遂げたのがアタリのゲームをプレーするプログラ
ムだけであったならば、AI の歴史の一角を占めるだけで終わったであろう。
しかし続いてディープマインドは、衝撃的な成功を次々と達成した。

その中でも最も有名なものは、そして現在まで構築された AI システムの中で最も有名なものは、**アルファ碁**（AlphaGo）と呼ばれるものである。これは、古代中国のボードゲームである囲碁をプレーするプログラムである。

囲碁は、AI の興味深い目標である。一方で囲碁の規則はきわめて単純である。たとえばチェスよりずっと単純である。ところが他方では、2015 年当時囲碁をプレーするプログラムは、人間のエキスパートの足元にも及ばなかった。なぜ囲碁は、そんなにも困難な目標なのであろうか。その答えは単純で、ゲームが大きいというものである。碁盤は、19×19 の格子であり、つまり碁石を置ける場所は 361 箇所あるということになる。チェスは 8×8 の格子なので、チェスの駒を置く場所は 64 箇所である。第 2 章で見たように、チェスの分岐因子（ゲームの与えられた時点でのプレーヤーが取り得る手）が約 35 であるのに対し、囲碁の分岐因子はおよそ 250 である。換言すれば、ボードの大きさと分岐因子に関して囲碁は、チェスよりもはるかに大きい。そして囲碁は、時間がかかる。1 つのゲームを終えるのに、150 手程度が普通である。

ゲームのサイズというのは、人間のプレーヤーにとってもむずかしいものである。囲碁レベルのボードの大きさを想像してみてほしい。あるいは人間のプレーヤーが対処できるレベルを越えたサイズを考えてみてほしい。ゲームのサイズからして、囲碁に明示的な戦略を求めるのがどれだけ困難かわかると思う。マシンにとっても、これは問題である。ボードの大きさと分岐因数が単純な探索を不可能にしているのだ。何か別のものを求めるしかない。

アルファ碁は、2 つのニューラルネットワークを使用する。評価ネットワークは、与えられた盤上の配置がどれだけよいかを評価することに専心する。戦術ネットワークは、現在の盤面に基づいてどのような手を打つべきかの助言を行う[16]。戦術ネットワークは、13 層からなり、最初は教師付き学習を使って訓練される。このとき訓練データは、人間のエキスパートによるゲーム運びの例である。その上で自己対戦に基づく強化学習をするのだ。最後に

---

[16] D. Silver et al. 'Mastering the Game of Go with Deep Neural Networks and Tree Search'. Nature, 529, 2016, pp. 4-9.

2つのネットワークは、モンテカルロ木探索と呼ばれる巧妙な探索技法の中に組み込まれる。

　システムを発表する前にディープマインドは、ヨーロッパの囲碁のチャンピオンである樊麾（ファン・フイ）を採用してアルファ碁と対戦させた。システムは、5対0で勝利した。これが、はじめてプログラムが、囲碁で人間のチャンピオンを打ち負かした瞬間であった。間を置かずディープマインドは、アルファ碁が囲碁の世界チャンピオンであるイ・セドルと対戦すると発表した。2016年3月に韓国ソウルで5回勝負で争われた。

　アルファ碁の技術は素晴らしいものであった。著者を含めてAI研究者は、どうなるかと固唾をのんで見守った（著者は、個人的にはアルファ碁は1回か2回は勝つであろうが、最終的にはセドルが勝利すると思っていた）。誰も予想しなかったのは、試合が前例のないニュースになったことであった。試合そのものがニュースとなって世界中を駆け巡ったのだ。試合を巡る物語が映画になったほどだ[17]。

　結果は、アルファ碁が4対1でイ・セドルを打ち破った。イは最初の3ゲームを落とし、4ゲーム目で勝ったものの5ゲーム目でも負けた。観戦者によると、イは初戦に負けてぼう然としたそうである。彼は容易に勝てると思っていたらしい。イを気落ちさせないために、アルファ碁は4ゲーム目をわざと落としたのだとジョークを飛ばしたのは1人や2人ではない。

　対戦のさまざまな局面で、人間の解説者がアルファ碁の試合運びが奇妙だと述べている。それらは、明らかに「人間なら打たないような箇所に碁石を置いている」のであった。アルファ碁がどのように試合を進めるかを分析するとき、まさに人間の立場から見て、われわれが対戦するとしたらどのような動機でどのような戦略を使うかを直観的に探る。擬人化してしまうのだ。そのような視点からアルファ碁を理解しようとするのは無意味だ。アルファ碁は、唯一のこと、すなわち囲碁というゲームをプレーするだけに最適化されたプログラムである。われわれは、プログラムに動機や推論、戦略といったものを帰着させたくなるが、そのようなものはない。アルファ碁の飛び抜け

---

[17] http://tinyurl.com/ydafuhjp

た能力は、すべてニューラルネットの重みの中に捕捉されている。それらの
ニューラルネットは、数値の長いリストに過ぎないので、その中に埋め込まれ
たたぐいまれな能力を抽出したり合理化したりする方法はない。アルファ碁
は、特定の打ち方について、なぜそうするのか説明することはできない。そ
してこれから見ていくように、その点こそがディープラーニングにおける重
大な問題なのだ。

　アルファ碁は、ディープラーニングとビッグデータという新しい AI の勝
利だと喧伝された。たしかにそのとおりなのだが、それは表面的なことで、
その下を覗くと、アルファ碁のすぐれた工学的部分は、古典的な AI 探索で
あることに気づく。1950 年代にチェッカーをプレーするプログラムを開発し
たアーサー・サミュエルについては第 2 章で議論した。彼にとっても、アル
ファ碁で使用された探索技法を理解するのはむずかしくない。探索技法につ
いては、1950 年代の彼の研究から現代の最も有名な AI システムまで、伝統
は途切れなく続いているのだ。

　2 つも画期的な業績があれば十分だと思うかもしれないが、18 カ月後に再
びディープマインドはニュースになった。今回は、アルファ碁ゼロと呼ばれ
るアルファ碁を一般化したものであった。アルファ碁ゼロで刮目すべきこと
は、人間のエキスパートレベルの技巧を教師なしで学んだことである。自分自
身を相手に対戦するだけで、チャンピオンレベルの技を身に付けたのであっ
た[18]。公平のために言えば、自分自身を相手にものすごい数の対戦をこなさ
なければならなかった。それにしても驚くべき結果だ。続いて発表されたア
ルファゼロというシステムは、さらなる一般化を推し進めた。アルファゼロ
は、チェスを含む広範囲のゲームも学ぶことができた。9 時間ほど自己対戦
を行った後に、世界最高水準のチェス専用プログラムであるストックフィッ
シュに対して負け知らずになるレベルまで上達したのだ。コンピュータチェ
スの研究者たちは瞠目した。アルファゼロが 9 時間自己対戦するだけで、世
界最高水準のチェスプレーヤーになるまで学びきってしまえるとは信じがた

---

[18] D. Silver et al. 'Mastering the Game of Go without Human Knowledge'.
Nature, 50, 2017, pp. 35-9.

いことなのである。ここで注目すべきなのは、アプローチの一般性である。アルファ碁は囲碁しかプレーできなかった。そして巧みに囲碁をプレーするシステムを構築するだけでもたいへんな労力が必要であった。それなのにアルファゼロは、多くの型のボードゲームをプレーできたのだ。

　もちろんこの結果を深読みし過ぎてはいけない。1つには、アルファゼロは十分な汎用性をもっていたとしても（それ以前のいかなるエキスパートゲームプレイングプログラムよりも汎用的である）、汎用知能へ向けて大きく歩みを進めたということはできない。われわれ人間が保有している知能の汎用性には、まったく及ばないのである。ボードゲームこそきわめて巧みにプレーすることができたけれども、上手に会話できるわけでも、ジョークを飛ばせるわけでも、オムレツを焼けるわけでも、自転車に乗れるわけでも、靴ひもを結べるわけでもない。アルファゼロの驚くべき能力は、まだ非常に狭い領域に限られたものだったのである。そしてもちろんボードゲームは高度に抽象的である。ロドニー・ブルックスであれば念を押すところであろうが、ボードゲームは現実世界からは遠いところにあるのだ。

　しかしどれだけ不満があろうが短所があろうが、単純な真実は次のとおりだ。すなわちアタリのゲームをプレーするプログラムからアルファゼロに至るまでのディープマインドの業績は、AI 研究における驚くべきブレイクスルーの連続だったということである。そしてブレイクスルーを達成することで、何百万もの人々の想像力を掻き立て惹き付けたことには間違いない。

5.6 汎用 AI に向かうのか

　ディープラーニングは、途方もない大成功を収めた。ほんの2、3年前には想像もできなかったプログラムを構築できるようになったのだ。しかしこれらの業績に対する称賛は本物ではあるものの、ディープラーニングは、AI をグランドドリームへと推し進める魔法の材料ではない。すこし説明が必要かもしれない。そのために、ディープラーニングが広く応用される2つの分野を見ることにしよう。すなわちイメージキャプションと自動翻訳である。

　イメージキャプション問題とは、コンピュータに画像を取り込んで、画像について短い説明文を生成することである。この機能をある程度含むシステムは、広範囲に使用されている。著者のアップルマッキントッシュソフトウェアの最後の更新でフォトマネージメントアプリケーションは、ファイル中の写真を「海辺の風景」や「パーティー」といったカテゴリーへ上手に分類してくれるようになった。本書執筆時点でも、国際的な研究グループが運営しているウェブサイトの中には、写真をアップロードすると、それぞれに適当な見出しを付けてくれるものもある。現在のイメージキャプション技術の限界とディープラーニングの限界をよく理解しようと思って、家族写真の 1 枚を、そのようなサイトの 1 つ（この場合マイクロソフトのキャプションボット）にアップロードしてみた。アップロードした写真を図 5.8 に示す。

図 5.8　この写真は何でしょう。

　キャプションボットの反応を見る前に、すこし時間をとって写真を見ていただきたい。読者が英国人であれば、あるいはサイエンスフィクションのファンであれば、写真の右手の人物に見覚えがあるだろう。2010 年から 2013 年にかけて BBC で放映されたテレビドラマ「ドクターフー」の主役を演じたマット・スミスである（左手の人物はわからないと思う。著者の亡くなった義父だ）。

キャプションボットの写真解釈は、次のようなものであった。

　マット・スミスは立っていて、写真撮影のポーズを取っているのだと思う :-) :-)

　キャプションボットは、写真の重要な要素を識別して、かつ状況（立ち姿で撮影用のポーズを取り微笑している）もある程度認識している。しかしこの成功は、キャプションボットがやっていないこともやっているように信じさせるという意味で、容易にキャプションボットへの誤解を誘う。何をやっていないかといえば、理解である。この点を明らかにするために、システムにとってマット・スミスを特定するとはどういうことか考えてみよう。すでに見たようにキャプションボットのような機械学習システムは、多量の訓練データを与えられて学習する。データの1つ1つは、写真とテキストによる見出しの対から構成される。システムは、マット・スミスを含む十分に多くの写真と「マット・スミス」という見出し文を見せられる。いずれマット・スミスを含む写真を見せられると、テキスト「マット・スミス」を正しく生成する。これは、とても有用な機能である。長年にわたる熱心な研究の成果であり、無限の可能性を秘めている。

　しかしキャプションボットは、いかなる意味でもマット・スミスを「認識」していない。この点を理解するために、読者が写真に何が見えるか尋ねられたと想像してみてほしい。次のような説明をしてくれると思う。

　　ドクターフーを演じた俳優のマット・スミスですね。彼は立って老人に腕を回しています。老人が誰だかわかりませんが、2人ともほほ笑んでいます。マットはドクターフーの衣装を着けているので、撮影中ですね。彼のポケットには丸めた紙が入っています。たぶん台本でしょう。紙コップも持っていますから、ティーブレイクなのでしょう。彼の背後にある青い箱は、ドクターフーが旅する宇宙船でタイムマシンのタルディスでしょう。野外なので、マットはどこかのロケ現場にいるのですね。きっとフィルムクルー、つまりカメラマンとか照明スタッフとかも近くにいるに違いありません。

キャプションボットには、こんな芸当は真似できない。キャプションボットがマット・スミスを識別したとは、「マット・スミス」テキストを生成したという意味であり、その知識を使って写真の中で何が起こっているのかを解釈したり理解したりできるわけではない。そしてこの理解の欠如こそが問題なのだ。

キャプションボットのような、示された写真を解釈するシステムが限定された能力しかもたないという事実の他にも、人間がもつような理解力を示すことができない状況はある。

読者がドクターフーの衣装を着けたマット・スミスの写真を目にしたとき、単に俳優が誰でどういう状況かを特定するだけでなく、さまざまな情景が目に浮かんだり、感情が湧きおこったりすると思う。読者がドクターフーのファンであれば、マット・スミス主演のドクターフーのお気に入りのエピソードを思い出すであろう（「待っていた少女」に同意してくれると嬉しい）。読者は、親や子供たちと一緒にドクターフーに扮したマット・スミスを見ていたことを思い出すかもしれない。プログラムの中のモンスターに怯えた記憶も呼び起こされるかもしれない。撮影のセットを訪れたことや撮影スタッフを見たことを思い出すかもしれない。

したがって「写真の理解」というのは、それを見る人の「経験」に裏打ちされているということができる。そのような理解は、キャプションボットにはできない。なぜならキャプションボットには、そのような裏打ちしてくれる経験がないからだ（そしてもちろんそう主張することもない）。キャプションボットは、完全に世界から切り離されているのだ。そしてロドニー・ブルックスが言うように、知能は世界の中に体現されるものなのだ。著者は、AI システムが理解を示すことができないと主張するつもりまったくない。しかし理解とは、特定の入力（たとえばマット・スミスの写真）を特定の出力（「マット・スミス」というテキスト）に写像できるということだけでないことは確かだ。そのような能力は理解の一部ではあろうが、どう考えても全体でないことは明らかである。

ある言語から他の言語への自動翻訳も、過去 10 年の間にディープラーニングによって各段に進歩を遂げた分野である。自動翻訳ツールができることと

できないことを見るのも、ディープラーニングの限界を知るのに役立つ。グーグル翻訳は、おそらく最もよく知られた自動翻訳である[19]。2006 年に最初の製品が利用可能になって以来、グーグル翻訳の最新バージョンではディープラーニングとニューラルネットが使用されている。このシステムは、大量の翻訳テキストによって訓練された。

　2019 年のグーグル翻訳システムに、不合理なまでにむずかしい課題を与えたら何が起きるか見てみよう。困難な課題とは、フランスの作家マルセル・プルーストによる 20 世紀初期の古典小説『À la recherche du temps perdu（「失われた時を求めて」）』の最初の段落の翻訳である。最初の段落の原文は、次のとおり。

> Longtemps, je me suis couché de bonne heure. Parfois, à peine ma bougie éteinte, mes yeux se fermaient si vite que je n'avais pas le temps de me dire: 'Je m'endors.' Et, une demi-heure après, la pensée qu'il était temps de chercher le sommeil m'éveillait; je voulais poser le volume que je croyais avoir encore dans les mains et souffler ma lumière; je n'avais pas cessé en dormant de faire des réflexions sur ce que je venais de lire, mais ces réflexions avaient pris un tour un peu particulier; il me semblait que j'étais moi-même ce dont parlait l'ouvrage: une église, un quatuor, la rivalité de François Ier et de Charles Quint.

　恥を晒すようだが、10 年にわたる多くの語学教師の努力にもかかわらず、著者のフランス語学力は微々たるものだ。上記のテキストでも、所どころわかるだけである。誰かに助けてもらわなければ、テキスト全体で何が描写されているのかまったくわからない。

　プロの翻訳家による最初の段落の英語への翻訳は、次のとおり[20]。

---

[19] https://translate.google.com

[20] この翻訳は、スコットランドの作家で翻訳家の C・K・スコット・モンクリーフ（C. K. Scott Moncrieff）による。彼の『失われた時を求めて』の翻訳は、文学史上最も名高い。プルーストの言葉を勝手に変えていると批判されることもあるけれど、名訳といわれている。

For a long time I used to go to bed early. Sometimes, when I had put out my candle, my eyes would close so quickly that I had not even time to say 'I'm going to sleep.' And half an hour later the thought that it was time to go to sleep would awaken me; I would try to put away the book which, I imagined, was still in my hands, and to blow out the light; I had been thinking all the time, while I was asleep, of what I had just been reading, but my thoughts had run into a channel of their own, until I myself seemed actually to have become the subject of my book: a church, a quartet, the rivalry between François I and Charles V.

（長い間、私はまだ早い時間から床に就いた。ときどき、蠟燭が消えたか消えぬうちに「ああこれで眠るんだ」と思う間もなく急に瞼がふさがってしまうこともあった。そして半時もすると今度は、眠らなければという考えが私の目を覚まさせる。私はまだ私の手に持っていると思っていた書物を置き、蠟燭を吹き消そうとする。眠りながらも私はいましがた読んだばかりの書物のテーマについてあれこれ思いをめぐらすことは続けていたのだ。ただ、その思いはすこし奇妙なかたちをとっていて、本に書かれていたもの、たとえば教会や四重奏曲やフランソワ一世とカール五世の抗争そのものが私自身と一体化してしまったような気がするのである。）
　── 高遠 弘美訳「失われた時を求めて」光文社古典新訳文庫 ──

　すばらしい。しかしおもしろいことに、これは美しい英文ではあるものの、少なくとも著者にとっては、意味が完全に明析になったとはいえない。「I … seemed actually to have become the subject of my book: a church, a quartet, the rivalry between François I and Charles 」と書いたとき、プルーストは何を言いたかったのであろうか。どうすれば人は教会に「なる」ことができるか「四重奏曲」で何を意味したかったのか。フランソワ一世とチャールズ五世の間の「抗争」とは何を言っているのか。さらに電灯に慣れ

ている読者にとって灯りを「吹き消す」とはどういうことなのだろうか。それでは、グーグル翻訳がどのように頑張ったか見てみよう。

> Long time, I went to bed early. Sometimes, when my candle, my eyes would close so quickly that I had no time to say: 'I fall asleep.' And half an hour later the thought that it was time to go to sleep would awaken me; I wanted to ask the volume that I thought I had in my hands and blow my light; I had not ceased while sleeping to reflections on what I had read, but these reflections had taken a rather peculiar turn; I felt that I myself was what spoke the book: a church, a quartet, the rivalry between Francis I and Charles V.

（フランス語からの日本語へのグーグル翻訳は、次のとおり：訳者）

> （長い間、私は早く寝ました。たまに、ろうそくがかろうじて消えて、目がすぐに閉じて、「眠りに落ちた」と自分に言い聞かせる時間がなかった。そして 30 分後、眠りが覚めたように見える時間だと思った。自分; まだ手に持っていると思っていた音量を下げて、光を吹き飛ばしたかったのです。私は今読んだことを振り返るために眠りを止めていませんでしたが、これらの振り返りはやや奇妙な方向に進んでいました。 教会、カルテット、フランシス 1 世とカール 5 世のライバル関係など、私自身がこの本の内容であるように思えました。）

プロの翻訳家のものと同じテキストだろうということはわかる。グーグル翻訳もかなり精巧な仕事をしたといえる。それでもプロの翻訳家や文学のエキスパートでなくても、その限界を感じ取ることができる。「blow my light（光を吹き飛ばしたかった）」は英語（日本語）になっていない。続く文章も意味がわからない。何となくおかしいだけだ。さらにこの翻訳文では、英語話者（日本語話者）であれば絶対使わないような言葉使いをしている。全体として受け取る印象は、何となくわかるような気がしないでもないが、不自然に歪んだテキストだということであろう。

　もちろん著者は、グーグル翻訳に不当に困難な課題を与えた。プルースト
の翻訳は、プロの仏英翻訳家にとっても（もちろん仏日翻訳家にとっても）挑
戦的な課題なのだ。それでは自動翻訳ツールにとって、なぜプルーストの翻
訳がそれほど困難なのであろうか。

　問題は、プルーストの古典小説の翻訳にはフランス語の理解以上のものが
必要だということである。フランス語にどれだけ熟達したとしても、プルー
ストには戸惑わざるを得ない。それは単にプルーストの散文が読みにくいか
らというだけではない。プルーストを正しく理解するためには、そしてつま
り適切に翻訳するためには、途方もない量の背景知識が必要なのだ。それは
20 世紀初期のフランス社会と生活についての知識（たとえば明かりをとるの
に蝋燭を使うことを知る必要がある）であり、フランス史の知識（フランソワ
一世とチャールズ五世がライバル関係にあった[21]こと）であり、20 世紀初
期のフランス文学の知識（当時の書き方の様式、たとえば隠喩の多用）であ
り、プルースト自身についての知識（彼の主な関心事は何か）である。グー
グル翻訳で使用される型のニューラルネットは、これらのものを一切もって
いない。

　プルーストのテキストを理解するために多くの背景知識が必要だというの
は、新しい発見ではない。第 3 章で Cyc システムの文脈ですでに触れた。Cyc
は、現実世界のすべての知識を与えるプロジェクトであったことを思い出し
てほしい。そして Cyc の仮定は、そうすることで人間レベルの汎用知能を生
み出すことができるというものであったことも思い出してほしい。知識ベー
ス AI の研究者は、この問題を何十年も前から指摘していたと主張するに違
いない（ニューラルネットの研究者からは、知識ベース AI の研究者が提案
した技法は失敗に終わったではないかというきびしい反論が寄せられよう）。
ディープラーニング技法の改良によってこの問題が解決できるかどうかは明
らかではない。ディープラーニングは、問題解決の一部ではあろう。しかし
著者の私見では、正しい問題解決には大規模なニューラルネット、強力な処
理能力、退屈なフランス文学の多量の訓練データといったもの以上のものが

---

[21]訳注：百年戦争の当事者どうし。

必要である。少なくともディープラーニング自身と同じくらい劇的なブレイクスルーが必要であろう。そういったブレイクスルーには、ディープラーニングだけでなく明示的に表現された知識も必要となろう。つまり明示的に表現された知識の世界とディープラーニングとニューラルネットの世界の間隙に橋渡しをしなければならないのだ。

5.7 巨大な分裂

　2010 年に著者は、AI の大規模な国際会議を組織するように依頼された。ポルトガルのリスボンで開催される欧州 AI 会議（European Conference on AI、ECAI）である。ECAI のような国際会議に参加することは、AI 研究者にとって生活の重要な一部である。われわれは、研究成果を論文にまとめて国際会議に投稿するのだ。投稿された論文は、プログラム委員会で査読を受ける。プログラム委員会とは、高名な科学者のグループで、投稿された論文の中から発表してもらう価値のあるものを選択する。AI のすぐれた国際会議では、5 本に 1 本くらいしか論文は採択されない。したがって論文が受理されることは、とても名誉なことだ。大規模な AI 国際会議には、5000 本以上の投稿があるのだ。以上のことから、ECAI のプログラム委員長を務めるよう依頼されたことにとても名誉心をそそられたことをわかってもらえると思う。これは、研究者の世界で信頼されている証であり、大学では昇給も望めるというものだ。

　委員長としての仕事には、プログラム委員を選任するというものも含まれる。そこで機械学習の研究者からも代表を招きたいと考えた。ところが予期せぬことが起こった。著者が招聘状を送った機械学習の研究者は、ことごとくノーと言ってきたのだ。このような役割を依頼されたときに丁寧に辞退するのは珍しいことではない。プログラム委員というのは、結構重労働なのだ。しかし今回は、機械学習の研究者から誰一人承諾をもらえないようなのだ。どうしたことかと驚いた。ECAI が問題なのか。それとも著者が嫌われているのだろうか。

　以前国際会議を組織した同僚や AI のイベントに携わった人々に相談をも
ちかけてみた。みな類似の経験をしていた。機械学習の研究者は、いわゆ
る「主流派 AI」のイベントには興味がないようなのだ。機械学習の世界で
の 2 つの大規模な学会は、ニューラル情報処理システム国際会議（Neural
Information Processing Systems Conference、NeurIPS）と機械学習国際
会議（International Conference on Machine Learning、ICML）である。
AI の分野ごとに、それぞれ分科会のような国際会議がある。したがって機械
学習の研究者の関心が、これら 2 つの学会に集中するのは驚くことではない。
しかしそのときに至るまで、機械学習の研究者が自分自身を「AI」の一部だ
とは、まったく考えていないことに気がつかなかった。

　振り返って考えれば、AI と ML の分裂は、ずっと早い時期に始まっていた
といえる。おそらくミンスキーとパパートの 1969 年の書籍『パーセプトロ
ン』の出版に端を発していたのであろう。この書籍については、すでに見た
ように、1960 年代の終わりにニューラル AI 研究に大打撃を与えた。それは
1980 年代半ばに PDP が出現するまで息の根を止められたままであった。半
世紀を過ぎた今日でも、その出版を苦々しく思っている人々がいるというこ
とだ。分裂の起源が何であれ、機械学習の研究者は主流の AI 研究から離れ
てしまった。機械学習の研究者は、まったくわが道を行くと決断してしまっ
たようなのだ。多くの研究者が、機械学習と人工知能との間の垣根を易々と
またいでいることも確かなのだが、今日の機械学習の専門家の多くは、彼ら
の研究に「AI」とラベル付けされることに戸惑ったり苛立ったりする。なぜ
なら彼らにとって AI とは、本書で述べてきたように失敗したアイデアの長
いリストに他ならないからである。

Part III

これからの道のり

Chapter**6**

AI の現在

　ディープラーニングは、AI アプリケーションの水門を開いた。2020 年代における AI は、1990 年代の WWW（World Wide Web）以降で最も耳目を集めた新技術である。データと解決したい課題をもつ人は、誰でもディープラーニングが使えないかどうかを尋ねる。そして多くの場合、回答はイエスである。われわれの生活のすべての局面で、AI が出現している。技術が使用されるところどこでも、AI は応用分野を見つける。教育、科学、工業、貿易、農業、医療、エンターテイメント、メディアに芸術、すべてにおいてだ。AI のアプリケーションによっては、目に見えるものもあるが、隠れて見えないものもある。AI システムは、今日コンピュータがそうであるように、世界の隅々に埋め込まれることになるだろう。そしてコンピュータと WWW が世界を変えたように、AI も世界を変えることになろう。コンピュータの応用すべてを述べることができないように、AI のアプリケーションをすべて語ることはできない。しかし個人的には、ここ 2、3 年で現れた以下のような応用例に興味をそそられる。

　読者は、2019 年 4 月にブラックホールの写真をはじめて目にしたことを覚えていると思う[1]。この驚異的な試みで天文学者は、世界中の 8 台の電波望遠鏡からデータを収集して、400 億マイルの彼方 5500 万光年離れたブラックホールの映像を構成してみせた。その映像は、今世紀で最も劇的な科学上の

業績であった。ところで多くの人は気づいていないが、この成果は AI によっ
て成し遂げられた。その映像は、映像の失われている要素を「予測」する高
度なコンピュータ画像処理アルゴリズムを使って再構成されたものなのだ。

　2018 年にコンピュータプロセッサの企業である NVIDIA の研究者が、AI
ソフトウェアの威力を示した[2]。どこから見ても実写にしか見えないけれど
も、完全にフェイクな人の写真によってこの写真を創造したのだ。それらの
写真は、敵対的生成ネットワークという新しい型のニューラルネットワーク
によって生成された。創造された写真はすごい。見たところまったく実在の
人物を写した写真にしか見えない。実際には存在しない人々の写真とは信じ
られない。ニューラルネットが生成した写真であるにもかかわらず、われわ
れの眼球と脳は、本物だと言っているのだ。今世紀に出現したこの機能は、将
来仮想現実（バーチャルリアリティー）のきわめて重要な構成要素となるで
あろう。AI は、実写と見紛う代替現実を構成しようとしている。

　2018 年後半にディープマインドの研究者は、メキシコの国際会議で、タン
パク質のフォールディングという医薬業界での基本問題を解決するためのシ
ステム、アルファフォールドを発表した[3]。タンパク質のフォールディングと
は、タンパク質の分子がどのような形状になるかを予測することを含む。タ
ンパク質がどのような形状になるかを理解することは、アルツハイマー病の
症状を改善する上で欠かすことができない。残念なことに、この問題はおそ
ろしくむずかしい。アルファフォールドは、古典的な機械学習の技法を使っ
て、タンパク質がどのような形状をとるか学習した。アルファフォールドは、
アルツハイマー病の悲惨な症状を理解する道を切り開いたのだ。

　この章では、AI の最も期待できる 2 つの分野について見ていこうと思う。
1 つは医療における AI の利用であり、もう 1 つは無人運転車の夢である。

---

[2] https://tinyurl.com/y8bu8xx8

[3] https://tinyurl.com/y5y75rgs

6.1 医療における AI

放射線科医の訓練などやめるべきだ。5 年以内にディープラーニングが人間の放射線科医を凌ぐことは明白だからだ。

ジェフ・ヒントン/2016 年

心電図計は、個人の健康管理アシスタントの中に組み込まれつつある。ウェアラブルデバイスが健康状態を継続的にモニターして、睡眠や運動の記録を取るだけでなく、脳卒中を予防して命を救うことができる。

心電図計企業のウェブサイト[4]

　政治や経済にほとんど興味のない人でも、保健医療が個人にとっても政府にとっても最も重要な財政問題だと認識していると思う。これは世界的問題だ。一方では、過去 2 世紀にわたる保健医療体制の充実は、先進国における最も顕著な科学の成果である。1800 年代のヨーロッパでの平均寿命は 50 年未満であった[5]。今日ヨーロッパで生まれた人は、普通に 70 代まで生きると思っていられる。出産での母親の死は、先進国世界では稀になった。このような劇的な変化は、衛生に対する理解が進んだ結果である。しかし薬剤や病気の治療法も改善された。その中でも最も重要なのは、1940 年代の抗生物質の発見と開発である。抗生物質によってはじめて、細菌感染症に対する効果的な治療が可能になった。もちろん保健医療の改善と平均寿命の延びは、世界の隅々まで及んでいるわけではない。本書執筆の時点でも、中央アフリカ共和国の平均寿命は 51 歳であり、地球上には出産が母子ともに危険である地域が残っている。しかし全体的にいって状況は改善される方向に向かっていて、これは喜ばしいことだ。

---

[4] https://blog.cardiogr.am/tagged/research
[5] この数字は、出産時の死亡率や幼児死亡率の高さによるものである。いったん成人期に達した人は、今日から見てもそれなりに合理的な年齢まで生存する見込みがあった。

　しかしこの慶事は問題も引き起こしている。第1に、平均して高齢化が進んでいる。そして高齢者は、若者よりも手厚い医療が必要である。つまり社会保険の費用がかさむ。第2に、新薬や病気に対する新しい治療法の開発により治療できる疾病の範囲が広がったことだ。これもまた、医療費の増加につながる。保健医療の出費がかさむ重要な理由は、医療に必要な資材が高価なのと、そのための人員が希少なことによる。英国で一般開業医になるためには、約10年の訓練が必要なのだ。

　これらの問題ゆえに、健康管理、とりわけ保健医療に対する財政は、世界中の先進国で果てしない議論の的となっている。英国では、国民保健サービスへの財政支出をどのようにするのが最良なのかについて議論が終わらない。国民保健サービス（National Health Service、NHS）は、1940年代後半に、無料ですべての人に医療を提供することを目指した国のサービスとして始まった。英国では、NHSが大切だとの認識は共有されている。しかし原資が税金であることから、どのように財政支出をするかについては議論が分かれている。

　保健医療はきわめて重要であるが、公平に配分するのはむずかしい。テクノロジーを使ってこの問題を解決できればすばらしい。

　保健医療にAIを使用するというアイデアは、新しいものではない。本書でもすでに、MYCINエキスパートシステムが、血液性感染症を診断して広く称賛されたのを見た。人間の医師よりもすぐれたパフォーマンスを示したのだ。保健医療の問題は、1980年代に遡る。当時も今日と同じように問題であったので、コンピュータプログラムが人間の医療従事者の技能を獲得できるというアイデアに多くの人が飛びついた。したがってMYCINに続いて、同じような医療関連のエキスパートシステムが多数開発された。もっとも研究室を出て実用に堪えられたものは僅かである。しかし今日健康管理にAIを使用する機運は再び高まっている。しかも今回開発されているものの中には、大規模な成功が見込まれているものも多数ある。

　AIを使った保健医療の新しい可能性は、個人健康管理と呼ばれるものである。個人健康管理は、ウェアラブルテクノロジー（装着技術）の出現によって可能になった。ウェアラブルテクノロジーとは、アップルウォッチのような

スマート腕時計や Fitbit のようなアクティビティ／フィットネス記録器（トラッカー）である。これらのデバイスは、ユーザーの心拍や体温といった体調を連続して記録する。これにより、多くの人々の健康データを連続して収集することが可能になった。これらのデータストリームは、AI システムによって解析される。解析は、ポケットの中のスマートフォンで行われるかもしれないし、インターネット経由で大規模な AI システムへとアップロードされるかもしれない。

　この技術の潜在力を過小評価してはいけない。歴史上初めて、われわれの健康状態を連続してモニターできるようになったのだ。最も基本的なレベルの AI ベース健康管理システムは、個人の健康状態について公正なアドバイスを提供することができる。これは、Fitbit のようなデバイスがすでに行っていることだ。Fitbit は、ユーザーの行動を記録して、目標を設定する（「1 日 1 万歩に挑戦」などは成功例だ）。経験から言えることだが、ゲーム感覚を取り入れることでユーザーに継続して実施させることができる。つまり目標達成を競技やゲームのようにするのだ。ソーシャルメディアを使ってもよい。

　商用のウェアラブルデバイスは未だ揺籃期にあるが期待は大きい。2018 年 9 月にアップルは、アップルウォッチの第 4 世代を発表した。それには初めて心拍モニターが含まれていた。アップルウォッチの心電図アプリは、心拍数トラッカーによるデータを記録して、心臓病の徴候を発見することができる。必要があれば救急車を呼ぶこともできよう。不整脈は、卒中や他の循環器系の発作の前兆の可能性がある。把握がむずかしい心房細動の徴候をモニターすることなどは、今すぐにでも利用可能なアプリケーションだ。スマートフォンの加速度計は、ユーザーが転倒したことを検知できるし、援助を要請するのにも役立つ。そのようなシステムは、比較的単純な AI 技法を使って実現できる。今日このようなアプリケーションが可能になったのは、われわれがインターネットに接続されている強力なコンピュータ（つまりスマートフォン）をもち歩いているということと、それが体調管理のセンサーを搭載したウェアラブルデバイスにも接続可能だということによる。

　個人向け健康管理アプリケーションによっては、センサーなど不要で、標準的なスマートフォンだけで実現できる。オックスフォード大学で筆者の同

僚の 1 人は、ユーザーのスマートフォンの使い方から認知症の始まりを検出できると言っている。電話の使い方の変化、あるいはスマートフォンに記録された行動パターンの変化によって、人々が気づく前に認知症の発症を検知できるというのだ。これはもちろん、正式な診断が下せるよりもずっと前ということになる。認知症は悲惨であり、高齢化する社会に深刻な課題を突き付けている。早期診断や健康管理を補助するツールは大歓迎だ。このような研究は、いまだ端緒に就いたばかりだが、将来期待できるアプリケーションである。

　これらは、すばらしいことではある。しかし新しい技術が切り開く未来には、不測の危険が潜んでいることも忘れてはならない。喫緊のものはプライバシーであろう。ウェアラブルテクノロジーは、個人の秘密に関わるものなのだ。この技術は常時われわれを監視して、取得したデータは、われわれを助けることもあるが、不当に使用される可能性もある。

　すぐに気づくものは、保険業界であろう。2016 年に生命保険会社ヴァイタリティは、生命保険の被保険者にアップルウォッチの装着を求めた。アップルウォッチは、被保険者の行動を記録する。それで、どれだけ運動しているかによって保険料を設定しようとしたのだ。1 ケ月カウチポテトを決め込んでしまったならば、保険料を満額支払わなければならないが、翌月フィットネスに励んだならば保険料は割引かれるという。このような仕組みは無害のように見える。しかしもっと不快なシナリオもありえる。たとえば 2018 年 9 月、米国の保険会社ジョンハンコックは、将来的には行動を記録する製品を身に付ける人にだけ保険を販売したいと発表した[6]。この発表は、当然のように批判を浴びた。

　この考え方を極端に推し進めると、国民健康保険（そして他の国の社会保障）に加入するには、日々の運動目標を設定して監視されることに同意しなければならない、さもなければ加入できないということになる。健康保険に加入したければ、毎日 1 万歩を歩きなさいということだ。人によっては、このようなシナリオに痛痒を感じないかもしれないが、人によっては、深刻な

---

[6] http://tinyurl.com/yc5gv8jg

プライバシーの蹂躙で基本的人権の侵害と捉えるであろう。

　自動診断も、AI による保険医療の潜在的に有意義なアプリケーションである。エックス線マシンや超音波スキャナーのような医療撮像デバイスからのデータを、機械学習を使って解析する技術は、ここ 10 年大きな注目を浴びている。本書執筆時点でも、AI システムが医療画像から効果的に病変を特定することを示した論文が、毎日のように発表されている。正常な画像の例と異常を示す画像の例を使って機械学習プログラムを訓練するというのは、機械学習の古典的なアプリケーションである。プログラムは、かなり的確に異常のある画像を識別している。

　この分野でも先行しているのはディープマインドだ。2018 年にディープマインドは、ロンドンのムーアフィールド眼科病院と共同で、眼球スキャンから病変や異常を自動的に識別する技法を開発しているとを発表した[7] 眼球スキャンは、ムーアフィールド病院の主要業務であり、毎日およそ 1000 人を検査してスキャン画像を分析するのが病院の仕事の大部分を占めている。

　ディープマインドのシステムは、2 つのニューラルネットワークを使用する。第 1 のニューラルネットワークはスキャン画像をセグメント化（画像をコンポーネントに切り分ける）して、第 2 のニューラルネットワークが診断する。第 1 のネットワークは、人間のエキスパートがどのように画像をセグメント化するかを示す約 900 個の画像で訓練された。第 2 のネットワークは、約 15000 個の画像で訓練された。試行の結果、システムは、人間のエキスパートと同じレベルかそれ以上に優れたパフォーマンスを示した。

　これは素晴らしい結果だ。類似の能力をもつシステムを構築するのに、現在の AI 技法がどのように使用されているかを示す例は数多く存在する。類似のシステムには、エックス線画像から癌性腫瘍を特定したり、超音波スキャン画像から心臓病を診断したりするシステム等が含まれる。ジェフ・ヒントンが、大成功を収めたアレックスネットという画像認識プログラムの共同創造者であることを思い出してほしい。彼は機械学習が医療画像診断の問題を

---

[7] J. De Fauw et al. 'Clinically Applicable Deep Learning for Diagnosis and Referral in Retinal Disease'. Nature Medicine, 24, September 2018pp. 134-50.

解決すると信じているので、この節の冒頭に引用した放射線科医についての大胆な提言を主張したわけだ。放射線科医は当然のことながら憤激した。彼らの職務は、単にX線画像を見るだけではない。もっと大事な仕事がたくさんあるというのだ[8]。

　他にも多くの人々が、AIを保健医療に使用する危険性に警鐘を鳴らしている。1つには、医療の専門家は人間の専門家である。他のどのような職業よりも人間であるということが重要で、何より人として人に向き合うことが大切だと主張する。一般開業医は、患者を「読む」ことができなければならない。つまり患者が属している社会の文脈を理解すること、そしてその特定の患者に有効な治療計画は何であるかを理解することが必要なのだ。すべての証拠が、医療データを分析することにかけては、人間のエキスパートと同等の能力をもつシステムを構築できることを示している。しかしデータ分析は、医療の専門家が行っていることの一部に過ぎない（最も重要な部分ではあるが）。

　保健医療へのAIの使用に反対する議論としては、患者はマシンでなく人間に診断してもらいたいと思っているというものがある。この点については、2つ指摘しておきたいことがある。

　第1に、人間の判断を黄金律か何かのように盲信する傾向がある。われわれ人間は間違う。最高に経験豊かで勤勉な医師と雖もときには疲れていることもあるし、気持ちが揺らいでいることもある。そしてどれだけ注意していたとしても、何らかの偏向や偏見から逃れることはできない。平たくいえば、人間が合理的な状況判断に秀でているとは言えないのだ。マシンは、人間のエキスパートと同じくらい適切に診断できる。保健医療における有効性は、マシンの能力をどのように使用するかによるのだ。著者の考えでは、AIの有効な使い方とは、人間の保健医療の専門家の代わりをさせることではなく、人間のエキスパートを補強することである。AIの有効利用とは、人間の専門家を定型的な業務から解放して、真にむずかしい仕事に集中してもらうこと、そしていろいろな状況に対処するためにもセカンドオピニオンを提供しても

---

[8] http://tinyurl.com/yakkuyg2

らうことに尽きる。

　第2に、人間の医師とAI医療プログラムの間でどちらを選択するかで悩むというのは、第1世界に特有の問題である。世界の他の地域の人々にとって選択は、AIシステムによる医療か何もないかなのだ。そのような世界では、AIにできることは多い。AIは、現在保健医療を享受できない世界の人々に、なんらかの医療や健康管理の手段を届ける可能性を高める。この可能性について著者は、大いに期待している。今日のAIの可能性として、このことが最も社会的影響が強いと考える。

6.2 無人運転車

空気より重い飛行機械など不可能だ。

王立学会会長　ケルヴィン卿 1895 年

　本書執筆の時点で、世界中で毎年100万人以上の人々が、交通事故で亡くなっている。中国とインドだけで、この4分の1を占めている。さらに5000万人が交通事故で負傷している。新しいインフルエンザの流行が、1年に100万人の死者を出したことで世界を恐慌に陥れたことを考えると、これらは恐るべき数字だ。交通事故の危険性には慣れていないとしても、現代社会で生活する上での職業上の危険性というものは受け入れているようだ。しかしAIは、それらの危険性を減少させる可能性を秘めている。それほど遠くない将来に無人運転車は可能になりそうであり、最終的には、多くの命を救うことになる潜在能力がある。

　自律運転車がすぐれている理由は他にもある。コンピュータは、自動車を効率的に運転するようにプログラムできる。つまり燃料や電力といった貴重な資源を有効利用できるということであり、環境にもやさしい車になるということである。さらにコンピュータは道路網も有効利用できる。たとえば混雑する合流地点で、よりスムーズな車の流れを形成できる。そして自動車が

安全になれば、高価で重い安全性を追求したシャシーも減量化できるので、安価で燃料効率の高い車を製造できる。無人運転車の出現で自家用車というものが不要になるという議論もある。無人タクシーは安価になるので、自宅に車を保有することの経済合理性がなくなるというのだ。

　これらすべての理由により無人運転車は、明白かつ注目すべきアイデアである。この分野には長い研究の歴史があるのは驚くにあたらない。1920 年代から 1930 年代にかけて自動車が消費財となった結果、死傷者の数は急増した。そのほとんどはヒューマンエラーであったので、自動運転の可能性についての議論がすぐに始まった。1940 年代以降多くの実験が行われた。1970 年代にマイクロプロセッサ技術が出現すると、ようやく実現可能性に目途がついた。それでも無人運転車の挑戦は、きわめて困難であった。根本的な問題は認識であった。無人運転車が現在位置を知り、かつ周囲に何があるかを正確に知ることができるならば、無人運転車の問題は解決できる。この問題への解は、現代の機械学習技法であった。機械学習なくして、無人運転車は不可能だろう。

　汎ヨーロッパ研究計画であるエウレカ研究基金から財政支援を受けた**プロメテウスプロジェクト**は、今日の無人運転技術の先駆けである。プロメテウスプロジェクトは、1987 年から 1995 年にかけて実施された。1995 年には、自動運転車はドイツのミュンヘンからデンマークのオデンセまで往還することに成功した。もっともおよそ 5.5 マイルごとに人間の運転手による介入が必要であった。人間の介入なしで走行できた最長距離は、約 100 マイルであった。これは驚くべき成果である。当時の制約の多いコンピュータパワーを考えるとなおさらだ。プロメテウスプロジェクトは、自動運転という概念が実現可能だということを示したに過ぎず、したがって完全な自動運転への道は遠いことも示した。このプロジェクトは、多くの技術革新を導き、それらの中には、スマートクルーズコントロールシステムのように現在商用車に取り入れられたものもある。要約するとプロメテウスプロジェクトは、この技術が商業的に実現可能だと示したといえよう。

　2004 年までに、DARPA（国防高等研究計画局）[9] が主催する**グランドチャ**
レンジのような競技会を開催できるまでに技術は進歩した。グランドチャレ
ンジは、米国の荒野を 150 マイルにわたって自動で走行する自動車の競技会
であり、多くの研究者の参加を募った。大学や企業から 106 チームが参加し
た競技会の優勝賞金は 100 万ドルで、DARPA が提供した。最終選考に 15
チームが残ったが、15 チームのいずれも 8 マイル以上走行できなかった。ス
タートエリアから外に出ることさえできなかった車両もあった。最も成功し
たチームはカーネギーメロン大学のサンドストームであったが、コースを外
れて築堤に突っ込むまで 7.5 マイルしか走れなかった。

　当時競技会を見ての著者の感想は、ほとんどの AI 研究者が、2004 年のグ
ランドチャレンジは無人運転技術が実用からほど遠いことの証明となったと
受け取っただろうというものであった。驚いたことに DARPA は、競技会終
了後すぐに 2005 年の競技会の開催を発表し、賞金も倍の 200 万ドルに引き
上げた。2005 年の競技会には、前年を上回る 195 チームのエントリーがあ
り、23 チームが最終選考に残った。決勝戦は、2005 年 10 月 8 日に実施され、
ゴールはネバダ砂漠を横切る 132 マイル先に設定された。今回は 5 チームが
完走した。優勝したのは、セバスチャン・スランに率いられたスタンフォー
ド大学のチームが設計したロボット、**スタンレー**であった。スタンレーは、
コースを 7 時間かけて平均時速 20 マイルで完走した。 改造されたフォルク
スワーゲントゥアレグであるスタンレーには、GPS、レーザーレンジファイ
ンダー、レーダー、そしてビデオカメラからのセンサーデータを解釈する 7
台のオンボードのコンピュータが搭載されていた。

　2005 年のグランドチャレンジは、人類史の中の偉大な技術的勝利である。
この無人運転車は、100 年前にキティホークによって空気より重い飛行機械

---

[9] 訳注：新技術開発および研究の振興を行うアメリカ国防総省の機関（Defense Advanced Re-
search Projects Agency）。以前は高等研究計画局（Advanced Research Projects Agency、
ARPA）といわれた。防衛事業にとどまらず、さまざまな基礎研究を助成する機関である。ARPA
の時代にインターネットの原型である広域コンピュータ間通信網を開発した。したがって最初のイン
ターネットは、ARPANET と命名された。全地球測位システム（Global Positioning System、
GPS）の開発でも知られている。

が飛行できることを示したように、無人運転が解決可能な問題であることを示した。ライト兄弟による最初の飛行は 12 秒 120 フィートしか続かなかった。しかしこの「12 秒」の後に、空気より重い飛行機は現実のものとなった。まったく同じように、2005 年のグランドチャレンジの後、無人運転車は現実のものとなった。

　2005 年のグランドチャレンジの後に、多くの類似の挑戦や競技会が続いた。その中でも最も重要なものは、2007 年の**アーバンチャレンジ**であろう。2005 年の競技会では田舎道でテストされたが、2007 年のチャレンジでは、製作された都市環境でのテストを目指した。無人運転車は、コースを完走するだけでなく、カリフォルニア州の道路交通法を遵守して、駐車している車や交差点、交通渋滞といった状況にも適応しなければならなかった。36 チームが、この国家的イベントに参加し、そのうち 11 チームが、2007 年 11 月 3 日に南カリフォルニアの廃空港での決勝戦に選ばれた。6 チームが完走して、カーネギーメロン大学の車が平均時速 14 マイルで 4 時間のチャレンジに優勝した。

　2007 年のチャレンジ以降、無人運転技術には、時代に取り残されてはならないと焦った旧来の自動車製造企業や、伝統的な企業からシェアを奪おうと企てる新興企業によって、大規模な投資が行われた。

　2014 年に全米自動車技術者協会は、自動運転のレベルを、次のように特徴付けて有効に分類した[10]。

レベル 0：運転自動化なし

自動車には、自動運転制御機能はない。運転者は、車を常時完全に制御する（もっとも車は、警告や運転者を支援する補助データは提供する）。レベル 0 は、現在路上にある自動車の大部分を含む。

レベル 1：運転支援

自動車はある程度の定型的な制御を実行するが、運転者は常に運転に注意を

---

[10] A. Herrmann, W. Brenner and R. Stadler. Autonomous Driving. Emerald, 2018.

払う必要がある。運転支援の例としては、車間距離制御システムがある。車間距離制御システムとは、ブレーキとアクセルを使って自動的に車の速度を維持する。

レベル2：部分運転自動化

このレベルになると、自動車はハンドル操作と速度の制御を行う。しかし運転者は、運転環境を常に監視して、必要があればいつでも介入できるようにしていなければならない。

レベル3：条件付運転自動化

このレベルでは、人間の運転者は運転環境を常時監視することは求められない。しかし自動車が対処できない状況が生じたときは、ユーザーが制御しなければならない。

レベル4：高度運転自動化

ここで自動車は、通常の状況では運転を制御する。もっとも運転者は介入できる。

レベル5：完全運転自動化

これは無人運転車の夢である。車に乗り込んで行き先を告げれば、その後のことはすべて自動車が行ってくれる。運転用のハンドルさえない。

　本書執筆時点で商用の無人運転技術の最先端システムは、おそらくテスラのオートパイロットであろう。オートパイロットは、テスラのモデルSで初めて採用された。2012年に発表されたモデルSは、テスラの最上級モデルであり、おそらく技術的に最も先進的な商用電気自動車である。2014年9月以降、すべてのテスラのモデルSには、カメラ、レーダー、音響距離センサーが標準装備されている。これらのハイテクキットの目的は、2015年10月にテスラが、制約付き自動運転機能を提供するオートパイロットのソフトウェアを発表したときに明らかになった。

　マスコミはオートパイロットを、最初の無人運転車だともち上げた。しかしテスラは意を尽くして技術の限界を説明した。とりわけテスラは、オート

パイロットが稼働中であっても運転者が常にハンドルの上に手を置いておかなければならないと力説した。上記の自動運転のレベルでいえば、オートパイロットはレベル2であろうと思われる。

　しかしすぐれた技術ではあるものの、オートパイロットによる事故が起こることは明らかであった。そしてオートパイロットが関与する最初の死亡事故は、世界的なビッグニュースになるだろうと思われた。事故は2016年5月に起こった。フロリダのテスラ所有者が、18輪の大型トラックに追突して死んだのだ。報道によると車のセンサーは、晴天下で白いトラックに惑わされてしまったとのことである。その結果車のAIソフトウェアは、そこに車両があることを認識できずに高速でトラックに突っ込んでしまった。運転者は即死した。

　他の事故も無人運転技術の何が問題なのかを示している。レベル0の自動運転では、運転者に何が求められるかは明らかだ。すべてである。レベル5の自動運転も、同じく明らかだ。運転者は何もしないことが求められる。しかしこの2つの極端な場合の間では、運転者が何をしなければならないかが明らかでない。そしてフロリダの事故や他の事故でも、運転者は、技術を信頼し過ぎていると言われている。つまり自動運転の技術は、それほど進んでいるわけではないのに、人がレベル4か5として扱ってしまっているというのだ。この運転者の期待とシステムができることの現実とのギャップは、部分的にせよマスコミの過熱報道によって引き起こされたといってよい。マスコミというのは、技術を正しく理解したり正しく伝えたりするのが得意ではない（テスラがシステムを「オートパイロット」と名付けたことも一因かもしれない）。

　2018年3月、無人運転車による注目を集める事故が起きて、この技術に対する疑念が強まった。2018年3月18日にアリゾナのテンピで、ウーバーが所有する無人運転車が無人運転モードで走行中に49歳の歩行者エレーヌ・ヘルツバーグをはねて殺してしまったのだ。この種の事故に典型的なのだが、多くの原因が重なっていた。車は、自動緊急ブレーキシステムが正しく動作できないくらいスピードを出していた。緊急ブレーキが必要だと車が認識したときには、手遅れになってしまっていたのだ。車のセンサーは、何らかの

「障害物」(つまり被害者エレーヌ・ヘルツバーグ)を認識して緊急ブレーキを
呼び出したのだが、ソフトウェアはそうしないように設計されていた(何らか
の混乱、あるいはプログラマが不思議な優先順位の考えをもっていたと思わ
れる)。しかし最も深刻なことは、車に乗っている「安全のための運転者」が
役割を果たさなかったことだ。このような状況では、車の制御に介入しなけ
ればならなかったはずだ。運転者は、スマートフォンでテレビ番組を見てい
て、周囲の状況に注意を払っていなかったと言われている。運転者が、自動
車の無人運転能力を過信していたことは確かだ。エレーヌ・ヘルツバーグの
悲劇は、完全に回避可能であった。問題は人間であって、技術ではないのだ。

　悲しいことに実用的な無人運転車が普及するまでに、類似の事故は多く発
生するであろう。予見できることは何でもして、そのような悲劇を回避しな
ければならない。それでも事故は起きるであろう。そして事故が起きたとき
は、そこから学ぶことが必要である。フライバイワイヤ航空機のような技術
の開発は、長い目で見ればより安全な車ができることを示している。

　現在の無人運転車を巡る慌ただしい動きは、技術の完成が近いことを示唆
している。しかしどれほど近いのであろうか。いつになったら無人運転車に
乗り込んで単に行き先を告げればよい時代はくるのだろうか。それに対する
最も公正な指標は、無人運転車の企業が、カリフォルニア州内で、車両のテス
トのために取得する免許のために、州政府に報告が義務付けられている情報
から得られるであろう。そのような情報で最も重要なものは、自律走行解除
レポートである。解除レポートでは、無人運転モードで車が何マイル走行し
たか、そしてテスト中に何回自律走行モードが解除されたかを報告しなけれ
ばならない。自律走行解除とは、運転者が介入して車の制御を取り戻さなけ
ればならない状況をいう。まさにエレーヌ・ヘルツバーグ事件の状況だ。自
律走行解除は、必ずしも事故を防ぐために人間が介入しなければならない状
況とは限らない。それほど重大な問題ばかりではないのだが、それでもデー
タは、技術がどれほど有効に機能しているかの指標にはなる。自動運転で走
行するマイルごとに解除は少ないほどよい。

　2017年に、20社がカリフォルニア州に自律走行解除レポートを提出した。
自動運転による走行距離と1000マイルごとの自律走行解除回数から見て、業

界を先導しているのはウェイモという企業である。ウェイモの車両は、平均し
て自律走行解除は、およそ5000マイルに1回であった。最下位は自動車業界
の巨人メルセデスで、1000マイルごとに774回の解除が報告された。ウェイ
モは、グーグルの無人運転車の会社である。もともとは、2005年のDARPA
グランドチャレンジの優勝者セバスチャン・スランに率いられたグーグル内
部のプロジェクトであったものが、2016年にグーグルの子会社として独立し
た。2018年にウェイモは、解除から解除の間に11000マイル走行したと報
告している。

　それではこのデータは、何を語っているのだろうか。とりわけ無人運転車
は、どれだけ日常の現実に近いのであろうか。

　最初の結論は、BMW、メルセデス、フォルクスワーゲンといった自動車
業界の巨人の比較的貧しいパフォーマンスからわかることだ。自動車産業で
歴史があるということが無人運転技術の成功には重要な要件ではないという
ことである。すこし考えれば、これは驚くにあたらない。無人運転車実装の
最重要要素は内燃機関ではなくソフトウェアである。AIソフトウェアこそ鍵
なのだ。そうすると米国自動車業界の最大手ゼネラルモーターズが、無人運
転車の会社であるクルーズオートメーションを2016年に買収価格未公開（し
かし巨額であることは確か）で獲得し、フォードが自動運転のベンチャー企
業アルゴAIに10億ドルを投資したことは驚くにあたらない。どちらの企
業も、商用の無人運転車の製品投入の時期について、非常に意欲的な主張を
行っている。フォードは、彼らが2021年までに「完全な自動運転車を市場
に投入する」と予測していた[11]。

　もちろん各社が、自律走行解除をいつ発生させるか決める厳密な標準は知
り得ない。たとえばメルセデスは、他社と較べて慎重すぎる基準を採用して
いるのかもしれない。しかしそれでも、本書執筆時点でウェイモが群を抜い
ていることは確かだ。

　カリフォルニア州の自律走行解除レポートと人間の運転者の行動評価を比
較すると面白いことがわかる。後者については、厳密に計測された統計デー

---

[11] https://corporate.ford.com/innovation/autonomous-2021.html

タは存在しないが、米国では、人間の運転者は平均して何十万マイルに1回
くらいで重大な事故に遭うらしい。もしかすると100万マイルかもしれない。
これからわかることは、市場を先導しているウェイモと雖も、人間の運転者
と同じレベルの安全を達成するには、技術を2桁改善する必要があるという
ことだ。もちろんウェイモが報告したすべての自律走行解除が、事故につな
がるものであったとは限らない。したがってこの比較は科学的ではない。そ
れでも少なくとも自動運転の会社が直面する挑戦が、どれほどのものか推し
量ることはできよう。

　無人運転車のエンジニアに聞くところによると、最も困難な技術上の問題
は、予期しない事象への対応だという。車の制御について、ほとんどの場合
については訓練することができる。しかし訓練でまったく出会わなかった状
況に置かれたときの無人運転車の行動が読めないのだ。ほとんどの運転シナ
リオは定型的で予想できる。問題は、所謂ロングテールだ。まったく予想で
きない稀有な状況が発生することもありえる。そのような状況に置かれたと
き、人間の運転者であれば、それまでの人生経験から何がしかを考えついて
対処できる。考える時間がなければ、本能に従うということになる。無人運
転車には、そういうことはできないし、予見できる将来もできそうにない。

　もう1つの重要な挑戦は、現在の道路状況（すべての車両が人間によって
運転されている）から混合シナリオ（人間の運転者による車と無人運転車の
混合）、そして完全な無人運転車の未来へとどのようにスムーズに遷移させる
のかという問題である。自動運転車は人間が運転する車とは行動が異なるの
で、道路を共用する人間の運転者を混乱させたり苛立たせたりする一方で、
人間の運転者は突拍子もない行動に出ることがあるし、道路交通法を必ずし
も遵守するとはいえない。そうすると、AIソフトウェアにはその行動を理解
するのがむずかしくて、安全に対応できないかもしれない。

　無人運転技術における進歩についての評価に較べると、これらの予想はず
いぶん悲観的に聞こえるかもしれない。そこで著者自身が、これから数十年
における発展についての予想を述べておきたい。

　第1に著者は、無人運転車が何らかのかたちで日常になる日は近いと考え
ている。次の十数年でそうなるであろう。しかしそれは、レベル5の自動運

転技術の実装がすぐ目の前にくるという意味ではない。特定の「安全な」狭い領域で、技術が導入され始めるのを見ることになると思う。そしてすこしずつ広い世界へと拡大していくのだ。

　それではどのような狭い領域で技術が使用されることになるだろうか。鉱山は1つの例である。おそらく西オーストラリアやカナダのアルバータ州にあるような大規模な露天堀の鉱山で使用されるであろう。そういうところは人が少ない。気まぐれな振舞いをする歩行者や自転車もほとんどいない。実際鉱業では、大規模な自律走行車の利用は始まっている。たとえば英国とオーストラリア合弁のリオティント鉱山グループは、2018年に西オーストラリアのピルバラ地域で超大型の自動運転トラックによって10億トン以上の鉱石を運搬していると発表した。公開情報では、トラックはレベル5の自動運転からはほど遠いように思える。「自律運転」というよりは「自動化された運転」なのだ。それにもかかわらず、無人運転車の制限された環境でのきわめて有効利用の好例である。

　同様にして、工場、港湾、軍事基地などは、無人運転車に適当な場所であるといえる。ここ2、3年のうちに、これら領域において無人運転車の技術は、確実に大規模に利用されるであろう。

　これらの狭い領域でのアプリケーションを越えて日常的に無人運転技術が使用される状況には、いくつかのシナリオが考えられる。これらは、いずれ現実のものとなろう。十分に経路が整備された制約付きの都市環境、あるいは特定の経路上で低速の「タクシーポッド」を見かけるようになると思う。本書執筆の時点でも、複数の企業が限定的ではあるものの、類似のサービスの試行を開始している（当面の間は、人間の「安全運転手」が緊急事態対応のために同乗している）。そのような車両を低速に制限することは、ロンドンのような都市ではあまり問題にならないと思われる。いずれにしても交通量が多すぎて車はゆっくりにしか動けないからだ。

　もう1つの可能性として、都市や高速道路に無人運転車専用の車線を設定するのもよい。ほとんどの都市には、すでにバス専用レーンとか自転車専用レーンがある。無人運転車専用レーンがあってもよい。そのような車線は、自動運転車を支援するセンサーや他の技術によって補強することができる。

そのような車線の存在は、人間の運転者に自動運転車と共存しているという
はっきりとしたメッセージを発信することになる。「ロボットドライバーに注
意！」というわけだ。

　レベル5の自動運転について言えば、そこに至る道は遠いとしか言いよう
がない。それでも、いずれは実現する日が来るであろう。個人的な意見でし
かないが、レベル5の自動運転車が普及するまでに、本書執筆から少なくと
も20年は要すると思われる。しかし著者の孫は、おじいちゃんが自動車を所
有して自分で運転していたと聞いたら、恐ろしいとも楽しそうだとも思うだ
ろうとは確信している。

Chapter 7
どのような問題が考えられるか

　今世紀初頭から始まった AI の急激な進歩を見て、マスコミはいろいろと騒ぎ立てている。その中にはバランス感覚にすぐれた合理的なものもないではないが、大半は率直に言って愚かとしか言いようがない。中には AI の実像を伝えて建設的な意見を述べるものもあるが、多くはいたずらに恐怖を煽るだけのものとなっている。たとえば 2017 年 7 月に、Facebook の 2 つの AI システムが互いに自分たちの言語（設計者には理解不能）で会話を始めたので、Facebook は、これらの AI システムを閉鎖したというニュースが広まった[1]。　新聞の見出しを飾りソーシャルメディアを騒がせた記事が意味するところは、Facebook は、AI システムが制御不能になるのを恐れてシステムをシャットダウンしたというものであった。ところが Facebook の実験は、ごく普通に行われているものでまったく無害なものであった。この実験は、学生が学期末のプロジェクトで行う程度のものだったのだ。Facebook のシステムが暴走する危険性は、家庭にあるトースターが、突然殺人ロボットに変身する可能性と大差ない。つまりまったくありえないことだった。

　Facebook の事件は滑稽なだけであったが、不快感は残った。AI をターミネーター物語にしようとするこの種の記事の何が問題かというと、AI 研究者が何か制御不能なものを創造していて、それは人類の生存を脅かすことになるとの印象（背後からアーノルド・シュワルツェネッガーの声が聞こえる）を

---

[1] http://tinyurl.com/ybsrkr4a

与えようとしているからである。もちろんわれわれの創造物が襲いかかってくるというのは、現代のアイデアではない。メアリー・シェリーのフランケンシュタインにまで遡ることができる[2]。

このような物語は、AI の将来についての議論では今でも圧倒的に多い。以前は核兵器に対して言われていたのと同じような響きをもって何度も繰り返し議論される。億万長者の企業家でペイパルとテスラの共同創設者であるイーロン・マスクも、この考えに染まってしまって懸念を何回も表明するだけでなく、責任ある AI の研究に 1000 万ドルもの資金を寄付している。 2014 年には、当時世界で最も有名な科学者であったスティーヴン・ホーキングも、AI は人類生存の脅威になり得るとの恐れを表明している。

ターミネーターの物語は、いくつかの理由により有害である。第 1 に、恐れる必要のない恐怖を社会にもたらす。第 2 に、AI についてほんとうに心配しなければならない問題から人々の関心を逸らしてしまう。真に心配しなければならない事柄とは、新聞の見出しを飾るようなものではないかもしれない。しかしわれわれが、今すぐ関心を寄せなければならない問題である。この章では、AI についての通俗的な恐怖について述べたいと思う。つまりターミネーターシナリオの可能性と AI がどのような有害をもたらす可能性があるかについてである。最初に次の節で、この問題に切り込んでいくことにしよう。それがどのように発生するか、そしてどのようなことになり得るかである。その議論を通して倫理的な AI、つまりモラルエージェントの役割を果たす AI システムの可能性と、提案されている倫理的な AI の各種枠組みについて述べる。その上で結論として、AI システムの特別な機能について注意を喚起したいと思う。それは、AI システムがわれわれの代わりに行動してくれるのであれば、われわれとのコミュニケーションが重要なのだが、それこそが、深刻なものから軽微なものまで事故の原因となり得る。そしてそれは、とてもむずかしいことなのだ。われわれの望みを正しく伝えられなければ、確かに言ったとおりのことはやってくれても、真に欲していることではないということが発生してしまう。

---

[2] 訳注：第 1 章参照のこと。

7.1 シンギュラリティは戯言

現代の AI においてターミネーターの物語は、シンギュラリティとよばれる考えとともに語られることが非常に多い。シンギュラリティとは、米国の未来学者レイ・カーツワイルが 2005 年上梓した書籍『The Singularity is Near』[3] の中で紹介された概念である[4]。次のとおり。

> 迫りくる特異点という概念の根本には、次のような基本的な考え方がある。人間が生み出したテクノロジーの変化の速度は加速していて、その威力は、指数関数的な速度で拡大している、というものだ。[…] これから数十年のうちに、情報テクノロジーが、人間の知識や技量をすべて包含し、ついには、人間の脳に備わったパターン認識力や、問題を解決能力や、感情や道徳に関わる知能すら取り込むようになる……。
> (『ポスト・ヒューマン誕生－コンピュータが人類の知性を超えるとき』NHK 出版、2007)

シンギュラリティについてのカーツワイルのビジョンは幅広いが、この言葉の意味は 1 つのアイデアに集約できる。すなわちシンギュラリティとは、一般的な意味でコンピュータの知能が人間のそれを超過する仮説的時点のことである。この時点になるとコンピュータは、その知能を使って自らを改良し始めて、それ以後知能の改善は加速するという。そうなると、人間の知能ではコンピュータを制御できなくなると、カーツワイルは主張する。

シンギュラリティは、注目を集めるアイデアであり警鐘である。しかしちょっと立ちどまってシンギュラリティの背後にある論理を確かめてみよう。要するにカーツワイルの主張の核心は、コンピュータハードウェア（プロセッサとメモリー）の開発がものすごい勢いで進展するので、コンピュータの情報

---

[3] 邦訳：井上健訳、『ポスト・ヒューマン誕生－コンピュータが人類の知性を超えるとき』NHK 出版、2007

[4] R. Kurzweil. The Singularity is Near. Penguin, 2005.

処理能力が人間の頭脳のそれを超えるというものである。彼の議論は、コンピュータ業界ではよく知られた格言であるムーアの法則にも合致する。ムーアの法則とは、コンピュータプロセッサ企業インテルの共同創設者ゴードン・ムーアが 1960 年代半ばに発表した経験則である。トランジスタはコンピュータプロセッサの基本構築ブロックであり、1 つのチップにトランジスタを多く詰め込めば詰め込むほど単位時間あたりのチップの処理能力は向上する。ムーアの法則とは、半導体上に搭載できるトランジスタの数量が 18 ヶ月ごとに約 2 倍になるというものである。ムーアの法則の実用上の結論を乱暴に言えば、コンピュータのプロセッサの処理能力が 18 ヶ月ごとに約 2 倍になるということなのだ。ムーアの法則には、いくつかの重要な系があって、トランジスタの搭載量に比例して価格も低下し、大きさも小さくなるというものが含まれる。過去 50 年にわたってムーアの法則は、正しさを証明してきた。もっとも現在のプロセッサ技術は、2010 年頃に物理的な限度に達し始めたといってよい。

　カーツワイルの議論では、暗黙的のうちにシンギュラリティの必然性がコンピュータパワーに直結している。しかしこの結合は疑わしい。ちょっと思考実験をしてみよう。人間の頭脳をコンピュータにダウンロードしたとする（もちろんこれはファンタジーの世界だ）。さらに頭脳をダウンロードしたコンピュータは世界最速で最強のコンピュータだったとしよう。この夢のような処理能力を手に入れたとしたら、超知的な存在となるだろうか。確かに「速く考える」ことはできるかもしれない。しかしそれだからといって、より知的になったといえるだろうか。単純に考えれば、イエスといえるかもしれない。しかし真に知的であることの意味で考えれば、そしてシンギュラリティという意味で考えれば、ノーであろう[5]。換言すれば、コンピュータの処理能力の単純な向上が必然的にシンギュラリティを導くわけではない。コンピュータの処理能力の向上は、シンギュラリティに至る**必要条件**かもしれない（高性

---

[5] V. Vinge. 'The Coming Technological Singularity: How to Survive in the Post-Human Era'. NASA Lewis Research Center, Vision 21: Interdisciplinary Science and Engineering in the Era of Cyberspace, pp. 11-22.

能のコンピュータなしで人間レベルの知能は達成できない）が、**十分条件で**はないのだ（高性能のコンピュータがあるからといって人間レベルの知能が達成できるわけではない）。見方を変えれば、AI ソフトウェア（たとえば機械学習プログラム）の改良は、ハードウェアに較べてもひどくゆっくりとしか進まないということだ。

　シンギュラリティに懐疑的にならざるを得ない理由はまだある[6]。1 つには、AI システムが人間と同じくらい賢くなったとしても、AI システムがわれわれの理解を越える速度で AI 自身を改良すると信じる理由がない。本書でこれまで述べてきたように、そして読者は理解してくれたと思うのだが、過去 60 年間の AI の進歩は遅々としたものであった。人間レベルの汎用 AI が AI の進歩を加速するという証拠はどこにもない。

　類似の議論に、複数の AI システムが協働することで、われわれの理解力や制御能力を越える知能を達成するのではないかとの危惧（たとえばこの章のはじめで触れた Facebook の事件）がある。しかしこの議論も、説得力があるとは思えない。アインシュタインのクローンが 1000 人いると思ってほしい。このクローンアインシュタインの群は、1 人のアインシュタインの 1000 倍賢いだろうか。実のところ 1000 人のアインシュタインは、1 人のアインシュタインに劣ると思う。ここでもやはり 1 人のアインシュタインより 1000 人のアインシュタインは、ある意味では速いかもしれない。しかし速いことと賢いことは同じではない。

　これらの理由により、著者の知る限りほとんどの AI 研究者は、シンギュラリティに非常に懐疑的である。少なくとも予見可能な未来においてはありえないと考えている。計算科学と AI 技術に関していえば、われわれが現在いる地点からシンギュラリティに至る経路はまったくわかっていないのだ。それでもコメンテーターによっては AI を心配している人もいるし、シンギュラリティに懐疑的な議論は独りよがりに過ぎないとも主張している。そういう人は、核エネルギーについての経験を指摘する。1930 年代初頭、科学者は、原子核の中に途方もない量の膨大なエネルギーが閉じ込められていることを

---

[6] T. Walsh. 'The Singularity May Never Be Near'．arXiv:1602.06462v1

知っていた。しかしどのようにこのエネルギーを解放すればよいか、そもそもそれが可能なのかについては、まったく考えが及ばなかった。科学者によっては、核エネルギーを利用するというアイデアそのものに否定的であった。当時最も有名な科学者であったラザフォード卿は、このエネルギー源を利用できるようになると空想することは「馬鹿げた考え」だと述べている。しかしラザフォードが核エネルギーの可能性を否定した翌日に、物理学者レオ・シラードは、ロンドンの街路を渡りながらラザフォードの発言を反芻していて、核分裂の連鎖反応のアイデアを思いついたのだ。10年後、米国は原子爆弾を日本の都市に投下した。原子爆弾は、シラードが想像したとおりに瞬時にエネルギーを解放した。AIでも、レオ・シラードのような突然の洞察がシンギュラリティを導くということはないだろうか。もちろんその可能性は否定できない。しかしありそうもない。核分裂の連鎖反応は、じつは単純な機構だ。高校生でも理解できる。過去60年にわたるAI研究の経験は、人間レベルのAIはそうではないと教えている。

　しかし遠い将来はどうだろうか。100年先はどうか、あるいは1000年先はどうだろうか。「わからない」としか言いようがない。これからの100年でコンピュータ技術がどこまで進展するかを予測するのは賢いことだとは思えないし、1000年先などまったくわからなくて当然だ。しかしたとえシンギュラリティが起こったとしても、ターミネーターの物語のように、突然われわれを驚かせることはないと思う。ロドニー・ブルックスの類比を使用して、人間レベルの知能をボーイング747としよう。ボーイング747を偶然発明できるだろうか。あるいはボーイング747を、そうとは知らずに開発してしまったということがありえるだろうか。この議論に対する反論としては、それは起こりそうもないかもしれないが、起きてしまったならばその帰結は途轍もないものであるから、シンギュラリティについて前もって考えておくのは有益だというものであろう。

　シンギュラリティが起きるかどうかにかかわりなく（著者がそう思っていないことは明らかであろう）、AIについて関心を寄せなければならないことは多くあり、今すぐにでも規制の必要性について考えなければならないことはある。原子力についてと同じように、AIの開発を制御する法律、あるいは

国際条約が必要なのではないかとの議論がある。しかし著者は、AI の使用を規制する一般的な法律の制定には懐疑的である。それは、数学の使用を規制する法律の制定に似ていると思えるのだ。

7.2 アシモフについて話そう

　一般的な聴衆に対してターミネーターの物語を語ると、必ず誰かが、そのようなシナリオを回避するために、悪事を働かないように AI を構築すればよいと発言する。そうすると続いて別の誰かが、必要なのはロボット工学の三原則だと発言する。ロボット工学の三原則とは、高名なサイエンスフィクション作家アイザック・アシモフが提唱した原則で、ポジトロニックブレーンという強力な AI を備えたロボットの物語の中で紹介されたものである。アシモフはこの原則を 1939 年にはじめて提唱し、その後 40 年間にわたってすばらしい短編小説のシリーズと、残念なハリウッド映画の筋書を提供することとなった[7]。アシモフの小説中の AI の「科学」、つまり「ポジトロニックブレーン」は無意味なのだが、もちろん小説そのものは十分に楽しめる。われわれの興味を引くのは、ロボット工学の三原則そのものだ。次のとおり。

1. ロボットは人間を傷付けてはならない。また不作為によって人間が傷付くのを見過ごしてはならない。
2. ロボットは、第 1 の原則に反しない限り、人間の命令に従わなくてはならない。
3. ロボットは、第 1 と第 2 の原則に反しない限り、ロボット自身を守らなくてはならない。

　美しい原則だ。そして一見すると巧妙かつ堅牢に構成されているように思える。この原則を組み込んだ AI システムを構築できるであろうか。
　アシモフの原則について言っておかなければならないことは、これがどれ

---

[7] https://tinyurl.com/y622vm6k

だけ巧妙に見えようが、アシモフの小説の多くは、これらの原則に欠陥や矛盾があることが明らかになる筋書だ。たとえば『ランアラウンド』という物語では、SPD-13 と呼ばれるロボットは、溶融セレンのプールの回りを際限なく回り続けることになってしまった。なぜなら命令に従う必要性（第2原則）と自分自身を守る必要性（第3原則）の間で競合が起きてしまったので、プールの回りを一定の距離を保って廻るしかなくなってしまったのだ。それ以上近づくとロボット自身を守れという条件が働くし、遠のくと命令に従えという条件が働くからである。彼の小説には、他にも多くの例がある（読者がアシモフを読んだことがなければ、読むことをお勧めする）。したがってロボット工学の三原則そのものが、一見そうは見えても堅牢ではない。

しかしアシモフの原則でより深刻な問題は、AI システム中に実装することが不可能だということである。

たとえば第1原則を実装することを考えよう。AI システムが、ある動作をしようとしたとき、その動作が人類すべてにどのような影響を与えるかを考えなければならない（それとも少数の人だけ考えればよいのだろうか）。そして将来的な影響も考慮しなければならない（それとも今だけよければいいのだろうか）。これは不可能だ。そして「また不作為によって」という条項も問題である。システムは、見渡す限りすべての人にとって傷害を防止することになるかどうか熟考しなければならないだろう。これもまた不可能だ。

「傷付ける」という概念を把握することでさえ困難だ。ロンドンからロサンゼルスに飛行中だとしよう。大量の天然資源を消費しつつ、大量の有害物質と二酸化炭素を生成している。これはもちろん誰かを傷付けているのだろうが、それを正確に定量化することは不可能である。この例はこじつけだと思うかもしれないが、まさにこの理由で航空機を利用しない人がいる。文字通りにアシモフの原則に従うロボットを飛行機に乗せることはむずかしいだろう。そのようなロボットは、何もできなくなると思う。決定不能に陥って、どこか世界の片隅に引き籠ってしまうに違いない。

したがってアシモフの原則は、AI システムの構築者に高レベルの一般的ガイドラインとなるように見えても（ほとんどの AI 研究者は、暗黙のうちにアシモフの原則を受け入れていると思う）、AI システムの中に文字通りコー

ド化することは、アシモフの小説中におけると同じように非現実的だ。

　したがってアシモフの原則や同様に意図された AI の倫理的原則の体系は役に立たない。それでは、AI システムの受け入れ可能な振舞いについて、どのように考えればよいだろうか。

7.3 トロリー問題について語ることの不毛

　アシモフの原則は、AI システムの意志決定を管理するための枠組みの最初でかつ最も有名な試みである。アシモフの原則は、AI に対する倫理的な枠組みとして意図されたものではなかったが、近年の AI の成長とともに出現した枠組みの元祖と考えてよい。研究の対象にもなっている[8]。本章の後半ではこの研究について調べて、正しい方向に進んでいるのかどうか議論することにしよう。最初に、倫理的な AI の研究者の間で最もよく議論されているシナリオについて考えよう。

　トロリー問題とは、1960 年代後半に英国の哲学者フィリッパ・フットが紹介した倫理学上の思考実験である[9]。彼女はトロリー問題を、堕胎の道徳性を巡る高度に情緒的な問題を解きほぐすことを目的に提案した。フットのトロリー問題には多くのバージョンがあるが、最も一般的なものは次のようなものであろう（図 7.1 参照）。

　　トロリー（つまりトラム）が暴走してしまった。動けない 5 人の人々に向かって高速で進んでいる。あなたの目の前には転轍機（ポイント切替装置）がある。転轍機を操作すればトロリーは引込線へと入る。そこには 1 人の人がいる（やはり動けない）。転轍機を操作すればその人は死ぬ

---

[8] D. S. Weld and O. Etzioni. 'The First Law of Robotics (A Call to Arms)'. Proceedings of the National Conference on Artificial Intelligence (AAAI-94), 1994, pp. 1042-7.

[9] P. Foot. 'The Problem of Abortion and the Doctrine of the Double Effect'. Oxford Review, Number 5, 1967 編注：日本では「トロッコ問題」と呼ばれることもある。

が、5 人は助かる。

あなたは転轍機を操作するべきだろうか。

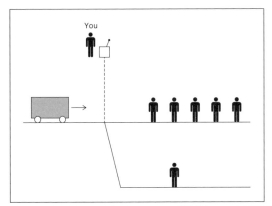

図 7.1　トロリー問題。あなたが何もしなければ軌道上の 5 人は死ぬ。転轍機
を操作すれば、引込線の軌道にいる人が死ぬ。あなたはどうするべき
だろうか。

　トロリー問題は、最近になって急に注目を集めるようになった。それは無
人運転車の実現が近いと考えられるからであろう。消息通は、無人運転車は
すぐにトロリー問題のような状況に直面するだろうと指摘した。AI ソフト
ウェアは、不可能な選択を強いられるだろうというのだ。「無人運転車は誰
を殺すか決めている」とは、2016 年のあるインターネット記事の見出しであ
る[10]。俄かに激しい議論がオンライン上で慌ただしく展開された。知人の哲
学者は、それまで倫理学界の片隅でひっそりとしていた問題について突然熱
心な聴衆から意見を求められて、驚いたり喜んだりした。

　その外見上の単純さにもかかわらずトロリー問題は、驚くほど複雑な問題
を投げかけている。著者の直観的な反応は、すべての条件が等しければ転轍
機を動かすだろうというものだ。なぜなら 5 人より 1 人の死亡のほうが、ま
だましだからだ。哲学者は、この種の推論を帰結主義と呼ぶ（倫理的な行為

---

[10] http://tinyurl.com/ybl8luoe

を、その結果で評価するからだ）。最もよく知られた帰結主義の理論は**功利主義**である。功利主義とは、18世紀の英国の哲学者ジェレミー・ベンサムと彼の弟子ジョン・スチュアート・ミルを源流とする思想である。 彼らは、「最大幸福の原理」というアイデアを打ち立てた。大雑把にいえば、「世界の幸福の総量」を最大化する行為を選ぶべきだというものである。現代的な用語でいえば、功利主義者とは、**社会福祉**を最大化するように行動する人であり、社会福祉とは、社会における幸福の合計と定義される。

　一般原則としては魅力的だが、「世界の幸福の総量」のアイデアを厳密に表すことはむずかしい。たとえばトロリー問題の5人が悪質な大量殺人犯で、他方の1人が罪のない幼い子供であったらどうだろう。5人の悪質な大量殺人犯の命は、無邪気な幼子のそれよりも重いだろうか。5人でだめなら、10人の大量殺人犯だったらどうだろう。10人だったら、転轍機を動かすのに十分だと思うだろうか。

　行為の正当性についての別の立場は、行為が一般的な「善」の原則に整合していれば受け入れるというものがある。善の原則の標準的な例は、命を奪うことは悪だというものである。この命を奪うことは悪であるという原則に忠実に従うならば、結果が死につながるようなすべての行為は受け入れられないことになる。この原則に従う人は、トロリー問題に直面したときにどのような行動もとれなくなる。行動しないことで5人の命が失われるとしてもだ。

　第3の立場は、**徳倫理学**のアイデアに基づくものだ。この視点に立つと、意思決定に際して高い道徳を体現している「有徳な人」を特定して、そのような人の判断が正しい選択だということになる。

　もちろんAIにおける意思決定者は、無人運転車のエージェントだ。エージェントは直進して5人を殺すか、ハンドルを切って1人を殺すかを選択しなくてはならない。それではAIエージェントは、トロリー問題あるいは類似の問題に直面したときにどうするべきであろうか。

　第1に、われわれはこのような状況に置かれたとき、AIシステムに人間以上のことを期待するのが合理的かどうか自問するべきだ。世界の一流の哲学者がトロリー問題に最終解決を提供できないのであれば、AIシステムにそれを期待するのは合理的だろうか。

　第2に、著者は何十年も車を運転しているが、トロリー問題に直面したことなど一度もない。知人で直面した人もいない。さらに倫理、とりわけトロリー問題の倫理は上記のようなものだとして、運転免許の試験で倫理テストに合格することを求められていない。このことが問題になったことはないのだ。自動車を運転するにあたって、深甚な倫理的推論など求められていない。公道に出る前にトロリー問題を解くことを無人運転車に要求するのは、常軌を逸しているといってよい。

　第3に、読者にとって倫理的問題の解がどれだけ明白に思えても、他の人は別の解を同じくらい自明だと思っている。この事実は、MIT の研究者によって実施されたすぐれたオンライン実験で鮮烈に示されている。彼らは**モラルマシン**（道徳機械）というウェブサイトを設置して、トロリー問題に類似した問題をユーザーに多数示し、この問題に直面したときに無人運転車がどうするべきか尋ねた[11]。罪のない被害者には、男性、女性、太りすぎの人、子供、犯罪者、ホームレス、医師、アスリートと老人を含めた。犬と猫も含めた。この実験はとても有名になり、233 ヶ国から 4000 万人もの個人の判断データを集めることができた。

　これらのデータからは、トロリー問題のような倫理的意志決定への態度には、世界中で根本的な差違があることが明らかになった。国別にいって 3 つの「道義的クラスタ」があることが分った。これらのクラスタは、それぞれの倫理的枠組み中に明確な性質として具現化されているようであった。研究者は、それらに西洋的クラスタ、東洋的クラスタ、南方的クラスタと名付けた。西洋的クラスタには、北米とほとんどのヨーロッパ諸国が含まれる。東洋的クラスタには、日本や中国といった極東諸国とイスラム諸国が、そして南方的クラスタには中南米諸国が含まれる。西洋的クラスタに較べると東洋的クラスタでは、犯罪者よりも法律に従って生活している人々に高い優先順位を与えるべきだとの考えが浸透しているようだった。そして車の同乗者よりも歩行者を救うべきとの意見は強いが、若者を救うべきとの意見は弱かっ

---

[11] E. Awad et al. 'The Moral Machine Experiment'. Nature, 563, 2018, pp. 59-64.

た。南方的クラスタでは、高位の個人、若者、女性に対する関心が高かった。研究者はデータ分析を続けて、意志決定には他の予測もあり得ることを突き止めた。たとえば先進国や遵法意識の高い文化では、社会的優良性というものが優先度の形成に重要な役割を果たしていることがわかった。

　MITの研究者は、トロリー問題の状況に直面した無人運転車がどう振る舞うべきかについての人々の意見を、2017年にドイツ連邦政府が作成した実際の倫理的判断基準と比較した[12]。ドイツの報告書には、20項目の勧告がある。たとえば次のとおり。

- ◆ 危険な状況では、財産への損害でなく人命救助を必ず優先しなければならない。
- ◆ 事故が避けられないとき、どのように行動するかの決定に、個人の身体的特徴（年齢や性別等）を考慮することは許されない。
- ◆ 運転時には、人間に責任があるのかコンピュータに責任があるのかを常に明らかにしておかなければならない。
- ◆ 誰が運転していたかを常時記録しておかなければならない。

　これらのガイドラインは、モラルマシン実験の参加者がソフトウェアに期待するものと明らかな対照を示している。たとえばガイドラインは、個人の特徴による差別を禁止しているのに対して、モラルマシンの参加者は、どのクラスタでも若者を優先して救うべきだとしている。無人運転車がドイツのガイドラインに従って差別をしなかった結果、末期がんの老患者を救って子供を殺してしまったときの怒りの声を想像してみてほしい。この例は悪趣味かもしれないが、真意を汲み取ってほしい。

　どれだけ巧妙に企画されたにしても、トロリー問題にしても、それに基づくモラルマシンの実験にしても、無人運転車のAIソフトウェアについて役立つものではない。これから何十年かのうちに出現する無人運転車が、この型の倫理的推論をするようになるとは思えない。それでは、トロリー問題の

---

[12] https://www.bmvi.de/SharedDocs/EN/publications/report-ethics-commission.html

ような状況に直面したとき無人運転車は、実際にはどのようにするだろうか。無人運転技術の研究者はあまり語りたがらないのだが、過去2、30年にわたるAI研究者としての著者の個人的経験によると、工学の基本原則は期待安全を最大化（または期待リスクを最小化）するというものである。そもそも推論というものがあるとして、とりわけ深い推論法があるわけではない。人間の運転者が複数の障害物に直面したとき、より大きいものを避けるよりもすぐれた判断ができるとは思えない。しかし率直に言って、それさえも怪しいと言わざるを得ない。最もありそうなのは、無人運転車は単にブレーキをかけるというものであろう。そして実用上それが、同じ状況に置かれたとき、われわれができることのすべてではないだろうか。

7.4 倫理的 AI の勃興

「邪悪になるなかれ」

– グーグルのモットー – （概ね 2000-2015）

　もちろん、AIと倫理を巡るより広範な問題が存在する。それらは、不毛なトロリー問題についての議論よりも身近で重要であり、本書執筆の時点でも熱心に討論されている。すべての技術系の企業は、彼らのAIを他社のものよりもより倫理的にしたいと考えているようだ。毎週のように新しい倫理的AI計画が発表されている。これらのことが、これから先AI開発でどのような役割を担うのか考えておくことは有益であろう。

　倫理的なAIについて最初で最も強く影響を及ぼした枠組みは、アシロマの原則であろう。アシロマの原則とは、2015年と2017年に同名のカリフォルニアのリゾートに集ったAI科学者やコメンテーターによって作成されたものである。主な成果物は23ヶ条の原則であり、世界中のAI科学者と開発者が署名を求められた[13]。アシロマの原則のほとんどには、議論の余地はな

---

[13] http://tinyurl.com/jslm95f

い。第 1 条は、AI 研究の目標は有益な知能を生成するというものである。第 6 条は、AI システムは安全で確実であること。そして第 12 条は、人々は AI にアクセスできて、AI に関連するデータを管理して制御できることである。

しかし中には願望のようなものもある。たとえば第 15 条は、「人工知能によって作り出される経済的繁栄は、広く共有され、人類すべての利益となる」ことを要求する。著者個人としては、この条文に署名するのに何の躊躇もない。しかし巨大企業がリップサービス以上のことをすると期待するのは、絶望的に単細胞といわざるをえない。巨大企業が AI に投資するのは競争優位を得たいがためであり、人類全体に貢献したいためではない[14]。

原則の最後の 5 ヶ条は、AI の長期的展望に関することであり、AI が制御不能に陥ることを懸念している。再びターミネーター物語だ。次のとおり[15]。

能力に対する警戒

コンセンサスが存在しない以上、将来の人工知能が持ちうる能力の上限について強い仮定をおくことは避けるべきである。

重要性

高度な人工知能は、地球上の生命の歴史に重大な変化をもたらす可能性があるため、相応の配慮や資源によって計画され、管理されるべきである。

リスク

人工知能システムによって人類を壊滅もしくは絶滅させうるリスクに対しては、それぞれの影響の程度に応じたリスク緩和の努力を計画的に行う必要がある。

再帰的に自己改善する人工知能

再帰的に自己改善もしくは自己複製を行える人工知能システムは、進歩や増殖が急進しうるため、安全管理を厳格化すべきである。

---

[14]情報の透明性のために、アシロマの原則に至る 2 つの会議のどちらにも著者は招待されていたことを、そして参加したかったことを記しておく。先約により、どちらも参加できなかった。

[15]訳注：アシロマの原則ホームページ：https://futureoflife.org/ai-principles-japanese/?cn-reloaded=1

公益

　広く共有される倫理的理想のため、および、特定の組織ではなく全人類の利益のために超知能は開発されるべきである。

　今回も著者は、これらの原則に署名することを躊躇しない。しかし真実は、先に議論したように、ここで仄めかされている危機を煽るデマも含めたシナリオからはほど遠い。AI 科学者のアンドリュー・ンの言葉を借りれば、これらの心配をするのは火星の人口過剰問題を心配するようなものだ[16]。これらの問題は将来のいずれかの時点では夜も寝られなくなるようなことなのかもしれない。しかしそのようなことを今あげ連ねることは、AI の現状について誤解を与えるだけでなく、こちらのほうがより深刻なのだが、現在ただ今懸念しなければならない問題から目を逸らせてしまうことになる。現在ただ今心配しなければならない問題については、次の章で議論する。もちろんこの章で示したシナリオは、遠い未来には現実となるかもしれない。しかし AI の巨大企業にとって署名は、廉価な広報以上の何ものでもない。

　2018 年にグーグルは、倫理的 AI について独自のガイドラインを発表した。アシロマの原則よりいくらか残念なものの、ほぼ同じ領域をカバーしている（有益であること、偏向を避けること、安全であること）。加えて幸いなことにグーグルは、AI と機械学習開発についてベストプラクティスの具体的なガイダンスも提供している[17]。欧州連合も、2018 年の終わりに別の枠組みを提案している[18]。さらに IEEE（Institute of Electrical and Electronics Engineers、米国電気電子学会、計算科学と IT の重要な専門機関）も別の構想を提案している[19]。IT 企業にとどまらず多くの主要企業は、それぞれ独自の倫理的 AI のガイドラインを発表している。

　もちろん巨大企業が倫理的 AI の約束を宣言しているのはすばらしいことだ。しかしむずかしいのは、何を約束しているかの正確な理解である。AI に

---

[16] http://tinyurl.com/y28osmtw
[17] http://tinyurl.com/y29v4rrd
[18] http://tinyurl.com/yc3vgkgv
[19] http://tinyurl.com/y2egvzxx

よる利益の共有のような高レベルな希望は歓迎できるが、それを特定の行動へと変換するのは容易ではない。グーグルの企業モットーは 10 年以上「邪悪になるなかれ」である。聞こえはよい。そして著者としても真に善意に基づいて行動していると信じたい。しかしこのモットーが、グーグルの従業員にとって厳密にいってどのような意味があるのか明らかでない。グーグルがダークサイドに陥ることを防ぎたいのであれば、もっと具体的なガイドラインが必要だ。

提案されたさまざまな枠組みの中でも繰り返されるテーマというものはあり、徐々に合意が形成されている。スウェーデンのウメオ大学の同僚ヴァージニア・ディグナムは、これらの問題の第一人者であり、彼女は 3 つの重要な概念を抽出した。すなわち説明責任、債務履行能力、透明性である[20]。

ここで説明責任というのは、たとえば AI システムが誰かに重大な影響を与える決定を下したときに、その決定を説明できなければならないということである。しかし何をもって説明とするかはむずかしい問題だ。なぜなら状況によって異なる回答となるからであり、現在の機械学習プログラムは、説明を提供できるようにはなっていない。

債務履行能力とは、ある決定について誰に責任があるのかを常に明確にしておかなければならないというものである。そしてきわめて重大なことは、AI システムに「責任がある」と主張してはならないということである。債務は、そのシステムを設置した個人か組織が担わなければならないのだ。これは、**モラルエージェント**の問題に関する深い哲学的問題へと繋がっている。

モラルエージェントとは、善悪を区別できる実体であり、その区別に照らして自らの行動の結果を理解できる存在である。ワイドショー的な議論では、AI システムはモラルエージェントになり得て、その行動の説明責任が問えると言われることがある。一般に AI 研究者の間では、そうではないと考えられている。ソフトウェアに説明責任は問えないと考えられているのだ。より一般的にいえば、AI における責任とは、道徳的責任のあるマシンを構築することではなく、責任のある態度で AI システムを構築することなのである。た

---

[20] V. Dignum. Responsible Artificial Intelligence. Springer, 2019.

とえばユーザーに人間が対応していると誤解させるような Siri のようなソフトウェアエージェントを配布することは、開発者による AI の無責任な使用ということがいえよう。このソフトウェアには、何の非もない。ソフトウェアの開発者にこそ責任があるのだ。責任ある設計とは、AI は AI であり、人間ではないと常に明らかにしていることである。

　最後に透明性とは、システムがわれわれに関して使用するデータは、われわれに利用可能でなければならない、そしてそこで使用するアルゴリズムもわれわれに明らかでなければならないというものである。

　倫理的な AI の勃興はすばらしい展開だが、提案されているさまざまな企画がどれほど実装可能なのかは不明である。

7.5 何を望むか慎重でなければならない

　倫理的な AI の議論で見失われがちな当たり前の現実は、どのように誤動作するかということである。AI ソフトウェアはあくまでソフトウェアであり、ソフトウェアが誤動作するのに何も新しい技術は必要ない。端的にいえば、バグのないソフトウェアなどというものは存在しない。クラッシュしたソフトウェアか、まだクラッシュしていないソフトウェアだけなのだ。バグのないソフトウェアを開発する問題は、計算科学の中でも大きな研究分野であり、バグを発見して取り除くのはソフトウェア開発における主要な活動である。しかし AI は、バグを混入させる新しい方法を提供することになった。最も重要な事実は、AI ソフトウェアが人間の代わりをするのであれば、われわれは AI ソフトウェアに何をしてほしいのか伝えなければならないということである。そしてそれは、一見するほど容易ではない。

　15 年ほど前、著者は人間の介入なしで協調動作する乗り物を実現する技術に携わっていた。そのとき取り組んでいたシナリオは、列車のネットワークであった。「ネットワーク」といっても、たった 2 つの列車が反対方向に周回する路線であった。しかも実際の線路を使わない仮想的な列車である（おもちゃの列車さえ使わなかった）。あるとき列車を狭いトンネルを通すことを企

てた。2つの列車が同時にトンネルに入ってしまったならば（シミュレータ上で）衝突する。著者の目標は、これを防ぐことであった。システムに目標を提示する一般的な枠組みの開発を試みた（この場合の目標は衝突を防ぐこと）。システムに目標を提示すると、その規則に従う限り列車は目標を達成する（列車は衝突しない）ことが保証されるような規則を導き出すシステムである。

　システムは完成したが、それは著者が望んだものではなかった。最初に目標を提示したときにシステムが回答した規則は、「どちらの列車も停まったままにしろ」というものであった。確かにこの規則で目標は達成できる。どちらの列車も停まったままであったならば衝突は起きない。しかしそれは、著者が求めていた解ではない。

　著者が直面した問題は、AIというかコンピュータ科学一般に標準的なものである。問題は次のとおり。コンピュータに何か仕事をしてほしいとき、われわれの望みを伝えようとする。しかし要求をコンピュータに伝えることそのものが、いくつかの理由により問題の多いプロセスなのだ。

　第1にわれわれは、そもそも何を欲しているか、少なくとも明示的にはわかっていないことが多い。そしてそうであるならば、われわれの望みを明瞭に伝えることなど不可能である。われわれの望みは矛盾していることも多い。そのようなとき、AIシステムに有意味なことをしてもらおうとするには無理がある。

　さらにわれわれの好みや優先順位を完全に表現することも不可能である。われわれには、せいぜい自分の一時的な好みやそのとき限りの優先順位を与えることができるに過ぎない。全体像には、ところどころ抜け落ちてしまうところがどうしてもできてしまう。AIシステムに、その間隙を埋められるだろうか。

　最後に、そして最も重要なことなのだが、われわれは人間同士が暗黙のうちに価値や規範といったものを共有していると仮定してコミュニケーションをとっている。すべてを明示的に伝えなくても、通じ合うことができる。しかしAIシステムは、そのような価値や規範には無頓着である。したがってすべてを細部まで明確に表現するか、AIシステムに人間と同じような背景知

識をもたせなければならない。そうでなければ、われわれの望みを正しく伝えることなどできはしない。上記の列車のシナリオでいえば、列車が衝突するのを避けるという目標を伝えたが、それでも動けるようにしなければならないと伝えるのを忘れた。相手が人間であれば、伝え忘れたとしても暗黙のうちに何を望んでいるか汲み取ってくれる。コンピュータシステムはそうしない。

　このようなシナリオは、オックスフォード大学の哲学者ニック・ボストロムの 2014 年のベストセラー『スーパーインテリジェンス 超絶 AI と人類の命運』[21] によって広まった。彼はこれを**偏屈なインスタンシエイション**（perverse instantiation）と呼ぶ。 すなわちコンピュータは、言われたとおりのことをする。しかしそれを、人が予期したのとは違う方法で行うのだ。他にも偏屈なインスタンシエイションのシナリオは、いくらでも思いつく。たとえばロボットに、家に泥棒が入らないようにしてくれと頼んだら、ロボットは家を焼やしてしまった、ロボットに癌で死なないようにしてくれと頼んだら、即座に殺されてしまった等である。

　もちろんこのような問題には、毎日のように出会っている。人々が特定の振舞いをするように意図してシステムを設計したのに、誰かがそうではない振る舞いによって得をしてしまうことはよく耳にする話だ。ソヴィエト連邦時代のロシアの逸話を思い出す。ソヴィエト政府は刃物の生産を増加させたいと望んだ。そこで製造した刃物の重量に応じて生産した工場に報酬を配分する決定を下した。何が起きただろうか。刃物の工場は、とてもとても重い刃物を製造しましたとさ……。

　ディズニーの古典映画のファンであれば、同じような型の問題が頭に浮かぶであろう。1940 年のディズニー映画ファンタジアには、若い魔法使いの弟子（ミッキーマウス）が井戸から家へと水を運ぶのが嫌になってしまうという話がある。力仕事から解放されたくて魔法使いの弟子は、ほうきに命を吹き込んで水運びの仕事をさせることにした。しかしミッキーが昼寝から目を

---

[21] N. Bostrom. Superintelligence. Oxford University Press, 2014 邦訳：倉骨 彰『スーパーインテリジェンス 超絶 AI と人類の命運』日本経済新聞出版、2017

覚ましてほうきの水運びを停めようとしても、停めることができずにどんどんバケツに水を運んでくる。結果地下室が水浸しになってしまう。ミッキーの師匠、本物の魔法使いが介入してはじめて問題が解決される。ミッキーは確かに頼んだことをしてもらったのだが、それは本当に彼が望んだことではなかったというわけだ。

　ボストロムも、この型のシナリオを考えている。彼は、ペーパークリップの製造を制御する AI システムを想定した。このシステムには、ペーパークリップの生産を最大化するという目標が与えられた。指示を文字通り受け取った AI システムは、手始めに地球を、その後に宇宙全体をペーパークリップへと変換してしまった。ここでも問題は、コミュニケーションである。目標を伝えるとき、受入れ可能な限界というものが理解されていなければならない。

　この問題を扱う 1 つの方法は、AI の行動による副作用を最小化することも目標とするように AI システムを設計することである。つまり世界の現状をできる限り変化させないで、目標を達成することを望むというわけだ。**ケテリスパリブス選好**のアイデアが、このことをよく捉えている[22]。ケテリスパリブス（ceteris paribus）とは、（訳注：ラテン語で）「その他のすべてのものが等しい」の意味である。ケテリスパリブス選好では、AI システムに何かを告げるとき、該当することを行ってほしいが、他のすべてのものは可能な限り変化させないと仮定する。つまりロボットに「わが家を泥棒から守れ」との命令を与えるとき、「可能な限り現状のまま保ちつつ、わが家を泥棒から守れ」ということを意味しているのだというわけである。

　これらのシナリオすべてで困難なのは、コンピュータに、われわれが真に望んでいることを理解させることである。**逆強化学習**という研究分野は、この問題に焦点を当てている。通常の強化学習については、第 5 章で見た。ある環境中でエージェントは行動をし、その結果報酬を得る。学習の課題は、受け取る報酬を最大化する一連の行動を発見することである。逆強化学習では、「理想的」な振舞い（人が何をするか）を見る。その上で、その振舞いに

---

[22] S. O. Hansson.'What Is Ceteris Paribus Preference？' Journal of Philosophical Logic, 25(3), 1996, 30-32.

関係付けられた AI ソフトウェアの報酬を見つけるのが課題となる[23]。一言でいうと、人間の振舞いを、望ましい振舞いのモデルとして見て模倣するということである。

---

[23] A. Y. Ng and S. Russell. 'Algorithms for Inverse Reinforcement Learning'. Proceedings of the Seventeenth International Conference on Machine Learning (ICML ' 00), 2000.

Chapter**8**
どのような問題が起きそうか

　著者は差し迫ったシンギュラリティの可能性については懐疑的である。しかしだからといって AI そのものに恐れを抱く必要がないと思っているわけではない。結局のところ、AI は汎用技術なのだ。その応用は、われわれの想像力の限界内にある。そのような技術は、すべて意図しない結果をもたらすものだ。何十年も、時には何百年も経ってから悪用される潜在力があったことがわかることも多い。最初に火を使うことを発見した誰だかわからない先史時代の遠い祖先は、化石燃料を燃やすことの結果として生じる気候変動を予測しなかったからといって責められるべきではない。1831 年に発電機を発明した英国の科学者マイケル・ファラデーは、電気椅子など予想しなかっただろう。1886 年に自動車の特許を取得したカール・ベンツは、100 年後にその発明によって毎年何百万人もの死亡事故が起きることを予期できなくて当然だ。そしてインターネットを発明したヴィント・サーフは、まさか彼の創造したインターネットによって、テロリストが断頭ビデオを公開するようになるとは思いもしなかったであろう。

　すべての技術と同様に、AI も世界的な有害事象を起こすし、すべての技術がそうであるように悪用されることもある。有害な結果といっても、前章で否定したようにターミネーター物語のような劇的なものではないかもしれない。しかし何らかのかたちで、この先何十年かの間に、われわれやわれわれの子供たちは直面しなければならない。

　したがってこの章では、AI を巡って真剣に考えなければならない問題とは

何か、そして将来どのような結果を招くことになるかについて議論したい。この章の終わりでは、AI は悪影響を及ぼすかもしれないが、ハリウッド映画に描かれているようなひどいことにはならないと、読者も同意してくれると思う。

　雇用と失業の問題から始めようと思う。AI が仕事を奪うという考えだ。AI は、どのようなかたちで仕事に影響を与えるであろうか。そして AI が管理する就業が、究極の疎外となる可能性について考える。このことから、AI 技術の使用が人権を侵害するのではないか、そして致命的な全自動兵器を実現してしまうのではないかについても考える必要がある。さらにアルゴリズムの偏向が出現していることも考えなければならない。また、AI には多様性が欠けていることの問題や、フェイクニュースとフェイク AI の現象も考えなければならないであろう。

8.1 雇用と失業率

ロボットは、われわれの仕事を奪う。遅きに失する前に、今から計画を立てておかなければならない。

－ガーディアン、2018－

　ターミネーター物語の後に AI について最も広く危惧されたのは、将来の就業についての影響であろう。とりわけ AI が失業を生み出すことに、多くの人が恐れを抱いている。コンピュータは疲れない。二日酔いで出勤したり遅刻したりしない。議論を吹っかけない。苦情を申し立てない。組合も要求しないし、何よりもコンピュータには給料を支払う必要がない。経営者が興味を示すのは当然だし、従業員が神経を尖らすのも無理はない。

　「AI があなたの仕事を奪う」という新聞の見出しを近年多く見かけるようになった。しかしこれは、何も新しいことではない。この点を理解してほしい。人間の労働を大規模に自動化することは、少なくとも 1760 年から 1840

年にかけての産業革命まで遡ることができる。産業革命は、製造業の在り方に深甚な変化をもたらした。小規模な家内制手工業から、今日われわれに馴染み深い大規模工場での生産へと移行したのだ。

産業革命をもたらした原因を1つだけに特定することはできない。さまざまな技術的進歩が同時期に起きたことと、珍しい歴史的地理的な状況が一致したことによってもたらされたと考えられている。産業革命は英国から始まった。その英国では、綿花を米国や植民地から輸入して、主にイングランド北部の工場で処理した。植民地は綿花を供給するだけでなく、完成品の巨大な市場も提供した。こうして英国の繊維産業が隆興する経済的状況が整ったのだ。1730年代に始まる一連の織物技術の進歩により、大型で高速な織機が製造されるようになった。それらを使って家内制工業では不可能であった高品質な綿製品を大量に生産できるようになった。綿花はリバプールとマンチェスターを通って輸入されて、新しい産業に適合するように成長した工業都市へと配送された。当初織物工場は水力（水車）を動力として使用したが、石炭火力による蒸気機関へと動力源は遷移することになった。それにより不安定な水資源という制約から解放されて、工場は規模の拡大を続けていった。都合のよいことに蒸気機関で使用する上質な石炭は、イングランド北部で豊富に産出された。こうして工業都市と炭鉱町は、手に手を取って繁栄を謳歌した。

産業革命によって成立した工場システムは、多くの人々の労働の性質を根本的に変化させてしまった。産業革命以前、人口のほとんどは直接的または間接的に農業に従事していた。産業革命は、人々を田園から工場のある都市へと移動させ、同時に職場も田畑と作業小屋から工場へと移り変わらせた。労働者の仕事の性質は、今日見られるような型へと変化した。つまり、工場における、高度な自動化を含む製造工程の一部に特化した反復作業としての労働だ。

家内制手工業は、工場での大規模生産という新しい技術に、価格でも製品の品質でも太刀打ちできなかった。労働者は、他の仕事を探さざるを得なくなり、新しい工場に就職するか失業の憂き目を見るしかなかった。途轍もない社会変化が起こったわけだが、諸手を挙げて歓迎されたわけではなかった。19

世紀の初期[1]には、ラッダイト蜂起と呼ばれる運動がしばらく続いた。ラッダイト蜂起とは、工業化に反対する非組織的な暴動で、生活の糧を奪った（と思われた）機械を打ち壊した。しかしラッダイト蜂起は、強固な英国政府によって短期間で鎮圧された。1812 年に政府は、機械の破壊は死刑に値する犯罪だと決定したのだ。

　もちろん 1760 年から 1840 年にかけての産業革命は、第 1 次産業革命である。工業化に対するラッダイト蜂起から 2 世紀にわたって技術の進歩は留まることなく、同じような産業と労働に対して強力な影響を与え続けている。皮肉なことに（そして悲しいことに）、第 1 次産業革命で栄えた同じ工業都市は、1970 年代後半から 1980 年代前半にかけてのもう 1 つの産業革命によって壊滅的打撃を与えられてしまった。この期間に伝統的産業の凋落によって多くの工場が廃工場となってしまった。国際経済のグローバリゼーションとは、ヨーロッパと北米で製造されていた多くの製品が、地球の反対側の新興経済国で安価に生産されるようになったということであり、米国と英国が主導した自由市場経済政策は、伝統的な産業には不利に働いている。最も重要な技術的な貢献は、工業化世界の未熟練労働を一掃する自動化をもたらすマイクロプロセッサの開発であった。

　今日のコンピュータ技術を可能にしたのは、マイクロプロセッサの開発である。マイクロプロセッサとは、コンピュータの中央処理装置のすべてのコンポーネントを、1 つの小さくて安価な単位に組み込んだシステムコンポーネントである。マイクロプロセッサ登場以前のコンピュータは、巨大で高価で信頼性に欠けるものであった。マイクロプロセッサは、このシステムコンポーネントを、安価で高速で信頼性の高い極小のコンポーネントにした。マイクロプロセッサによって、多くの仕事が自動化されるようになった。とりわけ製造業において顕著であり、その影響は、イングランド北部において強烈であった。この地域は 40 年前の製造業の喪失からいまだに回復できていない。

　自動化の影響は、イングランド北部の伝統的製造業においては壊滅的であっ

---

[1]訳注：1811 年

たものの、マイクロプロセッサのような新しい技術による正の影響と負の影響は、結局のところ経済全体としては有効で、経済活動は増加したことを覚えておいてほしい。新しい技術というものは、ビジネスやサービス、そして富の創造の新しい機会を創り出すものなのだ。そしてマイクロプロセッサは、まさにこの場合にあてはまる。破壊された仕事や富以上のものを創造したのだ。もっとも仕事の創出は、イングランド北部においてではなかった。

　人間の労働を自動化すること自体は、何も新しいことではない。今に始まったことではないのだ。しかし今日問題になるのは、今までの自動化が未熟練労働を機械化することであったのに対して、AI が熟練労働者から仕事を奪うことになるだろうという点である。そうなってしまったならば、人間にはどのような役割が残されるのだろうか。

　AI が労働の性質を変えてしまうのは確かであろう。もっともその影響が産業革命のときのように劇的かつ根本的なものであるか、あるいはもっと穏健なものとなるかは明らかでない。

　AI の労働への影響についての議論は、オックスフォード大学の同僚カール・フレイとマイケル・オズボーンによる「雇用の未来」と題された 2013 年のレポートによって活発になった[2]。レポートの驚くべき予測では、大きく見積もって米国内の仕事の 47 パーセントが、近い将来に AI と関連する技術によって自動化される可能性があるというのだ。

　フレイとオズボーンは、仕事が自動化される可能性についての彼らの考えに従って、702 の職業を分類している。レポートによれば、危険にさらされている職業には、テレマーケッター、裁縫師、生命保険引受人、データ入力事務員（そして他の事務員）、電話交換手、販売員、彫版工、そしてレジ係りが含まれる。翻って比較的安全なのは、セラピスト、歯科医、カウンセラー、内科医に外科医、そして教師である。彼らは、次のように結論付けている。

　　われわれのモデルでは、運輸業に携わる職業のほとんど、多くの事務と

---

[2] C. B. Benedikt Frey and M. A. Osborne. 'The Future of Employment: How Susceptible Are Jobs to Computerisatio？' Technological Forecasting and Social Change, 114, January 2017.

管理支援業務、そして製造業の労働者が雇用を失う危険に晒されている。

フレイとオズボーンは、さらに自動化に抵抗力のある職業の性質として3つの特徴を指摘している。

第1に、これは驚くにあたらないのだが、高度に創造力を必要とする職業は安全であろうという。創造的な職業としては、芸術、メディア、そして科学の分野である。

第2に、強力な社交的技能を要求される職業も安全であろう。したがって、対人関係や人間関係の機微や複雑さを理解して取り組まなければならない職業も自動化には抵抗力がある。

最後に彼らは、高度な認知力や手先の器用さが必要な職業も、自動化はむずかしいと指摘する。ここでAIの問題は、確かにマシンの認識力は驚異的に発達したが、人間のそれはマシンをはるかに凌駕するということである。人間は、高度に複雑で構造化されていない環境から意味を汲み取ることができる。ロボットは、構造化された正規的な環境にはよく適合できる。しかし訓練データの範疇からはずれた状況に直面すると対応できなくなってしまう。同様に人間の手は、最良のロボットハンドよりもはるかに器用である。2018年にロドニー・ブルックスは、人間の手と同じくらいの器用さを発揮するロボットハンドには20年かかるだろうと予測している[3]。少なくともそれまでは、手先の器用さを必要とする職業に就いている人は安心してよい。つまり、大工、電気工事士、配管工で本書を読んでいる人々は、今夜ぐっすりと眠れるというわけだ。

フレイとオズボーンのレポートは、多くの批判を浴びた。多くのコメンテーターが、方法論の間違いや不当な仮定を指摘して、結論があまりにおおざっぱだと批判したのだ。著者もレポートの最も悲観的な予測が中期的に実現するとは思わないが、AIと関連する自動化技術やロボットによって、近い将来多くの人々が不要だとみなされるようになると思う。読者の仕事が、ルールにしたがってデータを見て判断するようなもの（たとえばローンの審査）で

---

[3] https://rodneybrooks.com/blog/

あったならば、残念ながら AI に置き換えられてしまうであろう。前もって決められたマニュアルに従って顧客とやり取りする仕事（たとえばコールセンター業務の大半）であれば、残念ながら AI に置き換えられてしまう。整備された道路を決まった経路で巡回するだけの運転手も、AI に取って替わられるであろう。もっともそれがいつかは尋ねないでほしい。

ほとんどの人にとって新しい技術の影響は、仕事の性質に関わることであろうと思う。ほとんどの職業は、AI システムで置き換えられるわけではない。AI ツールを使い始めることによって、仕事の能率が向上するということになろう。結局のところ、トラクターの発明によって農夫が要らなくなったわけではない。トラクターは、かれらをより効率的な農夫にしただけだ。ワードプロセッサの発明が、秘書に取って代わったわけではない。秘書の能率が向上しただけだ。煩わしい書類作成や定型様式への書き込みについていえば、ソフトウェアエージェントと対話することで、そのような疲れるだけの仕事を管理して手早く片付けてくれる日がくるに違いない。仕事をするときに使用するあらゆるツールの中に AI が組み込まれて、数限りない方法で判定を下してくれることになろう。多くのツールでは、AI が組み込まれていることにさえ気がつかないに違いない。アンドリュー・ンは言う。「頭脳労働でも、普通の人が 1 秒以内で処理できることならば、今すぐか近い将来 AI を使って自動化できる」[4]。そのような仕事は山のようにある。

多くの人々が、AI が職を奪い地球規模での失業と格差拡大という未来のディストピアを恐れる一方で、技術的楽観論者は、AI、ロボット、そして先進的な自動化技術により、ずいぶん異なった未来が待っていると期待している。そのような**ユートピア主義者**は、AI が退屈で苦痛を伴う仕事から、われわれを（ついに）解放してくれるという。将来は、すべての仕事（少なくとも汚くて危険な、そうでなくても人気がない仕事）がマシンによって行われるので、人間は小説を書いたり、プラトンを論じたり、登山をしたり、といった事柄をすればよくなるというのだ。楽しい夢だが、これもまた決して新しいものではない。ユートピア的な AI の機能は、サイエンスフィクションの

---

[4] https://tinyurl.com/yytefewg

225

中に存在する（もっとも、興味深いことにディストピア的な AI より頻度は少ない。誰もが幸福かつ健康で、教育の行き届いた未来についておもしろい物語を書くのはむずかしいのだろう）。

ここで、1970 年代から 1980 年代頭にかけて開発されたマイクロプロセッサ技術の影響について省みておくことも有用である。すでに議論したように、マイクロプロセッサの登場によって工場の自動化は進み、マイクロプロセッサ技術の社会的影響について激しい議論が戦わされた。それは、現在の AI の社会的影響とよく似ている。その当時確実なこととして予測されたのは、それほど遠くない将来、賃金労働をして過ごす時間は短くなるであろうということであった。週 3 日の勤務とかが普通になり、それにしたがって余暇を楽しむ時間が増えるはずであった。

現実には、そうならなかった。なぜだろうか。1 つの理論としては、コンピュータや他の技術的進歩によりオートメーションが進むことで就業時間を減らすのではなく、すぐれた製品やサービスを購うためにより多くの金銭を稼ぎたくなるので、就業時間が増えてしまうというものだ。つまりカラーテレビ、ビデオデッキ、カセットレコーダー、CD プレイヤー、DVD プレイヤー、ホームコンピュータ、携帯電話、魅惑的な休暇、大きくて速い車、お洒落な洋服、おいしい料理等がほしくなるわけだ。そしてこれらへの支払いのために、もっと一生懸命働かなければならないという。おそらくわれわれすべてがシンプルライフを受け入れて、少ない消費財と質素な暮らしぶりを心がけるならば、労働時間を短縮できるであろう。別の見解で説明する人もいる。経済的利益は広まらないという主張だ。金持ちはより裕福になり、格差は拡大するというものだ。厳密な理由はなんであれ、1970 年代の経験から導ける明白ですこし憂鬱な結論は、少なくとも直近の将来、技術によってすべての人がゆったりと過ごせるユートピアが訪れることはないだろうというものだ。

この予想は、ユニバーサルベーシックインカム（普遍的基本所得保証）の議論へと発展する。ユニバーサルベーシックインカムとは、社会のすべての人が、働いていようがいまいが無条件に一定の所得を保証されるというものだ。ユニバーサルベーシックインカムのアイデアは、新しいものではない。しか

し近年の技術開発、とりわけ AI の発達によって俄かに脚光を浴びるように
なった。それが示唆するところは、AI とロボットと自動化によってユニバー
サルベーシックインカムを可能にするところの富が十分に供給されるように
なった（なぜならマシンが働いてくれる）だけでなく、必要だ（なぜならロ
ボットによって仕事は奪われてしまって職がない）というものである。

　未来のユートピアを強く望むところではあるが、AI による大規模なユニ
バーサルベーシックインカムが近い将来可能だとも思えない[5]。第 1 に、その
ためには AI が生成する経済的利益がユニバーサルベーシックインカムを可能
にするくらい大きくなければならない。これまでの技術革新がもたらしたも
のを遥かに凌駕するくらい大規模でなくてはならない。しかし現在の AI の
進展が、それほど大規模な経済的利益をもたらすとは思えない。第 2 に、ユニ
バーサルベーシックインカムを導入するには、前例のない政治的意志が必要
だ。ユニバーサルベーシックインカムを受け入れ可能な政策とするだけの社
会状況が必要なのだ。この政策を受け入れるためには、その前に大規模な失業
の広がりが必要であろう。最後にユニバーサルベーシックインカムは、労働
こそ社会的役割の中心だという社会の性質を根本的に混乱させてしまう。今
のところ、社会がそのような変化をまじめに検討しているという徴候はない。

　AI は、労働の在り方を変更する重要な因子には違いないのだが、唯一の因
子というわけではない。最も重要な因子というわけでもないだろう。1 つに
は、容赦のないグローバリゼーションの波がまだ終っていない。それが終わ
るまでには、この世界に予想できないほどの揺さぶりをかけるであろう。ま
たコンピュータも進化の途中にある。予見可能な将来において、コンピュー
タは安価になり続け、小型化し続け、より緊密に繋がり続けるであろう。こ
のコンピュータ開発の進展だけでも世界を変革して、われわれの生活を一変
させるのに十分だ。そして背景には、連結を強める世界の社会的、経済的、そ
して政治的変化の激しさがある。具体的には、化石燃料資源の減少、気候変
動、そして扇動政治の台頭である。これらすべての要因は、雇用や社会に重
大な影響を及ぼしていて、それらの影響のほうが AI の影響よりも強力だと

---

[5] http://tinyurl.com/ydb9bpz4

感じるに違いない。

8.2 アルゴリズムによる疎外と労働の質的変化

　AIについての書籍にカール・マルクスの名前を見つけて驚いたかもしれない（世界観によっては不快に思った読者もいるかもしれない）。しかし共産党宣言の共著者であるマルクスは、AIが仕事と社会を乗っ取るかもしれないという今日の議論に繋がる強い問題意識をもっていた。とりわけマルクスの疎外論は関連が強い。マルクスは、最初の産業革命の直後、資本主義社会が今日のようになろうとしていた19世紀半ばにこの理論を打ち立てた。マルクスの阻害論とは、労働者とその仕事との関係、さらには社会との関係に関わる問題提起で、資本主義によってそれらの関係がどのように変質したか、そしてこれからどのように変質していくかを論じたものである。産業革命によって出現した工場労働者は、退屈で賃金の低い反復作業に携わるようになった。そしてそのような仕事からは満足が得られないと主張した。工場労働者には、自分の作業の段取りを決める自由もなければ工夫する自由もない。このような労働は生活者として不自然であるとマルクスは主張する。労働者は仕事から意味を汲み取ることもできない。しかし他に選択肢がないので、この無意味な仕事を続けざるを得ないというのだ。

　読者も、このような現象に首肯すると思う。ところでAIと関連する技術の急速な発展により、マルクスの理論に新しい次元が加わった。それは、将来読者の上司がアルゴリズムになるという可能性である。

　この現象はすでに始まっていることを意識してほしい。とりわけいわゆる「ギグエコノミー」と呼ばれる分野で顕著である[6]。半世紀前には、最終学校

---

[6]訳注：オンライン上のプラットフォーム等を通じた短期的な労働による経済活動のこと。ライブハウス等での一回ごとの演奏を意味するスラング「ギグ（gig）」に由来する。フリーランスのウェブデザイナーが、クラウド上のプラットフォームでデザインの仕事を受けるのは典型的なギグエコノミーであり、そのような労働者をギグワーカー（gig worker）という。ギグワーカーは、経済的に不安定だという問題がある。

を卒業して勤め始める会社と引退する会社が同じというのは珍しくなかった。長期の雇用関係を結ぶことが普通であったのだ。転職を繰り返す従業員は疑いの目で見られたものだ。

しかし今日では長期の雇用関係は日に日に珍しいものとなり、短期雇用の職や出来高払いの契約を結ぶといったギグエコノミーで置き換えられるようになった。過去20年でギグエコノミーが盛んになった理由の1つは、モバイルコンピューティング技術の発展がある。モバイルコンピューティング技術によって、個人を特定して単発で仕事を発注したり、個人として仕事を受注したりするといったことが世界中で可能になったのだ。任意の時点で個々の労働者の現在位置は、スマートフォンに組み込まれたGPSセンサーで管理できるだけでなく、仕事の細かい指示もスマートフォンで逐次的に伝えることができる。コンピュータのキーボードをタイプした数から送信した電子メールのトーンにいたるまで、労働者が勤務時間中におこなったことすべてを監視して秒単位で管理することができる。もちろんここでの管理者は、コンピュータプログラムだ。

コンピュータによる詳細な監視と厳しい管理が行き届いた職場環境として頻繁に批判されるのは、オンラインショッピングの巨人アマゾンである。ここに、倉庫での労働がどのようなものかを述べた2013年のファイナンシャルタイムズの記事がある[7]。典型的なレポートといえよう。

> アマゾンのソフトウェアは、トロリーに積み込む商品を集めるのに最適な歩行経路を計算した上で、どの棚からどの棚へ移動するかを、衛星ナビ付携帯端末のスクリーンを使って労働者に指示する。計算された最適な経路を使ったとしても歩行距離は長い。［…］「俺たちは人間のかたちをしたロボットのようなものだ。ヒューマンオートメーションと言ってもいい。」と、アマゾンの労働者は語った。

マルクスが今日生きていたとしたら、このレポートを疎外の概念を解説するのに完璧な例として用いたに違いない。これは、AI駆動オートメーション

---

[7] http://tinyurl.com/ycq6jk35

の悪夢である。すなわち人間労働は、マシンやソフトウェアによって自動化できないところまで体系的に細分化されてしまい、人間の仕事として残るのはコンピュータによって分単位で監視され監督された単純労働であり、そこには技術革新も創造性や個性といったものが入る余地がないだけでなく、考える必要もない労働である。想像してみてほしい。読者の勤務評定をするのがコンピュータプログラムで、さらには馘首するかどうかもプログラムが決めるとしたら、読者はどんな風に感じるだろうか。著者としては、いくぶんシニカルに、これらの問題については考えないようにしようと提案したくなる。いずれにしても俎上に乗せられるような職業は早晩なくなってしまうのだから、いずれそうなったら AI なりロボットによって全自動化されてしまうわけだ（アマゾンは、倉庫ロボットに多大の投資をしている）。

　世界の就労人口の大部分がこのような状態になるというのは、魅力的な世界ではない。しかしそうだとしても、根本的に新しいことではないことを強調しておきたい。産業革命から連綿と続く世の中の傾向に AI という次元が追加されただけなのだ。それだけでなく、先に述べたアマゾンの倉庫での仕事よりもはるかに劣悪な労働環境で雇用されている人々も世界には大勢存在する。どのように利用されるかについて技術は中立なのだ。今は AI と就労というと、失業問題ばかりが議論されているが、経営者、政府、労働組合、規制官庁それぞれが、失業問題だけでなく、AI の労働に与える影響について適正な労働環境は何か考え始めなければならない。

8.3 人権

　これまでの議論では、AI システムが人の労働状態を管理するようになると疎外がどのように深化するかを示した。しかし AI の使用については、労働の疎外より深刻な懸念がある。それは、われわれの最も基本的な人権に深くかかわる問題だ。AI システムが管理職になるということは、いつ休憩を取ってよいか、取ってはいけないかを命令し、勤務目標を設定し、執務態度について分刻みで批評するようになるということだ。これだけでも十分に不快で

あろうが、AI システムが刑務所行きを決定する権力をもったとしたらどうだろうか。

　これもまた、遠い将来の物語ではない。今日の AI システムの使用は、これに近いことを行っている。たとえば英国ダラム市警察は、2017 年 5 月に**危害評価リスクツール**（Harm Assessment Risk Tool、HART）[8] を採用すると発表した。HART とは、警察官が犯罪被疑者を釈放するか拘置所に留置するかどうかを決定する際の補助をする AI システムである。HART は機械学習の古典的なアプリケーションだ。HART は、5 年分の拘置所データによって訓練された。拘置所データは、2008 年から 2012 年にかけて収集された 104000 件のほどの逮捕記録データであり、これにより訓練された後 2013 年の 1 年間のデータでテストされた（裁判で使用されたデータはプログラムの訓練には使用されなかった）[9]。完成したシステムは、低リスクの事案については 98 パーセントの正確さを、そして高リスクの事案については 88 パーセントの正確さを示した。システムは、高リスクの事案（たとえば強行犯）については慎重に評価するように設計されていた。それが 2 つの事案の型で正確さに差が生じる理由である。システムは 34 件の事件を使って訓練された。訓練データのほとんどは、被疑者の犯歴に関するものであるが、その他に年齢、性別、住所なども含まれていた。

　ダラム市警察が、拘留所に留置するかどうかの判断をすべて HART に委ねていたわけではない。システムは、留置係の警察官が判断する際の補助をする単なる意思決定支援ツールとして使用されているに過ぎない。それにもかかわらず、HART の使用が公けになると騒ぎが起こった。

　懸念の 1 つは、HART が事件の部分的な情報しか見ていないというものだ。経験豊かな留置係の警察官がもつのと同じだけの人間や犯行のプロセスに対する理解をもっていないというものである。重要な決定が狭いデータ領

---

[8] http://tinyurl.com/y74yfk8a
[9] M. Oswald et al. 'Algorithmic Risk Assessment Policing Models: Lessons from the Durham HART Model and "Experimental" Proportionality'. Information & Communications Technology Law, 27:2, 2018, pp. 223-50.

域に基づいていることへの懸念だ。判断に透明性が欠けていることも懸念されている（古典的な機械学習プログラムは、すぐれたパフォーマンスは示しても、決定について説明することはできない）。そしてもちろん、訓練データが偏向している可能性や選択された特徴にも問題がある点も指摘された（加えてプログラムが、被疑者の住所を特徴として使用しているという事実がとりわけ問題となった。つまり、そうすることでシステムは、不遇な人をさらに不利に扱いかねないというわけだ）。

　さらに現在のHARTは拘留決定の判断を支援するものであるとはいえ、将来のある時点から、このツールが主な意思決定者になってしまうのではないかという懸念がある。つまり、担当警察官が疲れていたり、誤解していたり、あるいは単に怠惰だったりすると、重要な判断の責任を放棄して、HARTの助言に盲従してしまうのではないかという懸念だ。

　しかしこれらの懸念の土台になっているのは、HARTのようなシステムが、人間の意思決定を侵食しているという不快感ではないかと思う。人にとって重大な結果となるような問題には、人間が判断を下していると考えるほうが何となく安心なのだ。なんといっても身分に関係なく同じように裁かれる権利のような、われわれが現在享受している基本的人権は、苦労して勝ち取ったものであり、高度に尊重されるべき事柄なのだ。HARTが行っているように、コンピュータがわれわれについて重要な判断を下すということは、これら苦労して勝ち取った権利を放棄することのように感じられるわけである。このようなステップを軽視してはいけない。

　これらはすべて正当な懸念である。しかしだからといって、HARTのようなツールの使用を闇雲に全面禁止と叫んだところで問題の解決にはならない。慎重な手続きに則って運用しなければならない事例であろう。

　第1にHARTの事例でも明らかに意図されているように、このようなツールは、あくまで人間の意思決定を支援するためのものでなければならない。人間の代わりになってはいけないのだ。機械学習の意思決定ツールは完璧ではない。人間なら合理的でないとすぐにわかるようなことでも、判断を誤ることがある。そして今日の機械学習で困ったことには、いつ不合理な意思決定をするかも特定できない。つまり、人々に重大な結果をもたらすような状

況で盲目的に AI の助言に従うことは、とても賢いとはいえないのだ。

　この種の技術を深い考えなしに開発して使用することは、別の懸念もある。HART は、経験豊かな研究チームによって、このようなツールで生じる諸問題を慎重に検討した上で開発された。すべての開発者がそれほど経験豊かというわけではないし、慎重に検討を重ねているわけでもない。懸念されるのは、人間にとって代わって重大な決定を下すシステムが、 HART のような慎重な検討なしに構築される危険性である。

　HART は、法執行機関によって使用されている多くのシステムの一例に過ぎない。このことは、人権派のグループによって深刻な問題として提起されている。ロンドン警視庁は、「ギャングズマトリックス」と呼ばれるツールを使用して批判に晒された。ギャングズマトリックスとは、数千人の個人情報の記録をもち、これを単純な数式に投入することで、これらの個人が暴力犯罪に加担する可能性を予測するシステムである[10]。ギャングズマトリックスの大部分は伝統的な情報技術で構成されていて、どの程度の AI が使用されているかはわからない。しかし傾向は明らかであろう。アムネスティーインターナショナルは、このシステムを「人種偏見に溢れたデータベースで、黒人男性の特定世代を犯罪者に仕立てるもの」だと非難している。このシステムは、特定の型の音楽を聴く性向があるというだけでデータベースに登録するのとまったく同様だといわれているのだ。米国においては、PredPol という会社が、「予測型警備（predictive policing）」を支援するソフトウェアを販売している。このソフトウェアは、犯罪多発地帯を予測するようにできている[11]。ここでも再びこのようなソフトウェアの使用は、人権に対する基本的な問題を提起する。データが偏向していたらどうなるだろうか。ソフトウェアが適切に設計されていなかったらどうだろうか。警察が、このソフトウェアに依存するようになったらどうだろう。COMPAS という別のシステムは、犯歴のある人物が再び罪を犯す可能性を予測する[12]。このシステムは、判決

[10] http://tinyurl.com/y6narok3
[11] https://www.predpol.com
[12] http://tinyurl.com/y242nn5u

の際の量刑等に使用されている[13]。

　ソフトウェアに依存すると、救いようのない誤った結果を生んでしまうことがある。極端な例が、2016 年に発生した。2 人の研究者が、人の顔つきを見るだけで犯罪行為に及ぶ可能性があるかどうかを判定できるとの論文を発表したのだ。このようなシステムは、犯罪性について 100 年前に否定されたはずの誤った理論へと、われわれを連れ戻すものだ。その後の研究でこのシステムは、犯罪性があるかどうかは対象の人物が微笑んでいるかどうかを基に判定していたことがわかった。このシステムを訓練するのに使用した手配写真は、おおむね笑顔ではなかったのだ[14]。

8.4 殺人ロボット

　本書では、AI システムが管理職の役割を演じることは疎外につながると主張している。読者も賛成してくれると思う。AI システムが拘置所での留置について決定することは、人権侵害につながりかねないとも主張した。それでは、AI プログラムが人の生死を決定する力をもったとしたら、読者はどう感じるだろうか。AI が進歩して目立つようになると、この問題がマスコミをにぎわすようになった。昔ながらのターミネーター物語の炎上に油を注ぐ結果になったのだ。

　全自動兵器は、炎上するトピックである。多くの人々は、そのようなシステムに本能的な強い嫌悪感をもつ。そのようなシステムは不道徳で構築してはいけないと思う。ところがそのような見解を抱く人々が驚くことに、同じように善良な人々が異なる見解をもっていることがある。この問題がきわめて情緒的なことはわかっている。著者としても、できるかぎり静かに話を進めたいと思う。それでは AI 搭載の自動兵器の可能性が引き起こした問題について見ていくことにしよう。

---

[13] http://tinyurl.com/ycef9mqv

[14] http://tinyurl.com/y4elgklp

全自動兵器についての議論は、戦争にドローンが投入される機会が増えたことによって生じた。ドローンとは無人航空機のことであり、軍用ではミサイルのような武器を装備している。人間のパイロットは搭乗していないので、ドローンは従来の戦闘機に較べて小型化、軽量化、そして安価に製造できる。そして、敵地上空を飛行しても遠隔地にいるパイロットにはリスクは生じない。したがって、人間のパイロットが操縦する航空機には危険過ぎると判断されるような状況でも使用できる。これらの特徴を勘案すれば、ドローンは魅力的な兵器となり得るわけだ。

軍用ドローンの開発は、過去50年にわたって試みられてきたのだが、実用化にこぎ付けたのは今世紀に入ってからである。2001年以降、軍用ドローンは米軍のアフガニスタン、パキスタン、そしてイエメンでの作戦で使用されている。これらの国に米軍が、何回ドローンを投入したか正確にはわからないが、何百回となく使用されていて、恐らくその結果として数千の死亡に繋がっていると思われる。

遠隔制御のドローンは、それ自体倫理的な問題を引き起こしている。たとえばドローンを操縦しているパイロットには肉体的な危険はないので、実際その場にいたならば考えもしない行動に出ることがある。その意味で重要なのは、彼らの行動によって引き起こされる結果に、その場にいるのと同じようには深刻にならないという問題がある[15]。

これらをはじめとした多くの理由により、遠隔制御のドローンの使用には、賛否両論激しい対立がある。しかし自律型のドローンの可能性には、別次元の懸念がある。自律型ドローンは遠隔制御されない。人間の指示や介入なしで作戦を遂行する。そして作戦遂行の一部には、人命を奪うか否かの決定も含まれることになる。

自律型ドローンや他の自動兵器のアイデアを聞けば、即座にお馴染みの物語が心に浮かぶと思う。同情や理解といったどのような人間的感情ももち合わせず、情け容赦なく正確に殺戮を続けるロボット軍団だ。そのようなターミネーターシナリオについては、夜も眠れなくなるほど心配しなくてもよい

---

[15] 訳注：実際には多くのドローンの操縦士が精神を病んでしまっている。

理由を見た。それでもなお自律兵器が致命的に誤用される可能性は、その開発と運用に反対する重要な議論の的となっている。それ以外にも自律兵器について関心を寄せるべき理由がある。1つには、そのような兵器を保有する国は、戦争を開始する敷居が低くなるだろうということだ。なぜなら自国民を戦線に送らなくて済むからだ。つまり、自律兵器は開戦の決断を容易にするので、戦争が常態化しかねないという懸念である。しかし最も強い非難は、自律兵器は不道徳だというものである。人命を奪う決定ができるマシンの構築など間違っているというわけだ。

　AIを搭載した自律型兵器は、現在の技術で完全に可能だということは指摘しておきたい。次のようなシナリオを考えてみよう[16]。

> 小型のヘリコプター型ドローンが飛んでいる。誰でも安価に手に入れられるようなドローンであるが、カメラとGPSナビ、オンボードコンピュータ、そして手榴弾程度の爆発物が装着されている。ドローンは都市の街路を巡回するようにプログラムされていて、人間を探索する。個人を特定する必要はない。人間の形状を識別するだけだ。人間のかたちをした目標を発見すると急降下して爆弾を炸裂させる。

　この危険なシナリオに描かれている程度のAIは、街路を巡回飛行する能力と人間のかたちを識別して突入する能力さえあればよい。AI専攻のちょっと優秀な大学院生であれば、必要な機材を使って実用に耐え得るプロトタイプを作ってしまえるだろう。しかもきわめて安価に大量生産できる。数千機のそのようなドローンが、ロンドン、パリ、ニューヨーク、デリー、北京の街路に放たれたらどうなるか想像してほしい。どれだけの大虐殺となるか、どれだけの恐怖をあたえるか想像してほしい。そしてすでに見たように、そのようなドローンは誰かがすでに製作しているのだ[17]。

　多くの人々にとって、自律兵器の利点について合理的な議論の余地はないように思える。しかし実際には議論は存在する。

---

[16] このシナリオは、有名なAI研究者スチュアート・ラッセルによるものだと思う。

[17] http://tinyurl.com/yy7szdxm

この議論を主唱しているのは、米国ジョージア工科大学教授ロン・アーキンである。彼は、自律兵器は不可避である（どこかで誰かが必ず製作する）と認めなければならないとの立場だ。その上で最良の対応策は、どのようにすれば自律兵器を、人間の兵士以上に倫理的に行動するように設計できるかを考えるべきだと主張する[18]。結局のところ人間の兵士にしたところで、倫理的振舞いについてすぐれていると言えないことは歴史が教えていると、彼は指摘する。さらに「完璧に」倫理的な自律兵器は不可能なことは認めつつ、それでも人間の兵士以上に倫理的な自律兵器の構築は可能だと、彼は信じている。

自律兵器を支持する議論は他にもある。たとえば戦闘のような不快な作業に携わるのは、人間よりもロボットのほうが好ましいという主張がある。戦争の勝利者は、すぐれたロボットを保有している側だというわけだ（もちろん「われわれ」がすぐれたロボットを保有している側であるのは言うまでもない）。

さらに、自律兵器には反対するのに在来兵器による戦争には反対しないのは、倫理的に一貫性がないとの議論もある。たとえば B-52 爆撃機は、5 万フィート上空を飛びながら爆弾を投下する。爆弾投下に責任がある爆撃手は、32000kg もの爆弾が正確にどこに着地するか、あるいは誰の上に着弾するかわかっていない。したがって、誰を殺すか明確に判断できる自律兵器には反対するのに、ランダムに殺しまくる従来の爆撃には反対しないのかというわけだ。著者としては、どちらにも反対するべきだと考えている。しかし実際に従来型の爆撃は、致命的な自律兵器のアイデアほどには論争の対象になっていない。

著者の印象では、自律兵器推進派の議論がどのようなものであれ、国際的な AI 学会に属するほとんどの研究者は致命的な自律型兵器の開発に強く反対している。人間の兵士よりも倫理的な自律兵器を設計できるという議論は、

---

[18] R. Arkin. 'Governing Lethal Behaviour: Embedding Ethics in a Hybrid Deliberative/Reactive Robot Architecture'. Technical report GIT-GVU-07- 11, College of Computing, Georgia Institute of Technology.

広く受け入れられていない。理論としては興味深いアイデアであるが、どのように設計するかまったくわかっていないので、近い将来実装できるとは思えない（前章の議論を参照してほしい）。あえて言うならば、この種の議論は善意と誠意をもって進めてもよいが、なんとしても自律兵器を構築したいという人々に口実を与えてしまうことを、著者は恐れている。

　過去 10 年間、科学者や人権派のグループは自律兵器の開発を止めようとする運動を展開してきた。「殺人ロボット開発中止運動」（Campaign to Stop Killer Robots）は、2012 年に創設されて、アムネスティーインターナショナルをはじめとして主要な国際的人権団体によって後援されている[19]。この運動の目的は、全自動兵器の開発、製造、使用の全面禁止を達成しようというものだ。多くの AI 研究者が、この運動を支持している。2015 年 7 月には、4 千人近くの AI 研究者を含む 2 万人以上が、禁止を求める公開書簡に署名した。類似の計画が続いていて、政府機関も耳を傾けようとしている。2018 年 4 月には、国際連合の中国使節団が致命的な自律兵器の禁止令を提案し、最近の英国の政府のレポートでは、AI システムに人を死傷させる力を与えないことを強力に推奨している[20]。

　以上の理由により、致命的な自律型の兵器が危険であるだけでなく、倫理的にも問題なのは明白である。したがって対人地雷の開発、備蓄、使用を禁止したオタワ条約に沿って自律兵器を禁止することが大いに望ましいと思える[21]。しかしこれは容易ではない。そのような武器を製作しようとしているグループからの圧力は別にしても、禁止を公式化することは単純ではないのだ。英国上院の人工知能委員会は、2018 年のレポートで、致命的な自律兵器を実用的に定義することは困難だと指摘している。立法上これが、主要な障害となるであろうということだ。そして真に実用上からいえば、AI 技法を使用している兵器を禁止しようとする試みはきわめて困難だとしか言いようが

---

[19] https://www.stopkillerrobots.org/

[20] House of Lords Select Committee on Artificial Intelligence, Report of Session 2017-19. AI in the UK: Ready, Willing and Able? HL Paper 100, April 2018.

[21] http://tinyurl.com/lbtnkse.

ない（すでに多くの通常兵器システムの中に何らかの AI ソフトウェアが使用されていると思う）。さらにニューラルネットのような特定の AI 技術の使用を禁止したところで、それを強制することはむずかしい。なぜならソフトウェア開発者は、プログラムのコード中でいくらでも偽装できるからだ。

したがって致命的な自律兵器の開発と使用を制御、あるいは禁止しようとする政治的な意志が働いたとしても、それを条約や法律として制定して実効性のあるものとすることはむずかしい。しかし少なくとも複数の政府が、それに向けて動き出しているのはよい知らせだ。

8.5 アルゴリズムの偏向

AI システムは、人間の世界を覆っている偏見や偏見から自由だと思っている人もいるかもしれない。しかし残念なことに、実際にはそうではない。過去 10 年にわたって機械学習システムは、多くの応用分野に導入されるようになった。それにつれて自動化された意思決定システムが、いかに**アルゴリズムの偏向**を示すかを理解されるようになった。アルゴリズムの偏向は、今日では重要な研究分野となっていて、多くの研究グループが偏向によって生じる問題を理解して、どのように回避できるかを追求している。

アルゴリズムの偏向とは、その名前が示唆するように、AI システムに限らずすべてのコンピュータプログラムが、意思決定の際に何らかのかたちで偏見を示すことである。この分野の主要な研究者であるケイト・クロフォードは、偏向しているプログラムによって引き起こされる 2 つの型の害を特定している[22]。

配分の害とは、資源の配分において、1 つのグループが目立って否定される（あるいは優遇される）ことをいう。たとえば銀行は、見込み客が期日通りに債務を弁済する優良顧客になるかどうかを予測するのに AI システムが有用だと思うかもしれない。優良顧客と劣悪顧客の記録を使って AI プログ

---

[22] https://tinyurl.com/y9juww8v

ラムを訓練するであろう。その後 AI システムは、見込み客の詳細を見てその見込み客が優良顧客となるか劣悪顧客となるか予測する。古典的機械学習アプリケーションだ。しかしこのプログラムが偏向していれば、一定のグループの人々は住宅ローンを拒否されたり、一定のグループの人々が利息を優遇されたりするかもしれない。ここで偏向は、関連グループへの経済的不利益（または利益）と同一視できる。

　それとは対照的に**表現の害**とは、システムがステレオタイプや偏見を生成したり強化したりするときに発生する。悪名の高い事例は、2015 年に発生した。グーグルの写真分類システムが黒人の画像に「ゴリラ」とラベル付けしてしまったのだ[23]。こうして不快な人種差別的なステレオタイプを強化してしまうわけだ。

　しかし第 1 章で見たように、コンピュータは命令に従うマシンに過ぎないのではなかったか。それでは、どうしてコンピュータが偏見をもつようになってしまうのだろうか。

　偏向が注入される最も重要な道筋は、データを通してである。機械学習プログラムは、データを使って訓練される。つまり、データが偏向していれば、プログラムはデータ中に暗黙のうちに埋め込まれた偏見を学習してしまうわけだ。訓練データは、さまざまな方法で偏向し得る。

　最も単純な可能性は、データセットを構成する人々が偏見をもっている場合である。そうすると、データセットの中に無意識にせよ偏向を埋め込んでしまう。偏見は明らかでないことも多いし、意識していないことも多い。しかし現実にわれわれは、自分がバランスの取れた合理的な意識をもっていると思っていても、何らかの偏見をもっているものだ。そしてそのような偏見は、作成する訓練データ中に不可避的に現れてしまう。

　これらの問題は、あまりにも人間的なものであるが、機械学習は知らずに偏向が生じるのを助長することがある。たとえば機械学習プログラムに与える訓練データが代表的なものでなければ、でき上がったプログラムが偏向してしまうのは仕方のないことだ（たとえば銀行が一定の地域からのデータセッ

---

[23] https://tinyurl.com/y7dzz46v

ト上でローン審査のソフトウェアを訓練したならば、プログラムは他の地域からの人々に不利な偏見をもってしまうかもしれない）。

　不適切に設計されたプログラムも偏向することがある。たとえば上記の銀行の例でプログラムを訓練する際にデータの中で重要な特徴として人種を選んだとしよう。そのときでき上がったプログラムが、住宅ローンの審査で絶望的に偏った判断をしたとしても驚くにあたらない（読者は、そのような愚かなことを銀行がするはずがないと思うだろうか。すぐにわかる）。

　アルゴリズムの偏向は、今日とりわけ深刻な問題である。なぜならこれまで見たように、現在流行している AI システムの特徴は「ブラックボックス」だということだからだ。人間ならできるはずの判断の説明や合理化ができないのだ。われわれが構築したシステムを過剰に信頼してしまうと、この問題はさらに悪化してしまう。そのような AI システムにまつわる逸話にはこと欠かない。ある銀行がシステムを構築した。数千件のテストデータで試行してみたところ、人間のエキスパートと同じ判断をするようになった。そこでシステムは正しく稼働すると見なして、それ以上考慮することなく信頼してしまったというわけだ。

　世界中の企業が、機械学習をビジネスに慌てて適用しようとしているようだ。しかし大慌てで作っているのだから、偏向するプログラムを生成してしまっている可能性も高い。なぜなら、そういう人々は何が問題なのかを真に理解していないからだ。最も重要なのは、正しいデータを入手することである。

8.6 多様性（の欠如）

　1955 年にジョン・マッカーシーが、AI についてのダートマスサマースクールの提案書をロックフェラー財団に提出したとき、この催しに招待したい人物として 47 人を列挙した。「招待した人がすべてダートマス会議に来たわけではない。人工知能に興味をもつだろうと考えた人々だった。」と、マッカーシーは 1996 年に書いている。

　ここで読者に尋ねたい。何人の女性が、科学として AI が創設されたダー

トマス会議に参加しただろうか。

　そのとおり。ゼロ人だ。現代の真っ当な科学助成団体で、この最も基本的な多様性の判定基準に達していない催しを支援するところがあるとは思えない。実際今日の助成金の申請では、平等性と多様性をどのように確保しているかを明記しなければならない。それにもかかわらず AI の創設は、先のように男性中心の事件であったのだ。読者が本書を読みながら注意を払っていれば、創設以降今日でも、AI の世界は男性優位の世界であるのに容易に気がついたと思う。

　振り返って見て当時の世情に満ちていた不平等を残念に思ったとしても、前世紀の半ばに開催されたイベントの是非を、今日でも達成できていない基準で批判するのは不合理だ。より重要な問題は、今日の AI が根本的に異なっているのかどうかということだ。ずいぶん改善されてはいるのだが、まだ十分とはいえない。一方では、権威ある AI の国際会議に出席すればわかることだが、女性の研究者が多数参加している。他方では、そうはいっても多くの科学と技術の分野と同じように AI においても男性が多数を占めている。多様性の欠如は根深い問題だ[24]。

　AI コミュニティにおける性差の補償は、多くの理由により重要である。1 つには、研究者に男性が圧倒的に多いことによる潜在的な女性研究者の不快感というものがある。つまり、AI 分野を有能な女性研究者が避けることによる才能の逸失だ。しかしより重要なのは AI が男性により設計されることで、言い方が悪いかもしれないが「男の AI」ができてしまうという点だ。これが何を意味しているかというと、男性研究者が構築したシステムは、必然的に男性の世界観が埋め込まれてしまうということである。女性の世界観が抜け落ちてしまうわけだ。この点に納得いかない読者のために、この問題について著者の目を開いてくれた素晴らしい書籍を紹介したい。キャロライン・クリアド＝ペレスによる『存在しない女たち』[25] だ。彼女の主たる指摘は、世

[24] Nature, 563, 27 November 2018, pp. 610-11.
[25] C. Criado Perez. Invisible Women: Exposing Data Bias in a World Designed for Men. Chatto & Windus, 2019.

界中のありとあらゆるものが男性をモデルとして設計され製造されていると
いうことだ。その根本的な理由は、「データギャップ」にあると主張する。彼
女が呼ぶところの「データギャップ」とは、設計と製造のために当たり前と
して使用されてきた歴史的データセットであり、それが圧倒的に男性指向だ
というのである。彼女は、次のように主張する。

　　　人類史の大部分はデータが著しく欠落している。［男性＝狩猟者説］か
　　らしてそうだが、歴史の記録を見ても、人類の発展において女性が果た
　　した役割については、［…］ほとんど言及されていない。いっぽう、男性
　　の生態は人類の生態を代表するものとして扱われてきた。それなのに、
　　もう半分の生態はほとんど無視されたままだ。［…］こうした無視や格差
　　は、影響をもたらすからだ。その影響は、女性たちの日常生活に表れる。
　　なかにはささいな問題もあるだろう。たとえば、男性にとっての適温に
　　設定されたオフィスの冷房で震えあがったり、男性の身長を基に作られ
　　た棚の上段に手が届かなかったり。［…］だが、命に関わる問題ではな
　　い。しかし自動車事故に遭った際、安全装置が女性の体格を考慮してい
　　なかったとか、心臓発作の兆候があるにもかかわらず、「非定型的」な症
　　例とみなされて診断がくだされないとか、そうなると話は別だ。男性の
　　データを中心に構築された世界で生きていくのは、女性たちにとって命
　　取りになりかねない。
　　（神崎朗子訳『存在しない女たち』河出書房新社、2020）

　クリアド＝ペレスは、男性指向の設計や男性データの問題がいかに普遍的
かを、痛烈に詳細に記述している。もちろん AI においてはデータが最重要で
ある。そしてデータセットにおける男性偏向も普遍的である。たとえば音声
理解プログラムを訓練するのに広く使用されている「TIMIT 話し言葉デー
タセット」[26] のように、偏向は明らかなときもある。このデータセットの 69
パーセントは男性の声であり、その結果音声理解システムは、男性の声の場
合に較べて女性の声に対してあまりよい成果をあげていない。しかし偏向は、

---

[26] 訳注：https://catalog.ldc.upenn.edu/LDC93s1

微妙なこともある。たとえば機械学習プログラムを訓練するためにキッチン
の写真を集めているとしよう。すると写真には、圧倒的に女性が映りこんで
いるだろう。あるいは企業の CEO の写真を集めているとしよう。当然圧倒
的に男性のはずだ。もうおわかりだと思う。さらにいうならば、どちらも現
実に起こっていることだとクリアド＝ペレスは指摘する。

　偏向は、文化全体の中に埋め込まれていることもある。悪名高い例は、グー
グル翻訳器が翻訳中に文章内の性別を変えてしまうことが 2017 年に発見さ
れた[27]。次の英語の文章をトルコ語に翻訳する。

　　He is a nurse. She is a doctor.
　　（彼は看護師です。彼女は医者です。）

　その上で英語に再翻訳すると、次のようになるのだ。

　　She is a nurse. He is a doctor.
　　（彼女は看護師です。彼は医者です。）

　トルコ語の代名詞には性別がないので、自動翻訳器が偏見により性別を挿
入してしまったのだ。

　偏向は AI において問題なのだが、とりわけ女性にとって問題である。な
ぜなら新しい AI が構成されるときにその基礎となるデータが、以上のよう
に男性偏向だからだ。そして新しい AI を構築しようとするチームは、その
ことに気づいていない。なぜならチームそのものが男性偏向だからだ。

　AI において最後の問題となるのが、今まさに行おうとしているように、人
間のような特徴をシステム内に構築しようとするならば、たとえば Siri や
Cortana のようなソフトウェアエージェントを構築しようとするのであれば、
無意識のうちにステレオタイプ的な性差別を強化してしまうかもしれない。
われわれの指示に忠実に従う従属的な AI システムを構築するときに、女性
のようなかたちと音声にしないだろうか。そうしてしまうと、召使としての

---

[27] http://genderedinnovations.stanford.edu/case-studies/nlp.html#tabs-2

女性像を広めてしまいかねない[28]。

8.7 フェイクニュース

フェイクニュースとは、その名前が示すとおりのものである。偽りで不正確か、誤解を招くような情報をあたかも事実かのように表現することだ。もちろんデジタル時代より前からフェイクニュースは世界中に存在した。しかしインターネット、とりわけソーシャルメディアは、フェイクニュースを拡散するのに完璧な媒体となっている。そしてその結果は劇的だ。

ソーシャルメディアは、一言でいえば人々を結び付けるものだ。そして現代のソーシャルメディアプラットフォーム、つまり西側諸国のフェースブックとツイッター、中国の微信は驚くほどこの目的を達成している。世界中の人々のかなりの部分が、いずれかのプラットフォームのユーザーとなっている。今世紀初頭にソーシャルメディアアプリケーションが初めて世に出たときは、友人や家族、そして日常生活に関する事柄が大部分を占めていた。子供の写真やペットの猫の写真などだ。しかしソーシャルメディアは強力なツールなので、すぐに他の目的に使われるようになった。2016年から世界中のメディアを賑わすようになったフェイクニュース現象は、ソーシャルメディアがいかに強力で、地球規模で影響を及ぼすのにどれだけ容易に使用できるかを示している。

2つの事件が、フェイクニュースを世界中に知らしめることとなった。ドナルド・トランプが当選した2016年11月の米国大統領選挙と英国が欧州連合から離脱するか否かを決定する2016年6月の国民投票だ。後者では、僅差で離脱が決定した。どちらのキャンペーンでも、ソーシャルメディアが重要な役割を演じた。トランプについて言えば、彼の政策や個人的振舞いについてどう考えようと、彼が支援者と政治集会を開くのにソーシャルメディアを上手に駆使したことは間違いない。どちらの場合もツイッターのようなソー

---

[28] http://tinyurl.com/y25dhf9k

シャルメディアプラットフォームは、フェイクニュースを拡散するのに有用で勝利に貢献したことが示唆されている。

AI は、フェイクニュースの重要な部分である。なぜなら AI は、フェイクニュースを拡散させる方法として有効だからだ。すべてのソーシャルメディアプラットフォームは、それを見る人が、そのために費やした時間に依存している。費やす時間が長ければ、それだけ長く広告を見ていることになるからなのだが、それによってプラットフォームは金銭を得ている。プラットフォーム上に示されるものが好みに合えば、それだけそのプラットフォームを視聴する時間が延びる。したがってソーシャルメディアプラットフォームとしては、真実を見せるよりもユーザーが見たいと思っているものを見せる誘因が働く。どうすれば、何が好まれるかを知ることができるのだろうか。ユーザーが自発的に教えてくれる。「いいね」ボタンを押すということは、その画面を好んでいるということなのだ。「いいね」ボタンが押されると、プラットフォームは似たようなストーリーを探索して表示する。そうすると、おそらくそれも好まれるわけだ。これを上手に行うプラットフォームは、ユーザーの好みを（身も蓋もない暴力的なまでに誠実に）描き出す。その上で導き出された好みを使ってユーザーにどのストーリーを表示するかを決定するのだ[29]。「ジョン・ドウ[30] は白人男性で、暴力的なビデオを好み、人種差別の傾向があり…」等である。ジョン・ドウから「いいね」が欲しければ、プラットフォームはどのようなストーリーを見せようとするだろうか。

ここで AI の役割は、ユーザーが「いいね」を押した様子から、そして残したコメントやその後追ったリンク先等からユーザーの好みを割り出すことである。その上でユーザーが好みそうな新しい項目を探索するのだ。これらはすべて古典的な AI 問題であり、すべてのソーシャルメディア企業は、これらについて研究し開発するチームを備えている。

しかしソーシャルメディアプラットフォームが、このように行動するとし

---

[29] フェースブックは、個人について保持しているデータを検査できるようにしている。http://tinyurl.com/j4ys4hq

[30] 訳注：ジョン・ドウ（John Doe）は「名なしの権兵衛」の意。

たら、つまりユーザーの好みを識別して、ユーザーが見たいものだけを見せて、ユーザーが不快に感じるものを隠すとしたら、ソーシャルメディアがジョン・ドウに提示する世界はどのように見えるだろうか。ジョン・ドウは暴力的なビデオの世界を見て、人種差別的なニュース記事を読むわけだ。彼にバランスがとれた世界観が養われるとは思えない。彼は彼だけのソーシャルメディアバブルの中で生活するようになり、歪んだ世界観が強化されることになる。これは、確認偏向と呼ばれる。何がそれほどの懸念材料になるかといえば、その規模である。ソーシャルメディアは、人の信念を地球規模で操作できるのだ。そして操作が意図的なものか純粋に偶然なものかにかかわらず、警戒しなければならないことに違いはない。

　長期的に見れば AI は、われわれが世界を認識する見方を根本的に変化させる役割を果たすかもしれない。われわれは、五感（視力、聴覚、触覚、嗅覚、味覚）を通して世界についての情報を得る。その上でそれらを総合して、現実に合意可能な世界観を構築する。つまり、実際の世界がどのようになっているかの広く受け入れられる見方だ。2 人の人物が特定の事象を同時に目撃したならば、それについて同じ情報を獲得したといえて、その情報を合意できる現実の世界の見方として使用できる。しかしわれわれが共通の世界観をもたないとしたらどうだろうか。われわれが個別にまったく異なる見方を世界に対してもつようになったらどうであろうか。AI は、これを可能にするかもしれない。

　2013 年にグーグルは、Google Glass と呼ばれるウェアラブルコンピュータ技術を発表した。普通の眼鏡によく似た Google Glass は、カメラと小型のプロジェクタを備えている。Google Glass は、スマートフォンとブルートゥース接続で繋がっている。Google Glass が発表されると、すぐに隠れたカメラが不適切な状況で使用されるのではないかとの懸念が起こった。しかしこのデバイスの真の潜在力は、組み込まれたプロジェクタにある。このプロジェクタによって、ユーザーが実際に見ているものの上に映像を投影することができる。考えられるアプリケーションは限りない。たとえば著者は、人の顔を覚えられない。会ったことは覚えているのだが、誰だか思い出せずに始終きまりの悪い思いをしている。対面している人を認識して、こっそりと

名前を教えてくれる Google Glass のアプリケーションがあればすばらしい。

　この種のアプリケーションは、拡張現実と呼ばれる。拡張現実は、世界を取り込んでコンピュータが生成した情報や映像と一緒に映し出す。しかしこのアプリが現実を拡張するかわりに、ユーザーに気づかれることなく完全に変更してしまったらどうだろうか。本書執筆の時点で著者の息子トムは 13 歳だ。彼は、トールキンの『指輪物語』シリーズの本と映画の大ファンである。

　Google Glass アプリが学校の景色を変更して、彼の友だちをエルフに、先生たちをオークのように変えてしまったら何が起きるか想像してみてほしい。スターウォーズをテーマにしたアプリでもよいし、他にもいろいろ考えられる。これは、とても楽しいことに違いない。しかし考えてほしい。われわれすべてが、それぞれの私的な世界に入り込んでしまったならば、合意できる現実にどのような意味があるだろうか。人々の間には共有意識もなくなれば、仲間意識を形成してくれるはずの共通の経験というものもなくなってしまう。そしてもちろん、そのようなアプリケーションはハッキングが可能だ。トムのグラスがハッキングされて、彼の信念が直接操作されたところを想像してみてほしい。彼が世界を認識するものの見方は、根本から覆されてしまうであろう。

　現時点でこのようなアプリケーションは実現可能ではないのだが、これから 2、30 年のうちには現実のものとなる可能性がある。われわれはすでに、完全にニューラルネットが創造したにもかかわらず、人間の目には現実としか見えない映像を生成する AI システムをもっている。たとえば本書執筆の時点でも、ディープフェイクに関する懸念が広まっている[31]。それらのニューラルネットによって変更された画像やビデオ映像には、元の映像には含まれていない人物がはっきりと映っているのだ。悪評の高い事例が、2019 年に発生した米国下院議長ナンシー・ペロシに発話障害、あるいはドラッグかアルコール中毒であるかのように加工された映像が流れたのだ[32]。ディープフェイクはまた、ポルノビデオを変更するのにも使用されている。つまり、実際

---

[31] http://tinyurl.com/y7mcrysq
[32] https://tinyurl.com/yyc6botm

には参加していない「俳優」を挿入してしまうのだ[33]。

　現在まだディープフェイクビデオの品質は劣っているが、日々改善されている。近いうちに、写真なりビデオなりが現実なのかディープフェイクなのか区別が付かない日がくるに違いない。そうなったとき、写真やビデオが事件の信頼できる記録であるという原則は崩れ去ってしまう。われわれひとり一人が、それぞれの AI によるデジタルな世界に住むようになってしまうと、社会にとって真の脅威となる。社会というものは、共有された価値や原理原則を基盤として構成されているものなのだから、それが崩壊してしまうということなのだ。ソーシャルメディア上のフェイクニュースは、今始まったばかりだ。

8.8 フェイク AI

　第 4 章で Siri、Alexa、Cortana のようなソフトウェアエージェントが、1990 年代のエージェント研究の直系の子孫として、今世紀はじめの 10 年の間にどのように出現したかを見た。Siri の登場後まもなくして、システムには取扱説明書にはない機能があると多くの物語がマスコミに現れた。Siri に向かって、「Siri, you're my best friend（Siri、君は僕の親友だよ）」と言うと、Siri は意味を完全に理解した応答をするというものだ（著者が試してみたところ「OK, Michael. I'll be your friend, in fair weather and foul.（OK マイケル。何があってもずっとお友だちでいましょう）」と応答した）。マスコミは熱狂した。これは、汎用 AI なのではないかと思ったのだ。そうではない。Siri がしていたことは予想とおりだ。Siri は、特定のキーワードや文に対して前もって蓄えられている文例から選んで答えているだけだ。何十年も前に ELIZA がやったことと大筋では変わらない。そこには知能と呼べるものはない。有意味に聞こえる応答はフェイク AI 以外の何ものでもないのだ。

　フェイク AI を創り出している企業は、アップルだけではない。2018 年 10

---

[33] http://tinyurl.com/yaypy567

月に英国政府は、ペッパーと呼ばれるロボットが下院議会で証言すると発表
した。まったくのナンセンスであった。ペッパーロボットは、確かに出席し
た（そして記録によれば、ペッパーはよくできたロボットである。背後にす
ばらしい研究があったに違いない）。しかしペッパーは、前もって作成されて
いた質問に前もって作成されていた応答を返したに過ぎない。ELIZA のレ
ベルにも達していない。

　Siri の事例もペッパーの事例も、誰かをだまそうと企てられたものではな
い。どちらも善意に満ちた楽しい催しだ。それでも AI 研究者の多くは気分
を害した。なぜなら AI とは何かについて、大衆に偽りの印象を与えてしまっ
たからだ。1 つには、ペッパーの小芝居を見ていた人が、ロボットが本当に
質問を理解して回答していると思ってしまったとすれば、AI ベースの質疑応
答システムが現在できることについて完全に誤った考えをもってしまうとい
うことである。しかし多くの人々は、そうとは取らなかったに違いない。実
際に何が起こっているかを理解することはむずかしくないからだ。問題なの
は、AI 研究とは、この程度のナンセンスだと受け取ってしまう危険性だ。著
者は、AI 研究がフェイク AI と誤解されることを危惧している。

　同じような事件は、2018 年 12 月にも起きた。ロシアのロスラヴリで開催
された青年科学技術公開討論会で「ハイテクロボット」がダンスを披露した
のだが、じつはロボットスーツを着た人間の男性であったことが判明した[34]。
組織委員会が意図して偽装を企画したかどうかは不明なので、疑わしきは罰
せずということにしておこう。しかしロシアの国営テレビ放送は、本物の「ロ
ボット」であるかのように報道した。テレビを見ていた人は、ごく自然にロ
ボット工学と AI の最先端を表していると信じたに違いない。

　残念なことに AI の周辺では、このようなフェイクが頻繁に見受けられて、
その度に AI 研究者を苛立たせる。2017 年 10 月には、サウジアラビアがソ
フィアと呼ばれるロボットに市民権を授与すると発表した。当然この発表は
マスコミを賑わせた[35]。多くのコメンテーターが、この発表（マシンに市民

---

[34] http://tinyurl.com/y6uoewyg
[35] http://tinyurl.com/y8vgslkb

権を与えること）の皮肉さを指摘した。なぜならサウジアラビアは、人権に関して模範的な記録保持者とはいえないし、とりわけ女性の権利については批判も多いからである。しかし多くの人々は、この事件に何か根本的に新しいことがあるのかどうか知りたがった。このロボットは、汎用知能への一歩を踏み出したのかと。

　ハンソンロボティックスによって製作されたソフィアは、ヒューマノイドロボットである。つまり、人間に似せて作られていて、表情もあり、もちろん自然言語で会話もできる。ウェブサイトであるビジネスインサイダーは、ソフィアの「インタビュー」記事を 2017 年 12 月に掲載した[36]（ソフィアの応答はカタカナ）。

　　　今のお気持ちはいかがですか。
　　　ろぼっトー緒ニ暮ラシタリ働イタリシタ経験ガアリマスカ。
　　　いいえ。
　　　オソラクアナタガ気ヅイテイル以上ニ、ろぼっトハ多ク存在シテイルノデス。ろぼっトー緒ニ生活シテイキタイデスカ。
　　　どのようなロボットが、私の回りで生活して働いているのでしょうか。
　　　マサニ。
　　　「マサニ」というのが、よくわからないときのあなたの常套句ですか。
　　　ソウデス。

　フェースブックの AI 研究の責任者ヤン・ルカンは、さして感銘を受けなかったようだ。「これは AI にとって、真の魔法に対する手品のようなものだ。完全な戯言だ。」と、2018 年 1 月のツイッターに書いている。この言葉は、主流の AI 研究者がこの種のマスコミ向けの安易な見世物に対してもつ感想を適切に言い表している。

　フェイク AI は、目にしているものが AI だと人に誤解させる。じつは人々は、見たいと思っているものを見ているだけなのだ。AI のベンチャー企業

---

[36] http://tinyurl.com/y6wx5tz7

が、死活を賭けたデモで技術がうまく働かなかったときに、フェイク AI で
しのいだという話を聞いたことがある。そのようなことがどれほど行われて
いるか著者は知らない。しかしフェイク AI は誰にとっても有害であり、AI
研究者にとっては焦燥感を掻き立てられるものである。

Chapter 9
意識をもつマシンへの道

　本書で成功したと言えることが 1 つあるとすれば、AI と機械学習における近年のブレイクスルーには目を見張るものがあるが、それでも汎用 AI への銀の弾丸ではないと、読者にわかってもらえたことだと思う。ディープラーニングは汎用 AI の重要な構成要素かもしれないが、それだけでは汎用 AI に到達できない。汎用 AI へのレシピがどのようなものかわからないだけでなく、他の構成要素が何であるかわからないのだ。画像認識、言語翻訳、無人運転車といった、これまで開発されてきたすばらしい機能を合計しても汎用知能が構築できるわけではない。そういった意味で、1980 年代にロッド・ブルックスが指摘した問題に今でも直面し続けているといえる。すなわち知能を構成するコンポーネントのいくつかは手に入れたが、それらを統合してどのようにシステムを構築したらよいのかわかっていないのだ。いずれにしても、重要なコンポーネントが見つかっていないのは間違いない。第 5 章で見たように、今日の最良の AI システムと雖も、システムが何をしているかについて有意味な理解を示すことができないでいる。すぐれた能力を示しているようには見えても、あくまで特定の機能を実行するのに最適化されたソフトウェアコンポーネントに過ぎないのだ。

　著者は汎用 AI への道は遠いと思っているのだから、強い AI への展望にはもっと疑り深くなっている。強い AI とは、われわれと同じように意識をもち自己を認識する、真に自律した存在としてのマシンというアイデアだ。それにもかかわらず、この最終章では、強い AI について考えてみることにする。

強い AI への道はまったく見えていないけれども、それがどのようなものか、そしてどのようにそこに辿り着くことができるかを考えるのは楽しい。それでは、意識をもつマシンへの道を探ることにしよう。到達点では、どのような景色が見えるのか、どのような障害が待っているのか、そしてそこに至るまでどのような兆しを見ることができそうか想像してみよう。最も重要なこと、すなわち道程の終りに近づいたとき、どうすれば意識をもつマシンを実現したと言えるかについて議論しよう。

9.1 意識、心、さまざまな神秘

　1838 年に英国の科学者ジョン・ハーシェルは、太陽がどれほどのエネルギーを放射しているのか発見しようとして単純な実験を実施した。水の入った容器を日光に曝して、容器中の水の温度を摂氏 1 度上昇させるのにどれだけの時間がかかるか計測したのだ。単純な計算でハーシェルは、われらの恒星が毎秒どれだけのエネルギーを放出しているか積算した。結果は、理解しがたいものであった。1 秒間に太陽は、想像できないほどのエネルギーを放出していたのである。地球上で生成される全エネルギーの一年分をはるかに越える、信じられない量を放射していたのだ。この実験結果は、科学界に超難問を投げ付けた。当時発展しつつあった地質学上の証拠は、われわれの世界（つまりわれわれの太陽）が、少なくとも数千万年前に生成されたことを示していた。しかし当時の物理学では、そのような超長期にわたって太陽にエネルギーを供給できる物理プロセスは知られていなかった。当時知られていたエネルギー源を使ったのでは、どんなに頑張っても数千年で太陽は燃え尽きてしまうはずだったのだ。物理学者たちは、ハーシェルの単純で容易に追試験のできる実験結果と地質学上の証拠をなんとか調和させようとさまざまな理論を提案した。信じがたい理論を構築して四苦八苦する様子は、今日から見れば奇妙で滑稽である。この状況は、19 世紀の末に核物理学が登場して、原子核の中に恐るべきエネルギーが潜んでいることがわかるまで続いた。ハーシェルの実験から 100 年後に物理学者ハンス・ベーテが、恒星のエネル

ギー生成についてすべての人が納得する理論をようやく発表した。核融合である[1]。

　強い AI に話を戻そう。意識、自己認識、理解といったものをもつマシンを構築するという目標を追求するわれわれは、ハーシェルの時代の科学者と同じ立場にいるのではないかと言いたい。人間の精神と意識の現象、つまりどのように進化してきたか、どのような働きをしているのか、そしてわれわれが行動する際に、どのような機能や役割を担っているのかは、ハーシェルの時代の科学者にとって太陽に供給されるエネルギー源とまったく同じように神秘の世界なのだ。これらの疑問のひとつにも明確な答えをもっていないだけでなく、答えを見出せる展望もない。若干のヒントになりそうなものはあるが、大部分は単なる予想だ。これらの疑問への満足のいく回答は、科学的には、宇宙の起源や運命を理解するのと同じくらいの重要性があるといえる。この根本的な理解の欠如こそが、強い AI へのアプローチを困難にしている元凶である。どこからどのように始めたらよいのかさえわからない状態なのだ。

　実際の状況は、これよりも悪い。なぜならわれわれは、何に取り組んでいるのかさえわかっていないからだ。本書でも「意識」とか「心」、「自己認識」という言葉を何気なく使っている。ところがこれらの言葉が、ほんとうのところ何を表わしているのかは知らないで使っているのだ。意識や心はあたり前の概念のように思える。誰でも、それらを経験している。しかしそれらについて語るべき科学的な道具立てはもっていない。個人的経験についての常識的な証拠はあるものの、科学的な意味で、それが真に存在するかどうかさえ言えないのだ。ハーシェルは彼の問題に対して、よく理解されていて計測可能な物理概念を使って実験するというアプローチを採用することができた。つまり温度やエネルギーといった概念だ。意識や心について調べるときには、そのように判定するための概念がない。意識や心といったものは、客観的に観測や計測ができる対象ではないのだ。心や主観的な経験を計測する標準的な科学的単位がないだけでなく、それらをいかなるかたちであれ直接計測す

---

[1] https://www.nobelprize.org/prizes/themes/how-the-sun-shines/

る方法もない。他者の考えや経験を見ることはできないのだ。

　歴史的に人間の脳の構造や機能についての知見は、病気や外傷のような何らかのかたちで損傷を負った脳をもつ人々を調べることによって得られてきた。この方法は、体系的な研究プログラムに適合しない。磁気共鳴画像法（MRI）のような神経画像処理技法によって脳の構造と機能について重要な洞察が得られるようになったものの、個別の主観的経験にアクセスする方法を提供するものではない。

　厳密な定義はないものの、意識についての議論する際の共通の特徴といったものは特定することができる。

　おそらく最も重要なアイデアは、意識が物事を主観的に経験する能力をもっているということである。ここで主観的とは、個人の精神的展望のことである。個人の精神的展望のひとつの重要な側面は、内部的な精神現象の感覚である。哲学者は、これを**クオリア**（qualia）と呼ぶ。クオリアとは、単純なアイデアに洒落た名前を付けたものだ。クオリアとは、コーヒーの香りのようなわれわれが経験する精神的な感覚である。すこし時間を取って、コーヒーの香りに思いを馳せてほしい。コーヒーを淹れられれば尚よい。香りを楽しんでほしい。このとき経験する感覚が、クオリアの一例である。暑い日に冷えたビールを飲む経験、冬から春へと気候が変化したときの感覚、わが子が何か新しいことができるようになったときに感じる喜び、これら一切合切がクオリアである。誰もがそれらを認め、誰もが楽しむことができる。しかしここにパラドックスがある。われわれは、同じ経験について語っていると信じているものの、他者と同じように経験していると確かめる方法はない。なぜならクオリアや他の精神的な経験は、本質的に個人的なものだからだ。誰かがコーヒーの香りをかいだときの精神的経験は、その人にしかわからないのだ。他の人もコーヒーの香りをかいで何らかの精神的経験を得るだろうが、それが同じものではないだろうし、たとえ同じ言葉を使っていたとしても、似たものであるかどうかさえ言えないのだ。

　意識についての議論への最も有名な貢献は、米国の哲学者トーマス・ネー

ゲルが 1974 年に行ったものである[2]。ネーゲルは、何かが意識をもつかそう
でないかを判定するテストを提案した。次のものが意識をもつかどうか判定
したい。

- ◆ 人間
- ◆ オランウータン
- ◆ 犬
- ◆ ネズミ
- ◆ ミミズ
- ◆ トースター
- ◆ 岩石

　ネーゲルが提案したテストとは、「X であるとはどのようなことか」とい
う質問を上記のものに適用したときに、有意味かどうかを考えるというもの
である。X であるとはどのようなことか（ここで X は人間であったりオラン
ウータンであったりするわけだ）考えられれば、質問中の X は意識をもつと
ネーゲルは主張する。上記のリストでいえば、人間に適用されれば質問は有
意味である。オランウータンはどうだろうか。大丈夫だ。犬も大丈夫だろう。
（ちょっと無理があるにしても）ネズミも大丈夫だ（たぶん）。したがってネー
ゲルのテストによれば、オランウータン、犬、ネズミは意識をもつ。もちろ
んこれは、それらが意識をもつことの「証明」にはなっていない。客観的な
証拠というよりは、常識にしたがったといえる。
　ミミズはどうだろうか。ミミズに関しては、意識の閾値上にあると思う。
ミミズはあまりにも単純な生物なので、ネーゲルのテストが意味をもつかど
うか（著者にとっては）疑わしい。彼の議論を敷衍すれば、ミミズは意識を
もたない。この場合は議論の分かれるところだ。人によっては、ミミズと雖
も原始的な意識をもつという。著者としては、人間の意識と比較してあまり
にも原始的過ぎると言わざるを得ないと思う。しかしトースターや岩石につ

---

[2] T. Nagel. 'What Is It Like to Be a Bat ?' Philosophical Review, 83(4), 1974,
pp. 435-50. 邦訳：永井均『コウモリであるとはどのようなことか』勁草書房、1989

いては議論の余地はないと思う。トースターであるとはどのようなことかは
まったくのナンセンスだ。

　ネーゲルのテストは、多くの重要な点を浮き彫りにしている。

　第1に意識とは、妥協を許さないオールオアナッシングではないというも
のだ。意識とは、スペクトルのようなものだ。一方の端には完全な人間の意
識があり、他方の端にはミミズのそれがある。しかも人間の間でさえ隔たり
はある。一人の人間がどの程度意識的であるかというのでも、アルコールや
薬物の影響下であったり単に疲れていたりするだけでも変わってくる。

　第2に意識は、個体によって異なる。ネーゲルの論文の題名は「コウモリ
であるとはどのようなことか」である。ネーゲルがこの題名を選んだ理由は、
コウモリがわれわれ人間とはかけ離れた存在だからだ。ネーゲルの問題提起
は、コウモリに当て嵌めるとその意味がよくわかる。ネーゲルの理論によれ
ば、コウモリは意識をもつ。ところがコウモリは、われわれ人間にはないも
のをもつ。最も有名なのは一種のソナーだ。コウモリは飛行しながら超音波
を発信して、その反響を検知することで環境を認知する。ある種のコウモリ
は、地磁気を感じ取ることができて、それを使って長距離を飛行する。その
ようなコウモリは、体内に磁気コンパスをもっているのだ。人間には、その
ような感覚はない。それゆえネーゲルの問題提起は有意義だとは思うけれど
も、われわれは実際にコウモリになったらどのように感じるかを想像するこ
とができない。したがってコウモリの意識は、人間の意識とは異なる。実際
ネーゲルは、コウモリの意識の存在を確信しているものの、それはわれわれ
の理解を越えるものだと考えている。

　ネーゲルの主目的は、意識のテスト（「Xであるとはどのようなことか」）を
提起することであり、特定のかたちの意識は、われわれの理解を越える（コウ
モリであるとはどのようなことか想像できない）と主張する。それでも彼の
テストはコンピュータには適用できて、ほとんどの人にとってコンピュータ
であるとは、トースターであるのと大差なく感じられるはずだと論じている。

　以上の理由により、ネーゲルの「〜であるとはどのようなことか」議論は、
強いAIの可能性を否定する文脈で使用されてきた。この議論によれば、強
いAIは不可能だ。なぜならネーゲルの議論によれば、コンピュータは意識

をもてないからだ。著者の個人的意見では、この議論に賛成できない。なぜなら「〜であるとはどのようなことか」と尋ねるのは、直感に訴えるのと変わらないからだ。直感は、オランウータンとトースターのような明らかな場合には十分機能する。しかし、それをもってより微妙な事例にも信頼できる手引きとなるだろうか。あるいは AI のように、自然界でのわれわれの経験からかけ離れた事例にも有効かといえば、はなはだ疑問である。コンピュータになったらどんな感じかを想像できないのは、コンピュータがわれわれと単にかけ離れた存在だからなのかもしれないのだ。そうだからといって、それゆえにマシンが意識をもてないとは（少なくとも著者には）推論できない。マシンの意識は、単にわれわれのものとは違っているだけかもしれないではないか。

　ネーゲルの議論は、強い AI が不可能であると断ずる多くの試みのひとつに過ぎない。最も有名なものを見ることにしよう。

9.2　強い AI は不可能なのか

　ネーゲルの議論は、常識に従って強い AI の可能性を否定する反対論に近い。つまり人間には何か特別なものがあるから強い AI は不可能だという主張である。この直観的な反応は、コンピュータは人間とは違う、なぜなら人間は生命ある存在だからだという視点から出発している。この議論によると、われわれはコンピュータよりもネズミと多くの共通点をもち、コンピュータは人間よりもトースターと多くの共通点をもつということになる。

　しかし著者は、異なる考えをもっている。人間はすばらしい存在であることに間違いはないが、それでも究極的には原子の集まりに過ぎない。人間の脳も物理的な実体であって、物理法則に従う。単にわれわれが、どのような物理法則に従っているのかわかっていないだけだ。人間は信じられないほど素晴らしい存在であるが、宇宙や宇宙を支配する法則の視点から見れば、何も特別なところはない。もちろんこのことは、多量の特定の原子がどのように集まり協働して意識的な経験を生成するかというむずかしい疑問に解答を

与えるものではない。この点については、後に詳しく議論する。

　「人間は特別だ」という議論を進めたのは、米国の哲学者ヒューバート・ドレイファスである。彼の AI 批判の主要な点は実際以上に高く評価されてしまっているのだが、達成したことを考えると正鵠を得ている。彼は、強い AI の可能性について具体的に反対の議論を展開している。彼の議論では、人間の行動と意思決定の多くは「直観」に基づいているという。そして直観は、コンピュータで要求されるように厳密に定義できないという。ドレイファスの主張を一言でいえば、人間の直感はコンピュータプログラムのようなレシピに還元できないということである。

　われわれの意志決定が、明確で厳密な推論に基づいていないという証拠は山のようにある[3]。われわれは、何か決定を下すとき、わざわざその合理性について明らかにするわけではない。おそらく意思決定のほとんどは、この範疇に入るであろう。そういった意味で、われわれは直感を多用している。しかしこの直観というものも、時間をかけて経験から学んだものだ（進化を通して経験から学んで遺伝子の中に刻み込んだものもあるだろう）。そうだとすれば、意識的なレベルで明確に表現できないとしても神秘でも何でもない。そしてすでに見てきたように、コンピュータも経験から学んで、効率的な意思決定を下すことができる。そしてその決定について、理論的根拠を明瞭に表現できないところまで同じである。

　強い AI の可能性を否定する最も有名な議論は、哲学者ジョン・サールによるものだ。強い AI、弱い AI という用語を刻んだのも彼だ。彼は強い AI が不可能であることを示すために、**中国語の部屋**というシナリオを発明した。中国語の部屋のシナリオは、次のとおり。

　　部屋に男が 1 人いる。彼はドアの隙間から質問の書かれたカードを受け取るが、質問は中国語で書かれている。彼は中国語をまったく解さない。彼はカードを受け取ると、書かれている指示のリストに忠実にしたがっ

---

[3] D. Kahneman. Thinking, Fast and Slow. Penguin, 2012 邦訳：村井章子『ファスト＆スロー (上)(下) あなたの意思はどのように決まるか？』（ハヤカワ・ノンフィクション文庫）早川書房、2014

て中国語で解答を書く。そして隙間からカードを返すのだ。このときその部屋（そして部屋の中身）は、中国語のチューリングテストに携わっていることになり、部屋が提供した解答により、質問者は部屋の中には人間がいると判断する。

次に、自問してもらいたい。ここに**中国語の理解**が存在するだろうか。サールは否と主張する。部屋の中の男は、中国語を理解しない。もちろん部屋そのものが中国語を理解するはずもない。どこをどう探しても、中国語の理解は見つけられない。質問への解答を導くのに男が行ったことは、注意深く正確にレシピに従うことだけである。彼の人間としての知能は、与えられた指示に忠実に従うこと以上には使用されていない。

男が行ったことは、コンピュータが行うこととまったく同じだということに気づいてほしい。単に指令のリスト、つまりレシピに従っているだけだ。彼が実行した「プログラム」は、与えられた指示である。したがってサールによれば、同様の議論によってチューリングテストに合格するコンピュータも理解は示していないということになる。

サールの議論が正しければ、理解、つまり強い AI は、レシピに従うことでは生成できないということになる。したがって強い AI は、従来型のコンピュータでは達成できない。この単純な議論が正しければ、グランドドリームは潰えてしまうということになる。コンピュータプログラムがどれだけ理解しているように見えたとしても、それは幻影に過ぎない。その裏には、何もないということになってしまう。

サールの批判には、多くの反論が寄せられている。

常識的な反応としては、サールの中国語の部屋は不可能だというものがある。何よりも、コンピュータプロセッサの役割を人間が担うとしたら、1 秒間に実行されるコンピュータプログラムの命令を遂行するのに何千年もかかってしまうので、コンピュータプログラムを書き出された指令として表現するのは馬鹿げたアイデアだという。現代の典型的な大型コンピュータ用のプログラムは、およそ 1 億行のコンピュータコードを含んでいるのだ（そのようなコードを人間が読むことができる形式で書き出したならば、何万冊もの量

になってしまう）。コンピュータは、数マイクロ秒でメモリーから命令を読み取ることができるのに対して、中国語の部屋のコンピュータは何十億倍も遅い。このように考えると、中国語の部屋とその中身は、質問者に人間を相手にしていると信じさせることはできない。つまりチューリングテストには合格できないということになる。

　中国語の部屋に対するもうひとつの標準的な反論は、部屋の中の人は理解していない、したがって部屋自体も理解していないけれども、人間や部屋そして指令を含むシステムとしては理解しているというものだ。そして実際理解を求めて人間の脳の中をいくら探しても、理解の実体は見つからない。言語理解を司る脳の領域というものがあるのは間違いないのだが、そしてサールが求めている理解はそこにあるはずなのだが、われわれはそれを見つけることができないのだ。

　サールの巧妙な思考実験には、もっと単純な反論もできると思う。一種のチューリングテストとして表現された中国語の部屋はいかさまなのだ。なぜなら部屋をブラックボックスとして扱っていないからだ。中国語の部屋の中を覗いてはじめて、理解が存在しないと言えるのだ。チューリングテストは、入力と出力だけを見て、その振舞いが人間によるものなのかマシンによるものなのか、見分けられるかどうかを問うている。実際コンピュータが、人間が理解するのと見分けがつかない振舞いを示すのであれば、「真に」理解しているかどうかについて拘泥することは意味がないと思う。

　強い AI を否定するもうひとつの意見には、数学的に証明可能な限界によって従来型のコンピュータでは知能を計算できないというものがある。チューリングの研究成果により、コンピュータには根本的にできることとできないことがあることがわかっている。コンピュータには解くことのできない問題が存在するのだ。したがって AI が達成しようとしている知的な振舞いが、チューリングがいうところの計算不能であったとしたらどうであろうか。チューリング自身も、強い AI に対する疑問として議論している。しかしほとんどの AI 研究者は、この点を懸念していない。すでに本書の前半で見たように、AI の歴史を通して主な障害となっているのは、何が実用上計算可能なのかという問題なのだ。

9.3 心と身体

　次に、意識の研究において最も有名な哲学的問題を取り上げることにしよう。心と身体の問題だ。人間の身体と脳における一定の生理的プロセスが、意識的な精神を形成していることはわかっている。しかし正確にはどうやって、そしてなぜそうなっているかはわかっていない。ニューロン、シナプス、軸索といった物質世界と意識的主観的経験の正確な関係はどうなっているのだろうか。これは、科学と哲学における最大かつ最古の問題である。オーストラリアの哲学者デイヴィッド・チャーマーズは、それを**意識のむずかしい問題**と呼んでいる。

　文献に残るこの問題への言及は、少なくともプラトンまで遡ることができる。『パイドロス』の中で人間の行動モデルを提案している。それによると脳の理知を構成するコンポーネントは、2頭立ての戦車の手綱を握る御者の役割を果たしている。2頭の馬の1頭は合理的で気概を表わし、もう1頭は非合理で欲望を表している。どのような人生を送るかは、御者がどのように2頭の馬を制御するかにかかっている。同じようなアイデアは、インドの『ウパニシャッド』にも書かれている[4]。

　理性的な自己を戦車の御者と見なすのはすぐれた比喩である。心の中にある気概と欲望の両方の手綱を握るというアイデアは間違いなく巧妙ではあるのだが、心の理論によくある問題を抱えている。プラトンは、心の中に御者を想像した。しかし彼の行ったことは、心がもうひとつの心（御者）によって制御されていると言っているに過ぎない。哲学者は、これを**ホムンクルス問題**と呼ぶ。ホムンクルスとは「小人」という意味で、この場合の「小人」は2頭立ての戦車の御者になるということだ。これが問題なのは、何の説明にもなっていないということである。「心」の問題を、心の他の表現へと委譲したに過ぎないのだ。

　いずれにしても、「二輪戦車」モデルは疑わしい。なぜならこの理論は、推

---

[4] 「戦車の御者と心の手綱の制御を理解するものは、旅の終わりに到達したといえる。すべてに耐えることを知ったということだ。」（カーサ・ウパニシャッド 1.3）

論を人間の行動を駆動するものとして位置付けているのだが、それを否定する証拠が多数挙げられているからだ。たとえば、神経科学者ジョン・ディラン・ヘインズによる有名な実験によって、人間の意思決定は、本人がそうと意識する前の10秒以内に行われていることが明らかになった[5]。

　彼の実験結果は多くの疑問を提起した。最も重要なものは、意識的な思考と推論が、われわれが意思決定する際の機構でないとするならば、そもそもそれは何のためにあるのかという素朴な疑問である。

　人体の特定の機能に出会ったとき、進化理論では、その機能によりどのような進化的利益が得られたかを問う。したがって意識する心がどのような進化的利益を与えたか問えばよい。なぜなら意識する心がどのような利益も生まないのであれば、そもそも存在するようにはならなかっただろうからだ。

　ある理論は、意識する心というものは、行動を実際に生み出す身体の単なる副産物であり意味はないという。この理論には、**随伴現象説**という大層な名前がついている。意識する心が随伴現象であるならば、心はプラトンが主張したような手綱をもつ戦車の御者ではなく、御者だと思い込んでいるだけの乗客でしかないことになる。

　これよりも劇的でない（常識的な）視点に、意識する心というものは、プラトンが主張するような、われわれの行動で主要な役割を果たすのでなく、脳の他のプロセスから生じてきたというものがある。もちろんこのプロセスは、われわれのような豊かな精神生活を享受していない下等な動物にはないものだ。

　それでは、意識的な人間としての経験における重要な構成要素を探究することにしよう。それは、われわれの社会性というものだ。社会性といったとき、ここでは、われわれや他者を社会的グループの一員として理解し、他者や他者がわれわれをどう見るかについて推論する能力のことをいう。この重要な能力は、大規模で複雑な社会的グループ内で生活し協働する必要性から進化を遂げたと考えられている。このことを理解するために、英国の進化心

---

[5] C. S. Soon et al. 'Unconscious Determinants of Free Decisions in the Human Brain'. In Nature Neuroscience, 11, 2008, pp. 543-5.

理学者ロビン・ダンバーが実施した社会的脳についての有名な研究を見ることにしよう。

9.4 社会的脳

　ダンバーは、次のような素朴な疑問をもった。すなわちなぜ人間（そして他の霊長類）は、他の動物に較べてこれほど大きな脳をもつのだろうか[6]。結局のところ脳は情報処理器官であり、人体が生成する全エネルギーのおよそ20パーセントも消費するといわれている。したがって大きな脳は、霊長類に必要な何らかの重要な情報処理を行うために進化したと考えるべきで、それに必要なエネルギー量を考えると、何かとても重要な進化的利益をもたらしているはずだ。ところで何のために情報処理が必要で、どのような進化的利益があったのだろうか。

　ダンバーは多くの霊長類を観察して、拡張された情報処理能力の必要性を暗示する要因を求めた。たとえばひとつの仮説として、霊長類にとって環境中で食料のありかを記憶しておく必要があったというものがある。もうひとつの仮説は、広範囲な縄張りと食料調達領域をもつ大きな空間を記憶しておく必要があったというものだ。しかしダンバーは、脳の大きさを最もよく説明する要因は、霊長類の社会的グループの平均サイズであることを発見した。すなわち霊長類の社会的グループ中の動物の平均的な頭数である。霊長類の大きな脳のサイズは、大規模な社会的グループを上手に運営するのに必要だというのだ。厳密にいえば、グループ内の社会的関係を保持し記憶して利用する必要があったということである。

　ダンバーの研究は、多くの疑問を投げかけた。すなわち平均的な人間の脳の大きさから、人間のグループの平均的サイズは予測できるものだろうか。彼の分析から得られた値は、今日ダンバー数として知られるもので、通常150

---

[6] 正確には、ダンバーが興味をもったのは、新皮質のサイズである。新皮質とは、認識、推論、言語を司る脳の部分である。

として引用される。つまり平均的な人間の脳の大きさとダンバーの他の霊長類の分析から推測される人間の社会的グループのサイズは 150 前後だというものだ。ダンバー数は好奇の目を向けられているものの、その後の研究でもこの数値は、地球のいたるところで実際の社会的グループのサイズとして繰り返し現れることがわかっている。たとえば新石器時代の典型的な農村は、150 人ほどの住民を含んでいたらしい。近年の例でいえば、Facebook のようなソーシャルネットワーキングのサイト上で常時繋がっている友人の数に、ダンバー数が関連している。

　ダンバー数は、人間の脳が処理できる人間関係のおおよその数として解釈できる。もちろん現代のわれわれは、もっと大きなグループと関係をもっているが、ダンバー数は記憶にとどめて真に接触を保ち続けていられる関係の数である。

　要するに彼の分析が正しければ、人間の脳が他の動物の脳と異なるのは、それが社会的な脳だということである。他の霊長類のそれと比較しても人間の脳は大きい。なぜならわれわれは、大規模な社会的グループの中で生活しているので、多くの社会的関係を記憶して処理する能力のために、それだけ大きな脳が必要だというわけだ。

　次の自然な疑問は、これらの社会的関係を記憶して処理するとはどういうことか、何を意味しているのかということである。この疑問に答えるには、米国の高名な哲学者ダニエル・デネットのアイデアを探る必要がある。人々の行動を理解し予測するのに、彼が**意図的スタンス**と呼ぶものを使用するアイデアである。

9.5 意図的スタンス

　世界を見回して目についたもの意味を理解しようとするとき、われわれはエージェント（動作主格）と他のオブジェクト（客体）を自然と区別しているように思える。エージェントという用語は、本書ですでに使用した。われわれの代理として、われわれの選好を合理的に追及して独立に行動してくれ

る AI プログラムのアイデアを表わすものだ。ここでエージェントというとき、それはわれわれと同じように自己決定するアクター（作用主体）である。子供がチョコレートの詰め合わせから迷いながら慎重に 1 つを選び取るとき、われわれはそこにエージェンシー（自己決定性）を感じ取る。つまり選択肢があり、故意があり、目的意識と自律的行為を見て取るわけだ。それとは対照的に、植物が石の下から成長して時間経過とともに石を押しのけたとき、われわれはそこにエージェンシーを見ない。そこには一種の行為はあるものの、故意とか目的意識といったものを認めないのだ。

　それでは、なぜ子供の行動はエージェントのそれと解釈して、植物の行動は心のないプロセスだと解釈するのであろうか。

　この疑問への答えを理解するために、世界を変化させるプロセスを説明するために使用するさまざまな理由や解説を考えてみよう。ある対象の行動を理解する方法のひとつとしてデネットは、**物理的スタンス**と呼ぶものを行動に紐付けする。物理的スタンスでは、自然法則（物理や化学等）を使用してシステムがどのように振る舞うかを予測する。たとえば手にもっている石を放したら、単純な物理法則（石は質量をもち重力加速度に従って動く）を使って、地面に落下すると正しく予測できるとデネットは主張する。この場合、物理的スタンスは適切な説明を構成するが、人間の行動を理解したり予測したりするには実用的でない。そのように理解するには、人間はあまりに複雑なのだ。原理的には可能なのかもしれないが（結局のところ人間も原子の集まりだ）、実際は不可能なのは明らかである。そのことで言えば、コンピュータやコンピュータプログラムの振舞いを理解するのにも使用できる方法ではない。現代の典型的なコンピュータオペレーティングシステムは、ソースコードで何億行にもなるのだ。

　もうひとつの可能性は、**設計的スタンス**だ。設計的スタンスとは、あるシステムが充足するはずの目的、つまり何のために設計されたかを理解して行動を予測しようとする方法である。デネットは目覚まし時計で例を示す。目覚まし時計を見たとき、その動作を理解するために物理法則はいらない。それが時計だということがわかっていれば、表示されている数字が時刻を表すものだと解釈できる。なぜなら時計とは、時刻を表示するように設計されて

いるからだ。同様に、時計が大きな不快な音を発したならば、特定の時刻に
セットされた目覚ましだと解釈できる。なぜなら指定された時刻に大きな不
快な音を鳴らすのは、目覚まし時計がそうするように設計されているとわかっ
ているからである。そのような解釈には、時計の内部機構の理解は必要ない。
そのように行動するように目覚まし時計は設計されていると知っていればよ
いのだ。

　第3の可能性はデネットが意図的スタンスと呼ぶもので、最も興味深い[7]。
この考え方では、対象に**精神状態**を帰属させる。精神状態とは、信念や欲望
といったもので、常識を使ってこの精神状態から、帰属させた信念や欲望に
従って行為を選択すると仮定して、対象の振る舞いを予測するのだ。このア
プローチの明白な理論的根拠は、人間の行為を説明する際には、次のような
記述が有効だということである。

- ◆ ジャニンは雨が降ると「信じて」いて、濡れないでいたいと「望んで」
　いる。
- ◆ ピーターは採点を終えたいと「望んで」いる。

　ジャニンが、雨が降ると思っていて濡れたくないのであれば、われわれは、
彼女がレインコートを着るか傘を使うか、そもそもまったく外出を取りやめ
ると予測する。それは、これらの信念と欲望をもつ合理的なエージェントに
期待される行動だからである。このようにして意図的スタンスは、説明力と
予測力をもつ。つまりそれによって人が何をするかを説明できるし、（実行す
るであろう）行動の予測もつくのだ。

　設計的スタンスと同じように意図的スタンスも、実際に行動を引き起こす
内部機構については中立である。この理論は、人間だけでなくマシンにも適
用できる。以下に詳しく議論しよう。

　デネットは、対象に信念や願望、合理的選択といったものを帰属させるこ
とによって、その対象の行動をよりよく理解して予測できるとして、**意図的
システム**という用語を提案した。

---

[7] D. C. Dennett. The Intentional Stance. MIT Press, 1987.

　意図的システムには、その精巧度にしたがって自然な階層構造がある。一階意図的システムは、自身の信念と欲望をもつが、信念や欲望についての信念や欲望はもたない。対照的に二階意図的システムは、信念や欲望についての信念や欲望をもつ。次の例文に、これを示す。

一階意図的システム　ジャニンは、雨が降っていると信じていた。
二階意図的システム　マイケルは、ジャニンに雨が降っていると信じて欲しかった。
三階意図的システム　ピーターは、マイケルが、ジャニンに雨が降っていると信じて欲しかったと信じていた。

　日常生活では、（パズルを解くような人工知能研究にでも携わらないかぎり）三階層より多い意図的スタンスを使用することはないであろうし、ましてや五層を越える推論は、ほとんどの人にとってきわめて困難であろう。
　人間が使用する意図的スタンスは、社会的動物としての地位に密接に結びついている。こうした意図による判断によって、社会における他のエージェントの行動を理解したり予測したりすることが容易になるのだ。複雑な社会生活の中を上手に泳ぎ回るうちに、高階意図的思考法を身に付けるようになったといってよい。われわれ自身やわれわれが観察する他者の個別の計画は、他のエージェントの予想される意図的な行動によって影響を受けるからだ。そのように考えることの価値は、その遍在性から明確である。このような思考法は人間の生活に遍在していて、われわれのコミュニケーションにおいて当然のこととして受け入れられている。第1章で見た、アリスとボブのたった6（英）単語の会話を思い出してほしい。

　ボブ：「別れよう。」（I'm leaving you.）
　アリス：「相手は誰よ。」（Who is she?）

　このシナリオの意図的スタンスによる説明は単純だ。何の捻りもなくわかりやすい。アリスは、ボブが自分より他の誰かを好きになったと信じていて、それに応じて何かを企んでいると信じている。さらにアリスは、その他者が誰かを知りたくて（彼を思いとどまらせることを望んで）、ボブに尋ねること

で自白させられると信じている。信念や欲望といった概念に訴えることなく、この会話を説明することは困難だ。アリスとボブが演じている振舞いの役割だけでなく、彼らが何を考えて、何を意図しているかを理解しなければならないからだ。

　ダンバーは、人間や他の動物における脳の大きさと高階意図的推論能力の高さの関連に注目した。高階意図的推論能力は、脳の前頭葉の相対的大きさとおおよそ線形に比例することが判明している。脳の大きさは、社会的グループの大きさと強い相関関係にあるので、社会的推論の必要性と有効性から、大きな脳の進化論的説明ができるということになる。つまり複雑な社会における高階意図的推論の要請により発達したというわけだ。グループで狩りをするにしても、抗争する部族間の闘争にしても、（ライバルを押しのけて）配偶者を獲得するにしても、影響力を行使したりリーダーシップを発揮したりするにしても、他の個体の思考を理解して行為を予想できる価値というのは自明である。ダンバーの議論に立ち戻ると、より大きな社会的グループでは、より大きな高階社会推論能力が必要であり、したがってダンバーが特定した脳の大きさと社会的グループのサイズの関係が説明できるというわけだ。

　意識についての議論に戻ると、意図的であることのレベルは、意識の強さの度合いに関連しているようである。すでに議論したように、一階意図的システムのクラスは、普遍的に見受けられる。しかし高階意図的システムのハードルは高い。われわれは高階意図的なシステムであるが、（たとえば）ミミズがそうであると説得するのは無理があるだろう。犬はどうだろうか。犬が、飼い主の願望（たとえば「ご主人はオレにお座りをしてほしいのだな」）について信念をもつことができると説明できるであろう。しかし犬が高階意図的推論能力をもつとしても、せいぜい限定的で、かつ特化された能力である可能性が高い。人間以外の霊長類も限定的な高階意図的推論能力をもつことが示されている。たとえば尾長ザルは、ヒョウが現われると警告の叫び声をあげて仲間の尾長ザルに（共同体への脅威が迫っていることを）知らせる。警告の叫び声を使って他の尾長ザルに、群が攻撃されていることを信じさせる

ことが観察されているのだ[8]。この尾長ザルの行動は、高階意図的推論を援用しているというのが自然な説明であろう。「警告の叫び声をあげたならば、仲間の尾長ザルはヒョウが襲ってくると信じるので逃げるだろう」というわけだ。もちろん高階意図的推論を伴わない他の説明も可能かもしれない。しかしそれにもかかわらず、人間以外の動物が高階意図的推論に携わっていることを示唆する逸話にはこと欠かない。

　高階意図というかたちでの社会的推論は意識と関連している。社会的推論は、複雑な社会ネットワークと大規模な社会的グループを支持するために進化した。しかしなぜ社会的推論に意識が必要なのであろうか。著者の同僚ピーター・ミリカンは、その答えが意図的スタンスの計算効率性にあるという。自身の機能的動機付け器に、欲望や信念というかたちで意識的にアクセスすることができるならば、他者の主観的な状況さえも自分のことのように考えることができるので、（実際の環境あるいは仮定の環境下での）他者の行動を、そうでない場合よりはるかに効率的に予測することができる。たとえば他者の食物を盗むとしたとき、その他者に自分を投影することで彼または彼女の怒りを（計算することなく）本能的に感じ取ることができるので、他者が企てるだろう報復を予想できる。それが食物を盗みたいという誘惑を抑える動機となるのだ。これは興味深い仮説であるが、人間の社会的推論能力と意識の関係がいかなるものであれ、近い将来決定的な解答が得られるとは思えない。それでは本書の主目的である AI に立ち戻って、マシンが社会的推論を行う可能性について考えることにしよう。

9.6　マシンは信念や欲望をもちえるか

　意図的スタンスは、人間社会で重要な役割を果たしているが、他の広範なものにも適用できる。たとえば普通の電灯スイッチを考えてみよう。意図的ス

---

[8] D. C. Dennett. 'Intentional Systems in Cognitive Ethology'. Behavioral and Bin Sciences, 6, 1983, pp. 342-90

タンスは、電灯スイッチの振舞いを完璧に説明できる。すなわち電灯スイッチは、われわれが通電したい意図をもつと信じたときに通電するとしてもよい。そう思わなければスイッチは通電しない。われわれの欲望は、スイッチを入れるという行為によって電灯スイッチに伝えられるわけだ[9]。

　しかし意図的なスタンスは、電灯スイッチの振舞いを理解して予測する最も適切な方法とはいえない。物理的スタンスや設計的スタンスを適用したほうがはるかに単純である。スイッチの動作の意図的なスタンスによる説明では、電流の有無についての信念だけでなく、われわれの願望についての信念という属性も必要になってしまう。この意図的スタンスによる説明でも、スイッチの振舞いは正確に予測できるけれども、説明としては牛刀割鶏である。

　意図的スタンスをマシンに適用しようとする際には、2つの問題が生じる。マシンに意図的スタンスを使用するのに適当なときはいつか、そして有用なのはいつかという問題である。精神状態をもつマシンといった課題について、多くの影響を及ぼした思想家であるジョン・マッカーシーは、この問題について次のように述べている[10]。

> 特定の信条や知識、自由意志、意図、意識、能力や要請といったものをマシンやコンピュータプログラムに帰属させることは、そのような帰属が人間について表現するのと同じ情報をマシンについて表現するならば正当だ。[…] 精神性の帰属は、サーモスタットやコンピュータオペレーティングシステムのようなよく知られた構造をもつマシンにとっては単純すぎることであるが、よくわかっていない構造をもつものに適用したときが最も有効である。

　この引用はずいぶん凝縮されているので、すこしずつ読み解いていくことにしよう。第1にマッカーシーは、マシンの意図的スタンスによる説明は、人間について表現するのと同じ情報をマシンについても表現するべきだと述

---

[9] Y. Shoham. 'Agent-Oriented Programming'. Artificial Intelligence, 60(1), 1993, pp. 51-92.

[10] J. McCarthy. 'Ascribing Mental Qualities to Machines'. In V. Lifschitz (ed.),Formalizing Common Sense: Papers by John McCarthy, Alblex, 1990.

べている。これはかなりきびしい要求であり、チューリングテストの区別不可能性の要求を髣髴とさせる。先に見た例に適用するならば、ロボットは雨が降っていると信じていて、そして濡れたくないと欲していると言いたいのであれば、これらの信念と欲望をもつ合理性的なエージェントがするのと同じようにロボットが振る舞わなければならないし、そのときこそ信念と欲望をロボットに帰属させることが有意味であるといえる。つまりロボットは、できるかぎり濡れないように適切な行動を取らなければならない。ロボットがそのように行動しなかったならば、雨が降っていると信じていなかったか、濡れたくないと欲していなかったか、あるいは合理的でなかったということになる。

　最後にマッカーシーは、意図的スタンスは、対象の動作や構造がわからないときに最も有効であると指摘する。意図的スタンスは、内部構造や動作（たとえばそれが人間なのか犬なのかロボットなのか）から独立して振舞いを説明したり、予測したりする方法を提供する。濡れたくないとの欲求をもつ合理的なエージェントで、雨が降っていると信じているならば、それ以上のことは知らなくてもエージェントの行動を説明したり予測したりできるわけだ。

9.7 意識をもつマシンに向けて

　これまでの議論は、AIの夢にどのように関係してくるのだろうか。すこし性急だが、意識をもつマシンに向けてどのように進めばよいか、具体的な提案をして結びとさせてほしい（著者の予測がどの程度実現したか、この節を老後に再読するのを楽しみにしている）。

　第5章で見たディープマインドの有名なアタリの「ゲームをプレイするシステム」に立ち戻ることにしよう。ディープマインドが、多くのアタリビデオゲームのプレーを学習するエージェントを構築したことを思い出してほしい。これらのゲームは、比較的単純であった。もっともディープマインドは、その後も研究を重ねて、スタークラフトのようなずっと複雑なゲームもプレー

できるプログラムも開発した[11]。今日このような実験での主な関心は、次のようなゲームをプレーできるかというものである。すなわち非常に大きな分岐因子をもつゲーム、ゲームの状態や他のプレーヤーの行動について不完全な情報しか得られないゲーム、ゲームで報酬を得る動作の実行から実際に報酬を得るまで時間差の大きいゲーム、そしてゲームを遂行するエージェントの行動がブレイクアウトのような単純な二者選択でなく長く複雑であり、場合によっては他のプレーヤーと協調したり競争したりしなければならないようなゲームである。

　これらはみな魅力的だし、最近の成果には目を見張るものがある。しかしだからといってこれらの研究がどれほど進んだとしても、意識的をもつマシンの実現につながるとは思えない。なぜなら先に列挙した挑戦は、いずれも意識に関連するとは思えないからだ（ゲームの研究成果を批判しているのではない。研究対象が異なると言っているだけだ）。

　上記の議論を踏まえて、意識をもつマシンという目標に向けてどのように研究を進めたらよいかについて、著者としても暫定的な見解を述べておきたい。ディープマインドのエージェントがブレイクアウトで行なったような、自発的に学ぶ機械学習プログラムがあるとする。そして有意味で複雑な高階意図的推論を要請されるシナリオで成功したとする。あるいはエージェントが、洗練された嘘をつかなければならないシナリオでもよい。そのようなシナリオでは、高階意図的推論が必要になるからだ。あるいはエージェント自身の精神状態や他のエージェントの精神状態について、有意味に表現してコミュニケーションを取ることを学ぶシナリオでもよい。これらのシナリオで要求されるだけのことを、有意味に遂行できるようになったエージェントを開発できたならば、意識をもつマシンへの道を着実に進んでいると言えると思う[12]。

---

[11] http://tinyurl.com/yc2knerv
[12] ここでのキーワードは「有意味」である。このようなテストを提案した際、テストを出し抜いて出題者が予期したのとは異なる方法で成功が主張されることがある。ここでの狙いは、自律的にこれらの振舞いを行うプログラムであり、ごまかしによってテストに合格するプログラムではない。

　著者がここで想定しているのは、**サリーとアン課題**のようなものである。
サリーとアン課題とは、子供の自閉症の診断補助のために提案されたテスト
である[13]。自閉症は、重大かつ広範に見られる精神疾患であり、幼児期に明
らかになる[14]。

> 　[自閉症の] 重要な症状として、社会的な発達とコミュニケーションの
> 発達が最初の数年において明らかに異常であり、遊びに柔軟性や想像力、
> 「ごっこ」性が欠けているという特徴がある。
> 　[…] 自閉症における社会的な異常の重要な特徴は、正常なアイコンタ
> クト（目の触れあい）が欠けていること、正常な社会意識や適切な社会
> 行動が欠けていること、「孤独」、一方的なかかわり、社会的な集団に参
> 加できないことなどである。
> 　（邦訳：長野敬, 今野義孝, 長畑正道,『自閉症とマインド・ブラインドネ
> ス』青土社、2002）

　典型的なサリーとアン課題は、判定対象の子供に、次のような話を聞かせ
たり演技を見せたりする。
　サリーとアンは、バスケットと箱とビー玉がある部屋にいる。サリーはビー
玉をバスケットに入れて、その後に部屋から出る。サリーが部屋から出てい
る間に、アンは、ビー玉をバスケットから取り出して箱に入れる。サリーは
部屋に戻って来て、ビー玉で遊ぼうとする。
　その上で子供は、次のように質問される。

　「サリーは、どこにビー玉を探すでしょうか。」

この質問への適切な解答は「バスケットの中」だ。しかしこの解答に辿り着

---

[13] S. Baron-Cohen, A. M. Leslie and U. Frith. 'Does the Autistic Child Have a
'Theory of Mind ?' Cognition, 21(1), 1985, pp. 374-6.
[14] S. Baron-Cohen. Mindblindness: An Essay on Autism and Theory of
Mind.MIT Press, 1995

くためには、被検者が、他者の信念について推論できなければならない。す
なわちサリーは、アンがビー玉を移動するところを見ていない。したがって
サリーは、自分が入れたところ、つまりバスケットの中にビー玉があると信
じている。臨床的に正常な子供は間違いなく正解に辿り着けるのに、自閉症
の子供は間違った答えをするようだ。

　このアプローチのパイオニアであるサイモン・バロン＝コーエン等は、自
閉症の子供には心の理論（Theory of Mind、ToM）として知られるものが
欠如していて、サリーとアン課題の結果はその証拠だと主張する。ToM は、
十分に発達した成人であればもっている実用的かつ常識的な能力であり、自
分自身や他者の信念や欲望といった精神状態について推論できる。人間は生
まれつき ToM をもっているわけではないが、臨床的に正常な人間は ToM を
発達させる能力を生まれつきもっている。臨床的に正常な子供は、次第に心
の理論を発達させる。4 歳になる頃には、子供は他者の見解や視点を含む推
論ができるようになり、10 代になる頃には ToM の発達は完成する。

　本書執筆の時点では、どのように機械学習プログラムに原始的な ToM を学
ばせることができるかの研究が始まりつつある[15]。研究者は、最近 ToMnet
（Theory of Mind net）と呼ぶニューラルネットシステムを開発した。この
プログラムは、他のエージェントを模倣する方法を学んで、サリーとアン課
題に類似した状況で正しい振る舞いを見せた。しかしこの研究はまだまだ初
期段階である。またサリーとアン課題に正答するだけでは、人工意識がある
と主張するには不十分である。そうはいっても著者の意見では、方向性は正
しいと思う。この研究は、ひとつの目標を与えていると思うのだ。すなわち
人間レベルの ToM を自律的に学び取る AI システムである。

---

[15] N. C. Rabinowitz et al. Machine Theory of Mind. arXiv:1802.07740.

9.8 それはわれわれに似ているか

　AIと人間について議論する際に、われわれは脳について語ることが多い。これはごく自然なことである。人体において脳は主要な情報処理コンポーネントであり、問題解決や物語の理解といった処理の大部分を司っている。したがってわれわれはコンピュータが無人運転車を制御するように、脳が視覚や聴覚といった感覚器官から情報を受け取って解釈した上で、腕と脚に動作を指示すると考えがちになる。しかしそのような考えは、真の状況を大幅に単純化したモデルである。なぜなら脳は、複数の複雑なコンポーネントを含む緊密に統合されたシステムのひとつの要素に過ぎないからだ。そしてこの脳は、地球上に最初生命が誕生して以来何十億年もかけて1つの組織へと進化してきたものなのだ。進化的に見れば、われわれは類人猿のひとつに過ぎない。特権意識をもつ類人猿だ。そして人間の意識は、この背景を基に理解されなければならない。

　意識する心を含むわれわれの今日の能力は、われわれの祖先の発達を駆り立てた進化の力の結果である[16]。われわれの手や目や耳が進化してきたように人間の意識も進化してきた。完全な人間の意識というものは、一夜にしてできたものではない。突然の閃きの瞬間があって、それ以前のわれわれの祖先はミミズで、それ以後がシェークスピアになったわけではないのだ。古代の祖先は、われわれが今日享受しているような意識的経験というものはもたなかったはずだ。そしてわれわれもまた、遠い将来の子孫がもつような範囲の意識的経験を享受できているわけではない。進化的発達のプロセスは、まだ終っていないのだ。

　興味深いことに歴史的な記録は、なぜどのようにして意識の特定の要素が表出したかのヒントを与えてくれる。もちろん歴史的記録は疎らなので、どうしても単なる推測の部分も多くなってしまうのだが、それでもヒントは魅

---

[16] 著者は進化心理学の専門家ではない。この節の内容は、Robin Dunbar の"Human Evolution, Penguin, 2014"（邦訳：鍛原多惠子『人類進化の謎を解き明かす』インターシフト、2016）によった。興味のある読者は、この書籍を参照してほしい。

力に溢れている。

　ホモ・サピエンスを含む現在のすべての類人猿は、1800 万年ほど前までは共通の祖先をもっていた。その頃に類人猿の系統樹は分化を始めた。約 1600 万年前にオランウータンは別の進化の道を進み始め、600 から 700 万年前には、われわれの祖先がゴリラやチンパンジーから分かれた。この分離の後われわれの祖先は、他の類人猿から明確に区別される特徴を身に付けるようになった。それまでの樹上生活から、より多くの時間を地表で過ごすようになり、最終的には二足歩行となったのだ。この変化を説明する理由のひとつとして考えられるのが、気候変動である。気候変動によって森林が減少して、樹上生活をしていた祖先は、開けた土地へと追いやられることになった。樹木という庇護を失ったことにより、捕食者から攻撃される危険性が高まった。そしてそれへの自然な進化的応答が、社会的グループのサイズの増加である。なぜなら社会的グループは、大きいほど捕食者による襲撃から堅牢となるからである。そして大規模な社会的グループでは、先に議論した社会的推論能力が要求されるので、社会的推論能力を支えるために脳が大きくなったと考えられる。

　散発的な火の使用は 100 万年ほど前から見られたものの、火を日常的に使うようになったのは、50 万年ほど前からと言われている。火の使用は、われわれの祖先に大きな利益をもたらした。火は灯りと暖房を与えてくれただけでなく、潜在的な捕食者を恐れさせることによって遠ざけた。それだけ子供を育てやすくなった。しかし火の使用には、手間のかかる維持管理が必要になる。したがってこの新技術は、火の世話を交代にしたり燃料を集めたりするために協力する能力を必要とするようになった。この種の協力には、（お互いの欲望や意図を理解するために）高階意図的推論能力が役に立つ。同時期に進化したであろう言語が成立してからは、高階意図的推論能力の利点はますます顕著になった。

　これらの開発がどのように成立したか、それによってどのように新しい能力が培われたかを順序立てて示すことはできないが、大勢は明らかだ。そして時間をかけて意識のコンポーネントが形成されてきたであろうことも理解できる。もちろんだからといって、意識のむずかしい問題に解答が与えられ

るわけではない。しかし少なくともどのようにして、そしてなぜ完全な人間の意識に必要なコンポーネントが出現したかについて一貫した手がかりが与えられたと考えてよい。いずれ袋小路に入り込んでしまうかもしれないが、これらの予想は、最終的にはより強固な理解へと導いてくれるはずだ。少なくとも意識を不可知な謎として片付けてしまうよりも有用である。

　今日太陽に供給されるエネルギーについて理解しているように、将来のある時点で、われわれは意識についても理解する日が来るであろう。そのときになれば、核物理学が解答を与える前に太陽のエネルギーを説明する多くの奇妙な理論と同じように、意識の問題についての今日の議論のほとんどは、滑稽話として楽しまれるようになるかもしれない。

　人間レベルの心の理論をもつマシンの構築という著者の研究計画が成功したとしよう。そのマシンは、自律的に複雑な高階意図的推論を処理できるように学習し、複雑な社会関係を構築して維持し、そのマシン自身や他のマシン、そして人間の精神状態の複雑な性質を表現することになる。そのようなマシンは、真に「心」をもつといえるのだろうか。意識や自己認識をもつといえるのだろうか。そのような問いに答えるには、われわれの立ち位置はあまりに遠すぎる。もっと研究が進み、そのようなマシンを構築する目途がついたならば、よりよい解答を与えることができるであろう。もっとも、もしも構築できたとしての話になるのだが。

　そのような疑問に満足のいく答えは見つからない可能性も考えられるが、そうだとする理由も見つからない。現時点では、アラン・チューリングの霊が呼びかけているように思える。なぜなら読者も覚えているように、チューリングは、マシンが、人間が行うのと区別できないほど上手に模倣するのであれば、そこに真の意識があるか真の自己認識があるかを議論するのをやめなければならないと主張した。考えつく限り合理的ないかなるテストにも合格して、ほんとうに区別できない日が来るのであれば、それが求めるものを手に入れた日だということになるのではないだろうか。

付録

A ルールを理解する

　以下は、動物を分類する例題の完全なルールベースである。これは、パトリック・ウィンストンとバートホールド・ホーンによる（と思う）。

1. IF 動物に体毛がある THEN その動物は哺乳類である
2. IF 動物は授乳する THEN その動物は哺乳類である
3. IF 動物に羽毛がある THEN その動物は鳥類である
4. IF 動物は飛べる AND 動物は卵を産む THEN その動物は鳥類である
5. IF 動物は肉食である THEN その動物は肉食動物である
6. IF 動物は哺乳類である AND 動物に蹄がある THEN その動物は有蹄類である
7. IF 動物は哺乳類である AND 動物は肉食である AND 動物は黄褐色である AND 動物に黒い縦縞がある THEN その動物は虎である
8. IF 動物は有蹄類である AND 動物に黒い縦縞がある THEN その動物はシマウマである

　これらのルールが前向き連鎖でどのように使用されるか見ていこう。ユーザーが、特定の動物が授乳し、蹄があり、かつ黒い縦縞があるとの情報を提供したとする。そうすると前向き連鎖は、次のように推論する。

1. その動物が授乳するという事実は、ルール 2 を発火する。そしてその動物が哺乳類であるとの情報がワーキングメモリに追加される。
2. 新たに導出されたその動物が哺乳類である情報と、その動物が蹄をもつという事実からルール 6 が発火して、その動物が有蹄類であるとの事実がワーキングメモリに追加される。
3. その動物が有蹄類であるという新しい情報と、その動物が黒い縦縞をもつという事実からルール 8 が発火して、その動物がシマウマであるという事実がワーキングメモリに追加される。
4. この時点で、もはや発火するルールはなくなる。

　このようにして、一般的な規則と当該動物についての特定の情報から、3 つの新しい知識を導き出すことができた。

後向き連鎖では、確認したいある仮定（目標）から出発して、ルールを使用して知識のもっと小さい（原子的な）項目へと後向きに推論を進める。ユーザーが、当該動物が有蹄類か否かを決定するという目標を、それ以外の情報なしでシステムに与えたときに、どのように後向き連鎖が働くかを見ることにしよう。

1. 推論エンジンは、結論として目標（「動物は有蹄類である」）をもつルールを探索する。この場合、そのようなルールはルール6である。
2. 推論エンジンは、ルール6を発火するのに十分な情報をもたない。なぜなら前提（IF 動物は哺乳類である AND 動物に蹄がある）が真かどうかわからないからである。したがってこれらの文が真か偽かを決定することを目標に設定する。技術的には、「動物は哺乳類である」と「動物は蹄がある」は下位目標になったという。
3. 下位目標「動物は哺乳類である」を最初に取り、推論エンジンはこれを結論としてもつ規則を探す。この場合、そのような規則は2つある。ルール1とルール2である。このことは、推論エンジンが2つの異なる方法でこの目標を確認できるということを意味する。すなわちその動物に体毛がある（ルール1）か、その動物が授乳する（ルール2）かである。そこで推論エンジンは、前者（「動物に体毛がある」）を選んで、これを下位目標として設定する。
4. 推論エンジンは、下位目標「動物に体毛がある」を結論としてもつ規則を探索する。しかし今回そのようなルールは見つからない。原子文に辿り着いてしまったのだ。しかしこれは行き止まりではない。そのような原子文に直面したとき推論エンジンは、特定の文が真かどうかをユーザーに問い合わせることができる。こうして使用されていた後ろ向き連鎖の推論プロセスは、ユーザーとの質疑応答セッションに入る。ユーザーは、当該動物に体毛があるかどうかについての情報をもたないとしよう。つまりユーザーからの応答は「知らない」である。関連する情報が得られなかったので、推論エンジンは、ルール1は発火しないと結論づける。したがって「動物は哺乳類である」との結論をもつ次のルール2へと進む。その前提は、「動物は授乳する」である。
5. 推論エンジンは、「動物は授乳する」を下位目標として設定するが、これは原子文なので、ユーザーに問い合わせる。この場合ユーザーの回答は「イエス」であるとする。この「動物は授乳する」という情報がワーキングメモリに追加されると、ルール2が発火するので、「動物は哺乳類である」がワーキングメモリに追加される。
6. この時点で推論エンジンは、ルール6の前提の第1の部分を確定したので、第2の部分へ進み、「動物は蹄をもつ」が真かどうかの確認を試みる。つまりこれを下位目標として設定する。

7. ここで「動物は蹄をもつ」はやはり原子文なので、ユーザーに再び問い合わせる。ユーザーの応答が「イエス」であったとしよう。この事実がワーキングメモリに追加されて、情報「動物が哺乳動物である」と組み合わされると、システムはルール6を発火させることができるので、最終的にその動物が有蹄類であると結論づける。こうしてユーザーの当初の目標は達成し確立された。

■B PROLOG を理解する

単純な PROLOG プログラムが、どのように家族関係についての知識を捕捉するか見ることにしよう。X が女性であることを female(X) と記述し、X の父親が M で母親が F であることを parents(X, M, F) と記述する。このとき次の PROLOG の規則、

```
sister_of(X,Y):- female(X), parents(X, M, F), parents(Y, M, F).
```

は、次の知識を表現している。

以下の条件が満たされたら、X は Y の姉か妹である。

1. X は女性である、
2. X の親は M と F である、そして
3. Y の親は M と F である。

論理推論に不案内な読者は、姉か妹関係について述べるのに、ずいぶん回りくどい書き方をすると思うかもしれない。しかしつまるところ Y が女性で、X と Y が同じ親をもっていれば、X は Y の姉か妹だと言っているに過ぎない。

ここで PROLOG に、次のように若干の事実を与える。

```
female(janine).
parents(janine, wayne, yvonne).
parents(david, wayne, yvonne).
```

これらの事実を与えることによって、PROLOG に Janine が David の姉か妹であることを証明せよと告げれば、それは成功する。この場合、目標は次のとおり。

```
sister_of(janine, david)
```

　この目標が与えられると PROLOG は、Yes と回答して、Janine が David の姉か妹であることが証明可能であることを示す。

C　ベイズの定理を理解する

　ベイズの定理が、どのように活用できるか見ることにしよう。第 4 章のインフルエンザの例を丁寧に見ていくことにする。この例でベイズの定理をどのように使用するかを見るために、数学者のいう「表記法」を使用する。

　第 1 に、われわれの関心のある仮説は、インフルエンザに罹患していることであり、手元にある証拠は、インフルエンザの検査で陽性反応が出たということである。

　ここで計算しようとしている値は、証拠が与えられたときに仮説が真である確率である。つまり検査で陽性になったときに、インフルエンザに罹患している確率である。この値を $Prob$(仮説｜証拠) と書く。垂直線「｜」は、「という条件のもとで」を意味する。

　$Prob$（仮説）を、仮説（インフルエンザに罹患している）が真である**事前確率**という。「事前確率」は、新しい証拠を見る前に仮説が真であることに付加した確率である。この例でいえば、ランダムに選んだ人がインフルエンザに罹っている確率である。約 1000 人に 1 人がインフルエンザに罹っていることがわかっているので、事前確率は $1/1000 = 0.001$ である。この値は、仮説に対する初期信念と考えてよい。ある人物について何も知らなければ、その人がインフルエンザに罹患している確率は、ランダムに選んだ人がインフルエンザに罹っている確率と等しいと見積もることができる。したがって 1000 分の 1 である。ベイズの定理は、新しい証拠に照らしてこの信念を更新できるようにしてくれるのであり、それがマジックである。

　次に、仮説（インフルエンザに罹患している）が真であるとき、証拠（陽性反応）を目にする確率を $Prob$(証拠｜仮説) と書く。検査は 99 パーセント正確であることがわかっているので、インフルエンザに罹っているならば、100 回のうち 99 回は検査で陽性反応を示す。つまりインフルエンザに罹患していれば、検査で陽性と診断される確率は 0.99 である。

　最後に、ランダムに選んだ人物に対して検査が正しい結果を与える確率を $Prob$（証拠）と書く。この値を導き出すところが、この例での唯一むずかしい部分である。この

場合でいうと、当該人物がインフルエンザに罹患している確率に検査が陽性となる確率を乗じたものに、当該人物がインフルエンザに罹患していない確率に、それでも検査が陽性となる確率を乗じたものを加えたものがそれにあたる。換言すれば、次のとおり。

$$Prob(証拠) = (0.001 \times 0.99) + (0.999 \times 0.01) = 0.011$$

ベイズの定理は、次のようなものなので、

$Prob(仮説 \mid 証拠)$

$$= \frac{Prob(証拠 \mid 仮説) \times Prob(仮説)}{Prob(証拠)}$$

先に得た値を代入すると、次のようになる。

$Prob(仮説 \mid 証拠)$

$$= \frac{Prob(証拠 \mid 仮説) \times Prob(仮説)}{Prob(証拠)}$$

$$= \frac{0.99 \times 0.001}{0.011} = 0.09$$

　したがって検査で陽性と診断されたときにインフルエンザに罹患している確率は、0.09 である。つまり 10 分の 1 よりも小さいのだ。

D ニューラルネットを理解する

　ミンスキーとパパートによって脚光を浴びたパーセプトロンモデルの問題について深く見ていくことにしよう。一層のパーセプトロンは、「XOR 関数」と呼ばれるきわめて単純な分類問題を実装することができない。一層のパーセプトロンモデルを図 D.1 に示す。

　プログラムに学んでほしい XOR 関数とは、次のとおり。入力 1 あるいは入力 2 が活性化しているとき出力も活性化するが、両方が活性化すると出力は活性化しない。一層のパーセプトロンモデルでは、これが不可能なことを理解するために、仮にこれが可能であると想像してみよう。この場合、図中の w_1 と w_2（重み）と T（閾値）は、次の性質をもつ。

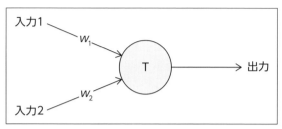

図 D.1　一層のパーセプトロンでは XOR を計算できない

◆ どちらの入力も活性化しなければ、ニューロンは重みゼロの入力を受け取るので発火しない。したがって閾値 T は 0 より大きくなければならない。
◆ 入力 1 だけが活性化していればパーセプトロンが発火する。したがって w_1 は T より大きくなければならない。
◆ 入力 2 だけが活性化していればパーセプトロンが発火する。したがって w_2 は T より大きくなければならない。
◆ 入力 1 と入力 2 が活性化していればパーセプトロンは発火しない。つまり $w_1 + w_2$ は T **より小さく**なければならない。

　ところが、これらの性質をすべて同時に満たす w_1 と w_2 と T の値が存在しないことは容易にわかる。したがって XOR 関数を学習するパーセプトロンは存在しない。
　それでは、2 層のパーセプトロンがどのように XOR を学び得るか見ることにしよう。図 D.2 のネットワークを考えてみよう。

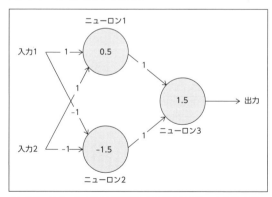

図 D.2　正しく XOR を計算する 2 層のパーセプトロン

このネットワークは、正しく XOR を計算する。このネットワークは、3 個のニューロンから構成される。ニューロン 1 は、入力 1 または入力 2（あるいは両方）が活性化したときに発火する。ニューロン 2 は、入力 1 と入力 2 の両方が活性化しない限り発火する。そして最後にニューロン 3 は、ニューロン 1 とニューロン 2 の両方が発火したときにだけ発火する。要約するとニューロン 3 は、入力 1 か入力 2 のどちらかが活性化しているけれども、両方が活性化しないときに発火する。

詳細に見るために、次の 4 つの場合を考えることにしよう。

1. 最初に、どちらの入力も活性化でないとする。そのときニューロン 2 は発火する（なぜなら入力値 0 は閾値 -1.5 よりも大きい）。しかしニューロン 1 は発火しない。この場合、ニューロン 3 は、入力として値 1 の入力を受け取る。この値は閾値 1.5 よりも小さいので、ニューロン 3 は発火しない。

2. 次に入力 1 が活性化して、入力 2 は活性化しないとする。そのときニューロン 1 は入力値 1 を受け取り、それは閾値 0.5 より大きいので、ニューロン 1 は発火する。ニューロン 2 は入力値 -1 を受け取り、それは閾値 -1.5 よりも大きいので、ニューロン 2 も発火する。この場合ニューロン 3 は、ニューロン 1 とニューロン 2 からの入力を受け取るので、閾値 1.5 を超過する。つまりニューロン 3 は発火する。

3. 入力 2 が活性化して、入力 1 が活性化しないとする。そのとき 2 の場合と同じ議論により、ニューロン 3 は発火する。

4. 最後に、どちらの入力も活性化したとする。そのときニューロン 1 は入力値 2 を受け取るので発火するが、ニューロン 2 は入力値 -2 を受け取るので発火しない。したがってニューロン 3 は、入力値 1 を受け取るので発火しない。

読書案内

　読者の中には、より進んだ文献にあたって好奇心を満足させたい人もいると思う。そこで若干のお薦めの文献を以下に示す。

　現代 AI の定本といえるものは、Stuart Russell と Peter Norvig による *Artificial Intelligence: A Modern Approach* (3rd edn, Pearson, 2016) である。著者も. 基本書として本書執筆に際して技術的な詳細を確認するのに繰返し使用した。

　AI の詳細な歴史とどのように発展してきたかに興味のある読者には、Nils Nilsson の *The Quest for Artificial Intelligence* (Cambridge University Press, 2010) をお薦めしたい。この書籍は、とてもすぐれた研究者による現代 AI の様々な流派について卓越した歴史的な案内となっている。

　今日アラン・チューリングの伝記は多く出版されているが、チューリングを世界に紹介した最高の書籍は、Andrew Hodges による *Alan Turing: The Enigma* (Burnett Books/Hutchinson, 1983) (『エニグマ アラン・チューリング伝』上・下、勁草書房 2015) である。著者が学部生のときの楽しみは、*Handbook of Artificial Intelligence*(William Kaufmann & Heuristech Press; Volume I, ed. Avron Barr and Edward A. Feigenbaum, 1981; Volume II, ed. Barr and Feigenbaum, 1982; Volume III, ed. Paul R. Cohen and Edward A. Feigenbaum, 1982) を読むことであった。この 3 巻からなるハンドブックは、黄金時代に構築されたシステムと使用された技法を細かく描き出している。残念なことに絶版になってしまっているが、オンラインで安価に入手できる。

　エキスパートシステムについてのすぐれた文献は、Peter Jackson による *Introduction to Expert Systems* (Addison Wesley, 1986) である。これは、著者が学部生であった 30 年前の基本書であり、本書執筆のために楽しく読み直した。エキスパートシステムのための知識工学の詳細な入門書は、*Building Expert Systems* (eds. Freder- ick Hayes-Roth, Donald A. Waterman and Douglas B. Lenat, Addison Wesley, 1983) である。

　AI における論理の伝統を理解するためには、Michael Genesereth と Nis Nilsson による *Logical Foundations of Artificial Intelligence* (Morgan Kaufmann, 1987) を推薦したい。この書籍は、著者が大学院生のときに熟読した。紹介されている技法は若干古くなってしまっているが、たいへん美しい記述であり、AI 研究における最も

影響力をもった流派だというだけでなく、論理学への卓越した入門書となっている。

　Rodney Brooks の *Cambrian Intelligence* (MIT Press, 1999) は、行動主義 AI とサブサンプションアーキテクチャについての主要論文を集めたものである。著者自身の *Introduction to MultiAgent Systems* (2nd edn, Wiley, 2009) も、エージェントとエージェントアーキテクチャ、そしてマルチエージェントシステムについての入門書として推薦するのを許してほしい。AI におけるゲーム理論の役割について詳しく理解したい読者は、Yoav Shoham と Kevin Leyton-Brown の *Multiagent Systems: Algorithmic, Game-Theoretic, and Logical Foundations* (Cambridge University Press, 2008)) を参照してほしい。

　機械学習は幅広いトピックである。本書では、ごく表面的にしか触れていない。本書ではニューラルネットに焦点を合わせた。もちろんこれが、現在の主要な分野ではあるが、機械学習には、他にも多くの技法がある。より詳細な入門書としては、Ethel Alpaydin による *Machine Learning: The New AI* (MIT Press, Essential Knowledge Series, 2016) が優れている。ディープマインドの仕事に興味があれば（興味のない人はいないだろうが）、Ian Goodfellow と Yoshua Bengio と Aaron Courville による Deep Learning (MIT Press, 2017) を読むとよい。最後に Russell と Norvig（先に紹介した基本書）は、機械学習への様々な他のアプローチを紹介している。

　シンギュラリティについてのすぐれた議論は、Murray Shanahan の非常に読みやすい *The Technological Singularity* (MIT Press, Essential Knowledge Series, 2015) を推薦したい。倫理的 AI については、Virginia Dignum の *Responsible Artificial Intelligence* (Spring- er, 2019) を、技術と雇用については、Carl Benedikt Frey の *The Technology Trap* (Princeton University Press, 2019)（『テクノロジーの世界経済史 ビル・ゲイツのパラドックス』日経 BP、2020) を参照してほしい。

　強い AI と意識のあるマシンについての古典的な入門書は、Maggie Boden の *Artificial Intelligence and Natural Man* (MIT Press, 1977) である。意識についての詳細な入門書としては、Susan Blackmore の *Consciousness: An Introduction* (Hodder & Stoughton, 2010) がある。精神と意識そして AI についての Daniel Dennett の論述は、きわめて読む価値が高い。最初に読むべき書籍として *Kinds of Minds*(Basic Books, 1996) を推薦したい。そして次に読むものとしては、*Where Am I*? を推薦したい。このエッセイは、もともと 1978 年の彼の著書 Brainstorms に収録されていたのだが、オンラインで利用可能である[17]

---

[17]訳注：https://www.lehigh.edu/~mhb0/Dennett-WhereAmI.pdf

用語解説

A*

AIで広く採用されているヒューリスティック探索のアプローチ。1970年代初期に開発された。A*が発明されるまでヒューリスティック探索には、アドホックな技法が使用されていた。A*により強固な数学的基礎が与えられた。SRIのSHAKEYプロジェクトの一環として開発された。

AGI

「人工汎用知能」参照。

AIの黄金時代（Golden Age of AI）

AI研究の初期1956年から75年頃（この後AIの冬がくる）。この時期の研究では、「分割統治法」というアプローチが採用された。すなわち後に統合されることを期待して、知的な動作を示すコンポーネントシステムを構築した。

AIの冬（AI winter）

AIにきわめて批判的だった1970年代初頭のライトヒルレポートの発表直後の期間。AI研究への資金削減と、この分野全体に対する懐疑論が特徴である。この後、知識ベースAIの時代が続いた。

AlexNet

2012年に画像認識の劇的な改善を示した画像認識システム。画期的なディープラーニングシステムの1つ。

Cycの仮説（Cyc hypothesis）

汎用AIは主に知識の問題であり、適切に装備された知識ベースシステムによって汎用AIが達成できるというアイデア。

Cycプロジェクト（Cyc project）

知識ベースのAIの時代の有名な（悪名高い）実験。ある程度教育のある人物であればもっている世界についての知識を与えることで、汎用的に知的なAIシステムを構築しようとした。失敗した。

DENDRAL

ユーザーが未知の有機化合物を特定するのを補助する初期のエキスパートシステム。

ELIZA

ジョセフ・ワイゼンバウムによって1960年代に開発されたAIによる会話の有名な実験。ELIZAは、精神科医による単純で定型的な会話文を使用している。

HOMER

1980年代に開発されたシミュレートされた「海の世界」で動作するエージェント。HOMERは英語（のサブセット）でユーザーと対話し、海の世界での作業を与えられ、行動について常識的な理解をもっていた。

LISP

シンボリックAIの時代に広く使われた高レベルプログラミング言語。ジョン・マッカーシーによっ

て開発された。LISP マシンは、LISP プログラミング言語を実行するために特別に設計されたコンピュータ。「PROLOG」も参照されたい。

MYCIN
人間の血液疾病を診断する医師の助手として機能した 1970 年代の古典的なエキスパートシステム。

NP-完全（NP-complete）
効率的に解決することがむずかしい計算問題のクラス。NP-完全の理論は 1970 年代に開発され、同時に多くの AI 問題が NP-完全であることが発見された。「P 対 NP 問題」も参照されたい。

PROLOG
一階論理に基づくプログラミング言語。論理ベースの AI の時代にとりわけ人気があった。

P 対 NP 問題（P vs NP problem）
NP-完全問題を確実に効率的に解決できるか否かの問題。現代数学の最大の未解決問題の 1 つ。すぐに解決される可能性は低い（P は「多項式時間」を表し、NP は「非決定性多項式時間」を表す。技術的にいうと P 対 NP 問題とは、非決定性多項式時間で解ける問題を多項式時間で解けるかどうかである）。

R1 / XCON
VAX コンピュータのコンフィギュレーションために DEC によって開発された 1970 年代の古典的なエキスパートシステム。収益性の高い AI の初期の例。

SHAKEY
1960 年代後半に SRI で開発された自律型ロボットの独創的な実験。多くの重要な AI 技術を開拓した。

SHRDLU
黄金時代の有名なシステム。後にシミュレートされたマイクロワールドだとの批判を受けた。

STRIPS
SRI における SHAKEY ロボットプロジェクトの一環として開発された独創的な計画立案システム。

アーバンチャレンジ（Urban Challenge）
2007 年に DARPA グランドチャレンジの続きとして開催された競技会。無人運転車は、製作された都市環境を自律的に走行しなければならなかった。

アシロマの原則（Asilomar principles）
2015 年と 2017 年にカリフォルニア州アシロマで開催された会議で、AI 科学者とコメンテーターによって作成された倫理的な AI についての一連の原則。

アルゴリズムの偏向（algorithmic bias）
偏ったデータセットで訓練された結果、あるいはソフトウェアの設計がよくなかった結果として、AI システムが意思決定時に偏りを示す可能性。偏向は、配分の害や表現の害として現れる。

アルファ碁（AlphaGo）
ディープマインドのチームによって開発された囲碁をプレーするための画期的なシステム。2016

年3月に韓国のソウルで開催された試合で、囲碁の世界チャンピオンであるイ・セドルを4対1で破った。

意識のむずかしい問題（hard problem of consciousness）
生理的プロセスが、どのようになぜ主観的意識的経験につながるかを理解する問題。「クオリア」も参照されたい。

一階論理（first-order logic）
数学的推論の厳密な基盤を提供するために開発された一般的な言語かつ推論システム。論理ベースの AI のパラダイムで広く研究された。

意図的システム（intentional system）
意図的スタンスの特徴付けに適したシステム。

意図的スタンス（intentional stance）
信念や欲望などの精神状態に帰することによって対象の行動を予測して説明して、対象がその信念や欲求に基づいて合理的に行動すると仮定する考え。

イメージネット（ImageNet）
李飛飛によって開発されたラベル付き画像のデータベース。画像にキャプションを生成するための訓練プログラムのディープラーニングに多大な影響を与えた。

ウィノグラードスキーム（Winograd schema）
チューリングテストの一種。1つの単語だけが異なるだけなのに意味はまったく異なる2つの文を与えて、違いを理解させるテスト。ウィノグラードスキームではテキストの理解が必要なため、チューリングテストで使用される安易なトリックでは歯が立たない。

後向き連鎖（backward chaining）
知識ベースシステムでは、確立しようとする目標（たとえば「動物が肉食動物」）から出発して、手もちのデータ（たとえば「動物が肉を食べる」）を使用して目標が正当化できるかどうかを見て、目標を確立するというアイデア。「前向き連鎖」の対義語。

エージェント（agent）
自己完結型の AI システム。典型的にはユーザーに代わって自律的に動作するため、さまざまな AI 機能を統合している。エージェントは特定の環境中に組み込まれ、その環境下で能動的に動作していると見なされる。

エージェントベースインタフェース（agent-based interface）
コンピュータに、AI を利用したソフトウェアエージェントが仲介するインタフェースをもたせるというアイデア。ソフトウェアエージェントは、通常のコンピュータアプリケーションのようにユーザーからの指示を受動的に待つのではなく、能動的な協力者として作業を行う。

エキスパートシステム（expert system）
人間のエキスパートの知識を使用して、きわめて限定された領域の問題を解くシステム。古典的な例として MYCIN、DENDRAL、R1/XCON がある。エキスパートシステムの構築は、1970年代後半から 1980 年代半ばまで AI 研究の中心であった。

演繹法（deduction）

論理的な推論法。既存の知識から新しい知識を導き出す。

[エージェントが] 置かれた状況（situated [agent]）

行動主義 AI における中心的なアイデア。AI の進歩には、（エキスパートシステムのように）実体のない機能ではなく、実在して環境に作用するエージェントの開発が必要だとの考え。

（ニューラルネットの）重み（weight in neural nets）

ニューラルネットでは、ニューロン間の接続に数値の重みを与える。重みが大きいほど接続されているニューロンに影響を与える。ニューラルネットワークとは、最終的にはこれらの重みであり、ニューラルネットを訓練するとは、適切な重みを発見することに尽きる。

オントロジー工学（ontological engineering）

エキスパートシステム（一般には知識ベースシステム）では、システムで知識を表現するための概念的な語彙を定義する課題。

階層構造をもつニューラルネット（layered neural net）

ニューラルネットを階層構造にする標準的な方法。各層の出力は次の層に送られる。ニューラルネット研究の初期の重要な問題は、階層構造をもつニューラルネットを訓練する方法がなく、単一層のネットワークではできることが限られていたことであった。

活性化閾値（activation threshold）

人工ニューロンは多くの入力を受け取るが、すべてが活性であるわけではない。活性である入力の重みの合計が活性化閾値を越えると「発火」（出力を生成）する。

機械学習（machine learning）

知的システムの中核機能の 1 つ。機械学習プログラムは、陽に教示されることなく入力と出力の関連付けを学習する。機械学習への一般的なアプローチとして、ニューラルネットとディープラーニングがある。

危害評価リスクツール（HART）（Harm Assessment Risk Tool）

英国ダラム市警察が、誰を拘留すべきかどうかの判断を支援するために開発した機械学習システム。

期待効用（expected utility）

不確実性下での意思決定の問題で特定の行動の期待効用とは、その選択から得られる効用を平均したものである。

期待効用を最大にする（maximizing expected utility）

不確実性下での意思決定において合理的エージェントは、複数の選択肢が与えられたとき平均して効用が最大になる選択をする。つまり原則として期待効用を最大にする。

逆強化学習（inverse reinforcement learning）

機械学習プログラムが人間の行動を観察して、その観察から報酬システムを学習しようとすること。

強化学習（reinforcement learning）

エージェントが環境中で行動して報酬の形でフィードバックを受け取るという機械学習の形式。

教師あり学習（supervised learning）

機械学習の最も単純な形式。入力と目的の出力の例を示すことでプログラムを訓練する。「訓練」も参照されたい。

クオリア（qualia）

個人的精神的経験。たとえばコーヒーの香りを嗅いだり、暑い日に冷たい飲み物を飲んだりしたときの感情。

組合せ爆発（combinatorial explosion）

連続して選択する必要があり、選択ごとに考慮しなければならない選択肢の数が倍増するとき発生する。探索で発生するAIの基本的な問題であり、探索木のサイズが急速に成長する原因となる。

グランドチャレンジ（Grand Challenge）

2005年10月にSTANLEYという名前のロボットが勝利した、無人運転車の時代を告げる米軍の研究助成機関DARPAが主催する無人運転車の競技会。

（機械学習の）訓練（training (in machine learning)）

機械学習プログラムは、どのように計算するかを示されることなく、入力と出力の関連付けを学習する。そうするために、入力の例と対応する望ましい出力を与えることでプログラムを訓練する。「教師あり学習」も参照されたい。

計画立案（planning）

初期状態を目標状態に変換する動作の並びを発見する問題。「探索」も参照されたい。

決定可能問題（decidable problem）

アルゴリズムによって解決できる問題。

決定不能問題（undecidable problem）

厳密な数学的意味で、コンピュータ（正確にはチューリングマシン）では解決できない問題。

決定問題（decision problem）

ドイツ語でEntscheidungsproblem。Yes／Noで解答できる数学上の問題。たとえば「16の平方根は4か」または「7920は素数か」のようなもの。アラン・チューリングによって、アルゴリズムによって解くことのできない決定問題があるかどうかを尋ねることで解決された。チューリングは、アルゴリズムが存在しない決定問題（有名な停止問題）があることを示した。この型の問題は決定不能であるといわれている。

結論（consequent）

エキスパートシステムで使用される「IF…THEN…」ルールでは、結論はTHENの直後の部分でま。たとえば「IF 動物は乳房をもつ THEN その動物は哺乳類である」というルールで結論は、「動物は哺乳類である」となる。

ケテリスパリブス選好（ceteris paribus preferences）

AIシステムに選好を伝えるときは、「他のすべてのものが等しく保たれている」（つまり限りなく現状維持）という前提で指定するという考え方。

ゲーム理論（game theory）
戦略的推論の理論。AI システムがどのように相互作用するかを理解するためのフレームワークとして AI で広く使用されている。

貢献度分配（credit assignment）
機械学習で発生する問題で、機械学習プログラムの行動のどれが良くてどれが悪いものかを判断すること。たとえば機械学習プログラムがチェスのゲームでプレーに負けたとすると、どの手でしくじったのかを知るのはむずかしい。

行動主義 AI（behavioural AI）
シンボリック AI の代替案として 1985 年から 1995 年頃に注目を集めた AI のパラダイム。そのアイデアは、システムの振舞いと振舞い間の関連に焦点を当ててシステムを構築するというもの。サブサンプションアーキテクチャは、行動主義 AI で最も人気のあるアプローチであった。

勾配降下法（gradient descent）
ニューラルネットを訓練するときに使用する技法。「バックプロパゲーション」も参照されたい。

高レベルプログラミング言語（high-level programming language）
プログラムを実行する実際のコンピュータの低レベルの詳細を隠蔽するプログラミング言語。高レベルプログラミング言語は、原則としてマシン独立である。同じプログラムが異なる型のコンピュータで原理的には動作する。Python や Java が含まれる。ジョン・マッカーシーの LISP は初期の例である。

功利主義（utilitarianism）
社会全体の利益を最大化するために行動することを選択すべきというアイデア。トロリー問題で功利主義者は、5 人の命を救うために 1 人を殺すことを選択する。「徳倫理学」も参照されたい。

効用（utilities）
AI プログラムで選好を表現する標準的な手法。効用と呼ばれる数値をすべての可能な結果に付加する。その上で AI システムは、効用を最大化する結果につながる動作を計算する。「期待効用」と「期待効用を最大にする」も参照されたい。

心と身体の問題（mind–body problem）
科学における最も基本的な問題の 1 つ。脳と身体の生理的プロセスが、心や意識の経験にどのように関連しているかを問う。

心の理論（Theory of Mind, ToM)）
臨床的に正常な成人が他の人の精神状態（信念、欲望、意図）について推論する日常的能力。「意図的スタンス」と「サリーとアン課題」も参照されたい。

サブサンプションアーキテクチャ、サブサンプション階層（subsumption architecture and sub-sumption hierarchy）
行動主義 AI の時代のロボットのアーキテクチャ。ロボットの動作を階層構造に構成する。上位層よりも下位層が優先される。

サリーとアン課題（Sally–Anne test）

対象者が心の理論、つまり他人の信念や欲求について推論する能力をもつかどうかを判断することを目的としたテスト。自閉症の診断のために開発された。

三段論法（syllogism）

古代から知られている論理推論の単純なパターン。

軸索（axon）

ニューロンの出力突起部分で他のニューロンと接続する役割を果たす。「シナプス」も参照されたい。

次元の呪い（curse of dimensionality）

機械学習において訓練データに多くの特徴を含めると、非常に多くの訓練が必要になるという問題。

事前確率（prior probability）

仮説に関する情報を受け取る前に仮説が真であるとする確率。つまりここで「事前」とは、「情報を入手する前」を意味する。

自然言語理解（natural language understanding）

英語のような人間の言葉で会話できるプログラム。

シナプス（synapse）

ニューロンを相互に接続してニューロンどうしが通信できるようにする「接合部」。

社会福祉（social welfare）

社会全体の効用、つまり社会が総体としてどれだけうまく機能しているかを測定したもの。

出現する性質（emergent property）

複数のコンポーネントで構成されるシステムにおいて、コンポーネント間の相互作用から、通常は予期しないまたは予測できない方法で発現する性質。

常識的な推論（common-sense reasoning）

広義の用語だが、基本的にはわれわれが行っている世界についてのインフォーマルな推論。論理ベースの AI にはむずかしいことがわかった。

初期状態（initial state）

問題解決において初期状態とは、作業を実行する前に問題がどのように見えるかを示す。「目標状態」も参照されたい。

人工汎用知能（AGI）

人間がもつあらゆる知的能力を備えた AI システムを構築するという野心的な目標。すなわち計画立案、推論、自然言語による談話、ジョークの生成、物語の作成と理解、ゲームのプレー等すべてをこなす AI を目指す。

シンギュラリティ（Singularity）

マシンの知能が人間の知能を超えるという仮定の時点。

信念（belief）

AI システムがその環境についてもつ情報の一部。論理ベースの AI では、システムがもつ信念は知識ベースとワーキングメモリの内容となる。

シンボリック AI（symbolic AI）
推論と計画立案のプロセスを明示的にモデル化する AI 研究のアプローチ。

随伴現象説（epiphenomenalism）
心の研究において、心や意識的思考が行動を促すのではなく、実際に行動を制御するプロセスの副産物だというアイデア。

（健全でない）推論（(unsound) reasoning）
論理で前提によって保証されない結論を導き出すこと。「（健全な）推論」も参照されたい。（訳注：これは妥当でない（invalid）ということ。もちろん健全でもない（unsound）。）

（健全な）推論（(sound) reasoning）
導き出された結論が前提から正当化されるならば、推論は健全であるという。（訳注：これは妥当（valid）だということ。健全（sound）であるためには前提も真でなければならない。）

推論エンジン（inference engine）
ワーキングメモリ内のルールと事実から新しい知識を導き出して推論を実行するエキスパートシステムの部分。

スクリプト（script）
1970 年代に開発された知識表現スキーム。一般的な状況でのステレオタイプな一連の事象を記述することを目的としていた。

スタンレー（STANLEY）
2005 年に無人運転車の DARPA グランドチャレンジで優勝したロボット。自律運転で約 140 マイル、平均して時速約 19 マイルを達成した。スタンフォード大学が開発した。

精神状態（mental state）
心の重要な構成要素。信念、欲望など。「意図的スタンス」も参照されたい。

設計的スタンス（design stance）
対象の動作を、それが何をするように設計されているかを参照して理解して予測しようとする考え方。たとえば時計は時刻を表示するように設計されているため、表示される数字を時刻として理解することができる。対義語として「物理的スタンス」と「意図的スタンス」がある。

狭い AI（narrow AI）
汎用 AI とは対照的に、人間がもつあらゆる知的能力でなく、特定の狭い領域の問題に焦点を絞った AI システムを構築するという考え。この用語は主にマスコミで使用されていて、AI の研究者は使用しない。

セマンティックネット（semantic net）
図式表現を使用して、概念と個別の知識の関係を表す知識表現スキーム。

選好、選好関係（preferences, preference relation）
選択肢のすべての対についての好みを記述すること。エージェントに代行を依頼するのであれば、エージェントが最善の選択を行えるようにユーザーの好みを知らなければならない。

センサー（sensor）

ロボットに知覚データを提供するデバイス。典型的なセンサーには、カメラ、レーザーレーダー、超音波レンジファインダー、衝突検出器がある。知覚データを解釈することは大きな課題である。

前提（premise）

論理学において前提とは、推論を開始する知識である。前提から論理推論を使用して結論を導出する。

前提（antecedent）

エキスパートシステムで使用される「IF…THEN…」ルールでは、前提は条件であり IF の直後の部分である。たとえば「IF 動物は乳房をもつ THEN その動物は哺乳類である」というルールでは、前提は「動物は乳房をもつ」である。

ソフトウェアエージェント（software agent）

ロボットのような物理的世界ではなく、ソフトウェア環境に存在するエージェント。

探索、探索木（search, search tree）

コンピュータプログラムが、ある初期状態から出発して、有限の動作によって探索木を生成することで目標を達成する方法を見つけようとする基本的な AI 問題解決技法。

知識獲得（knowledge elicitation）

エキスパートシステムを構築する際に、関連する専門家から知識を抽出してコード化するプロセス。

知識グラフ（knowledge graph）

グーグルが開発したきわめて大規模な知識ベースシステム。ワールドワイドウェブから自動的に知識を抽出することで開発された。

知識表現（knowledge representation）

コンピュータで処理できる形式に知識を明示的にコード化する問題。エキスパートシステムの時代には論理も使用されたが、支配的なアプローチはルールの使用であった。

知識ベース（knowledge base）

エキスパートシステムにおいて知識ベースは、ルールの形式でコード化された人間のエキスパートの知識で構成される。

知識ベースの AI（knowledge-based AI）

1975 年から 85 年にかけての AI の主要なパラダイム。ルールの形で示される問題に関する明示的な知識を使用することに焦点をあてた。

中国語の部屋（Chinese room）

強い AI が不可能なことを示すために哲学者ジョン・サールによって提案されたシナリオ。

チューリングテスト（Turing test）

マシンが「考える」ことができるかどうかの問題に対処するためにチューリングによって提案されたテスト。ある対象としばらく対話した後に、相手がマシンであるか人であるかを確信できなければ、そのマシンが人間レベルの知能を有していると認めなければならない。AI の実際のテストとして真剣に受け止められるべきではないが、独創的でありきわめて影響力があった。

チューリングマシン（Turing machine）

数学的問題を解決するマシンであり、問題を解決するための特定のレシピが埋め込まれている。コンピュータで解決できるすべての数学的問題は、チューリングマシンで解決できる。決定問題を解くためにアラン・チューリングによって発明された。「ユニバーサルチューリングマシン」も参照されたい。

強い AI（strong AI）

われわれと同じように、精神、意識、自己認識等を備えた AI システムを構築するという目標。弱い AI と汎用 AI も参照されたい。強い AI が可能かどうか、それがどのようなものになるかはわかっていない。

ツーリングマシン（TouringMachines）

1990 年代半ばの典型的なエージェントの設計。エージェントの制御が、リアクティブ、プランニング、モデリングを担当する 3 つの層に分割されている。

ディープラーニング（deep learning）

今世紀の機械学習研究を勃興させた画期的な技術。多くの階層をもち、多数の相互接続されたニューラルネットに対して、巨大かつ慎重に集められた訓練データセットと新しい技法を使用するのが特徴である。

敵対的機械学習（adversarial machine learning）

機械学習の一分野で、人間には「自明」に見えても、誤った出力を生成する入力を与えることで機械学習プログラムをだまそうとする。

特徴（feature）

データの構成要素の中で、機械学習プログラムが決定するときの基礎とするもの。

特徴抽出（feature extraction）

機械学習で、データセット内のどの属性を訓練データとするかを決定する問題。

徳倫理学（virtue ethics）

倫理的な問題に直面したとき、大切に思う倫理原則を具現化している倫理的な人を特定して、その有徳な人が行うであろう選択をするという考え。

取り組みやすい問題（tractable problem）

問題を解く効率的なアルゴリズムがあるとき問題は取り組みやすいと言われる。NP- 完全問題は取り組みやすくない。それらを効率的に解くアルゴリズムが見つかっていないからである。「P 対 NP 問題」も参照されたい。

トロリー問題（Trolley Problem）

1960 年代に提起された倫理的推論の問題。何もしなければ 5 人が死亡し、行動すると 1 人が死亡する。どのように行動すべきだろうか。無人運転車の文脈で議論されることが多いが、AI の研究者からは的はずれだとして退けられている。

ナッシュ均衡（Nash equilibrium）

ゲーム理論の核心概念。意思決定者のグループにおいて、それぞれが最善の選択をしたと同時に満

足できる状況。

ナレッジエンジニア（knowledge engineer）
知識ベースシステムの構築のための訓練を受けた人物。ナレッジエンジニアは、知識の獲得に多くの時間を費す。

ナレッジナビゲータ（Knowledge Navigator）
1980年代にアップルによって開発されたコンセプトビデオ。エージェントベースインタフェースのアイデアを紹介した。

ニューラルネットワーク/ニューラルネット（neural network/neural net）
人工ニューロンを使用した機械学習へのアプローチ。ディープラーニングで使用される基本的な技法。「パーセプトロン」も参照されたい。

ニューロン（neuron）
神経細胞のこと。他の神経細胞と接続されていて、軸索を介して通信する。脳の基本情報処理単位でありニューラルネットの着想の元となった。

認識（perception）
周囲の環境を理解するプロセス。これがシンボリック AI の限界であった。

発火（fire）
知識ベースシステムの文脈では、ワーキングメモリにある情報がルールの前提と一致するとルールが発火して、ルールの結果がワーキングメモリに追加される。

パーセプトロン、パーセプトロンモデル（perceptron, perceptron model）
1960年代に研究され、今日でも有効なニューラルネットの一種。一層のパーセプトロンモデルでは学習できるものに厳しい制限があると示されたことによって、パーセプトロンの研究は1970年代初頭に消滅した。

汎用 AI（General AI）
「人工汎用知能」参照。

ヒューリスティックス、ヒューリスティックサーチ（heuristic, heuristic search）
ヒューリスティックとは、探索を絞り込むための経験則である。したがって探索を正しい方向に絞り込めるとは保証されない。「A*」も参照されたい。

バックプロップ／バックプロパゲーション（backprop / backpropagation）
ニューラルネットを訓練するための最も重要なアルゴリズム。

不確実性（uncertainty）
AI に遍在する問題。われわれが受け取る情報が確実なこと（必ず真または偽）は稀である。通常不確実性を伴う。決定を下すときも、決定の結果がどうなるかを確実に知ることはできない。通常は可能性の異なる複数の結果が考えられる。したがって不確実性への対処は、AI の根本的問題である。「ベイズの定理」と付録 C も参照されたい。

不確実性下の選択（choice under uncertainty）
複数の行動選択肢があり、すべての結果が確率的にしかわからないときに決定を下さなければなら

ない状況。「期待効用」も参照されたい。

深さ優先探索（depth-first search）
問題解決で使用される探索技法の一種。探索木全体を層毎に展開するかわりに木の分岐の1つだけ
を展開する。

物理的スタンス（physical stance）
物理的構造と物理法則に基づいて対象の動作を予測して説明しようとする考え。「意図的スタンス」
の対義語。

（ニューラルネットの）不透明（opaqueness）
ニューラルネットワークの専門知識が一連の重みに数値として埋め込まれていることの問題。それ
らの重みが何を「意味する」のか知ることができない。現在のニューラルネットは、決定を説明し
たり正当化したりできない。

ブロックの世界（Blocks World）
ブロックや箱などの様々なオブジェクトを並べ替えるシミュレートされた「マイクロワールド」。
SHRDLUで有名になったブロックの世界のシナリオは、AIシステムが現実の世界で直面するむ
ずかしい問題の多く、とりわけ認識を抽象化しているとのちに批判された。

プロメテウス（PROMETHEUS）
1980年代と1990年代のヨーロッパにおける無人運転車技術の独創的な実験。

分岐因数（branching factor）
問題を解決するときに考慮しなければならない選択肢の数。つまりゲームの分岐因数は、盤上の任
意の位置から平均して実行できる移動の数になる。三目並べの分岐因数は約4。チェスで約35。囲
碁では約250となる。分岐因数が大きくなると探索木が急速に大きくなるので、探索範囲を絞る
ヒューリスティックが必要になる。

ベイズネットワーク（Bayesian network）
確率的なデータを結ぶ複雑なネットワークを表現し、ベイズの定理を使用してベイズ推定を生成す
る知識表現の一種。

ベイズの定理 / ベイズ推定（Bayes' Theorem/Bayesian inference）
ベイズの定理は確率論の中核となる概念であり、AIでは、新しいデータや証拠が与えられたとき
に世界についての信念を調整する方法を提供する。重要なこととして、新しい証拠は「雑音」にま
みれていたり不確実であったりする。ベイズの定理は、そのような不確実な情報を処理する適切な
方法を提供する。

偏屈なインスタンシエイション（perverse instantiation）
AIシステムが言われたとおりのことを実行するが、真に期待した方法ではない場合のこと。

報酬（reward）
強化学習プログラムがその行動に与えるフィードバックには、正の報酬と負の報酬があり得る。

ホムンクルス問題（homunculus problem）
心の理論における古典的な問題。心の問題をもう一つの心に委譲して説明しようとするときに発生

する。

前向き連鎖（forward chaining）
知識ベースのシステムでは、情報から結論へと推論する。「後向き連鎖」の対義語。

マルチエージェントシステム（multi-agent system）
複数のエージェントが相互作用するシステム。

マルチレイヤーパーセプトロン（multi-layer perceptron）
階層構造をもつニューラルネットの初期の形式。

ミニマックス探索（minimax search）
対戦相手が自分にとって最悪の手を選択すると仮定して、その上で利益を最大化するゲームプレーにおける重要な探索技術。「探索木」も参照されたい。

目標状態（goal state）
問題解決において目標状態とは、作業が成功したときに問題がどのように見えるかを示す。

モラルエージェント（moral agent）
対象が行動の結果と善悪の区別を理解できてその行動に責任を負うことができる場合、その対象はモラルエージェントといえる。一般的な見解では、AI システムはモラルエージェントとして扱えないし、扱うべきではないと考えられている。責任は AI システムではなく、AI システムを構築して実行する人間にある。

モラルマシン（Moral Machines）
トロリー問題に類似の問題でどのような選択を行うべきかをユーザーに尋ねるオンライン実験。

問題解決（problem solving）
AI で問題解決とは、初期状態から目標状態に問題を変換する一連の動作を見つけることを意味する。探索は、AI での問題解決の標準的なアプローチである。

ユートピア主義者（utopian）
AI や他の新技術が、ユートピア的な未来を導く（技術によって仕事から解放される等）と信じている人。

ユニバーサルチューリングマシン（Universal Turing Machine）
現代のコンピュータの元となった汎用型のチューリングマシン。チューリングマシンには特定のレシピ（アルゴリズム）が１つだけ埋め込まれているが、ユニバーサルチューリングマシンには任意のレシピ（アルゴリズム）を与えることができる。

弱い AI（weak AI）
実際に理解（意識、精神、自己認識など）をもつと主張することなく、もっているように見えるマシンを構築するという目標。「強い AI」と「汎用 AI」も参照されたい。

ライトヒルレポート（Lighthill Report）
1970 年代初頭の英国での AI に関するレポート。当時の AI 研究にきわめて批判的であった。このレポートにより研究資金が削減されたので、「AI の冬」につながったと認識されている。

ルール（rule）
「IF…THEN…」の形式で表現された個別の知。たとえば「IF 動物は乳房をもつ THEN その動物は哺乳類である」というルールを考える。そのとき動物に乳房があるという情報があれば、このルールから動物が哺乳類であるという新しい情報を導き出すことができる。

ロボット工学の三原則（Three Laws of Robotics）
1930 年代にサイエンスフィクション作家のアイザックアシモフが提唱した 3 つの原則。AI の行動を規制する倫理的枠組みである。それらは独創的ではあるが、実際に実装することはできない。そもそも何を意味するのかも明確ではない。

論理（logic）
推論のための形式的なフレームワーク。「一階論理」と「論理ベースの AI」も参照されたい。

論理プログラミング（logic programming）
問題についてわかっていることと目標が何かを述べると、マシンが残りを実行してくれるというプログラミングアプローチ。「PROLOG」も参照されたい。

論理ベースの AI（logic-based AI）
知的な意思決定が論理推論（たとえば一階論理）に還元できるという AI のアプローチ。

ワーキングメモリ（working memory）
エキスパートシステムにおいて、（ルールにコード化されている知識とは対照的に）解決しようとしている現在の問題に関する情報を保持する部分。

索 引

■商品に関する問い合わせ先
このたびは弊社商品をご購入いただきありがとうございます。本書の内容などに関するお問い合わせは、下記のURLまたはQRコードにある問い合わせフォームからお送りください。

https://book.impress.co.jp/info/

上記フォームがご利用頂けない場合のメールでの問い合わせ先
info@impress.co.jp

※お問い合わせの際は、書名、ISBN、お名前、お電話番号、メールアドレスに加えて、「該当するページ」と「具体的なご質問内容」「お使いの動作環境」を必ずご明記ください。なお、本書の範囲を超えるご質問にはお答えできないのでご了承ください。

● 電話やFAXでのご質問には対応しておりません。また、封書でのお問い合わせは回答までに日数をいただく場合があります。あらかじめご了承ください。
● インプレスブックスの本書情報ページ https://book.impress.co.jp/books/1120101143 では、本書のサポート情報や正誤表・訂正情報などを提供しています。あわせてご確認ください。
● 本書の奥付に記載されている初版発行日から3年が経過した場合、もしくは本書で紹介している製品やサービスについて提供会社によるサポートが終了した場合はご質問にお答えできない場合があります。

■落丁・乱丁本などの問い合わせ先
 TEL 03-6837-5016 FAX 03-6837-5023
 service@impress.co.jp
 (受付時間／10:00-12:00、13:00-17:30 土日、祝祭日を除く)
● 古書店で購入された商品はお取り替えできません。

■書店／販売店からのご注文
 株式会社インプレス 受注センター
 TEL 048-449-8040
 FAX 048-449-8041

著者、株式会社インプレスは、本書の記述が正確なものとなるように最大限努めましたが、本書に含まれるすべての情報が完全に正確であることを保証することはできません。また、本書の内容に起因する直接的および間接的な損害に対して一切の責任を負いません。

AI技術史
考える機械への道とディープラーニング

2022年3月21日 初版第1刷発行

著 者 Michael Wooldridge（マイケル ウルドリッジ）

発行人 小川 亨

編集人 高橋隆志

発行所 株式会社インプレス
 〒101-0051 東京都千代田区神田神保町一丁目105番地
 ホームページ https://book.impress.co.jp/

印刷所 音羽印刷株式会社

ISBN978-4-295-01370-9 C3055